普通高等教育"十二五"规划教材·风景园林系列

风景园林树木资源与造景学

刘慧民 主编

陈雅君 岳 桦 车代弟 副主编

化学工业出版社

·北京·

全书共收录园林树木资源55科，113属，235种、品种及变种，主要介绍各树种的分类学地位、产地与分布、形态特征（包括物候期）、生态习性、新品种资源、园林造景特色与园林应用等。每种树木均附有插图，便于识别和对照。裸子植物采用郑万均的分类系统，被子植物采用恩格勒系统。书末附有中文名索引，拉丁文科、属名索引，以方便查询和使用。教材结构和选材科学合理，内容充实有创新，符合教学要求。

本书可作为高等院校风景园林、林学、园艺、环境艺术等专业教材，也可作为植物学爱好者、园林工作者和市政园林管理人员参考书。

图书在版编目（CIP）数据

风景园林树木资源与造景学/刘慧民主编. —北京：化学工业出版社，2011.1（2022.1重印）
普通高等教育“十二五”规划教材·风景园林系列
ISBN 978-7-122-10284-3

Ⅰ. 风…　Ⅱ. 刘…　Ⅲ. 园林植物-园林设计-高等学校：技术学院-教材　Ⅳ. TU986.2

中国版本图书馆CIP数据核字（2010）第262878号

责任编辑：尤彩霞　　装帧设计：关　飞
责任校对：蒋　宇

出版发行：化学工业出版社（北京市东城区青年湖南街13号　邮政编码100011）
印　　装：北京印刷集团有限责任公司
787mm×1092mm　1/16　印张12¼　字数315千字　2022年1月北京第1版第2次印刷

购书咨询：010-64518888　　售后服务：010-64518899
网　　址：http://www.cip.com.cn
凡购买本书，如有缺损质量问题，本社销售中心负责调换。

定　　价：48.00元　

《风景园林树木资源与造景学》编委会

主　编　刘慧民（东北农业大学园艺学院）

副主编　陈雅君（东北农业大学园艺学院）

　　　　岳　桦（东北林业大学园林学院）

　　　　车代弟（东北农业大学园艺学院）

编　委　张　颖（江苏宿迁学院）

　　　　高　琦（辽宁省行政学院）

　　　　孙余丹（湛江师范学院生命科学与技术学院）

　　　　高炎冰（辽宁省抚顺经济开发区规划局）

　　　　马艳丽（东北农业大学园艺学院）

　　　　吕贵娥（东北农业大学园艺学院）

　　　　邢艳秋（东北农业大学园艺学院）

　　　　王大庆（黑龙江省农垦研究所）

　　　　武荣花（河南农业大学园林学院）

　　　　张开明（河南农业大学园林学院）

主　审　闫永庆（东北农业大学园艺学院）

前言

园林树木学是园林专业、风景园林专业的核心课程，也是园林植物与观赏园艺专业、草业科学专业的必选课程。课程主要讲授园林树木资源和新品种资源、园林树木的形态特征和生态习性与生物学特性、园林树木的造景与园林应用等内容。

全书共收录园林树木资源55科，113属，235种、品种及变种，主要介绍各树种的分类学地位、产地与分布、形态特征（包括物候期）、生态习性、新品种资源、园林造景特色与园林应用等。每种树木均附有插图，便于识别和对照。裸子植物采用郑万均的分类系统、被子植物采用恩格勒系统。书末附有中文名索引，拉丁文科、属名索引，以方便查询和使用。

教材在编写过程中，参考近年国内外相关教材和参考书，及时反映园林树木学的发展和最新动态，书中收录了国内园林中常见应用的树种、新引种树种和新品种资源，突出树种的形态、生态和人文造景功能，意为城市造景提供良好资源，这项内容在同类教材与参考书中没有体现，也是本教材的特色与创新和编写教材的切入点。

刘慧民主要编写了30余科的内容，完成约20万字；陈雅君主要编写了10余科的内容，完成约6万字；岳桦主要编写了8余科的内容，完成约5万字；车代弟主要编写了6余科的内容，完成约5万字，教材中其余内容由其他编委完成编写，有些科属由几位作者共同完成。

本书为2008～2009年度黑龙江省级精品课程配套教材。

本书虽经过严格审校，但由于理论水平和实践经验所限，错误之处在所难免，还望广大读者批评指正，以期在修订和再版时改正和完善提高。

编　者

2010年11月

目 录

第一章 裸子植物门（*Gymnospermae*） …… 1

一、苏铁科 *Cycadaceae* …… 2

二、银杏科 *Ginkgoaceae* …… 3

三、松科 *Pinaceae* …… 4

四、杉科 *Taxodiaceae* …… 15

五、柏科 *Cupressaceae* …… 16

六、红豆杉科（紫杉科） *Taxaceae* …… 22

第二章 被子植物门（*Angiospermae*） …… 25

Ⅰ. 双子叶植物纲 *Dicotyledoneae* …… 26

离瓣花亚纲 *Archichlamydeae* …… 26

一、杨柳科 *Salicaceae* …… 26

二、胡桃科 *Juglandaceae* …… 31

三、桦木科 *Betulaceae* …… 34

四、山毛榉科（壳斗科） *Fagaceae* …… 35

五、榆科 *Ulmaceae* …… 39

六、桑科 *Moraceae* …… 41

七、毛茛科 *Ranunculaceae* …… 42

八、木通科 *Lardizabalaceae* …… 45

九、小檗科 *Berberidaceae* …… 46

十、木兰科 *Magnoliaceae* …… 48

十一、蜡梅科 *Calycanthaceae* …… 53

十二、虎耳草科 *Saxifrgaceae* …… 54

十三、悬铃木科 *Platanaceae* …… 57

十四、蔷薇科 *Rosaceae* …… 59

十五、豆科 *Leguminosae* …… 89

十六、苦木科 *Simarubaceae* …… 102

十七、楝科 *Meliaceae* …… 103

十八、黄杨科 *Buxaceae* …… 104

十九、漆树科 *Anacardiaceae* …… 105

二十、卫矛科 *Celastraceae* …… 109

二十一、槭树科 *Aceraceae* …… 113

二十二、七叶树科　*Hippocastanaceae* …… 116
二十三、无患子科　*Sapindaceae* …… 116
二十四、鼠李科　*Rhamnaceae* …… 118
二十五、葡萄科　*Vitaceae* …… 120
二十六、椴树科　*Tiliaceae* …… 122
二十七、锦葵科　*Malvaceae* …… 124
二十八、梧桐科　*Sterculiaceae* …… 125
二十九、山茶科　*Theaceae* …… 127
三十、藤黄科　*Guttiferae* …… 128
三十一、柽柳科　*Tamaricaceae* …… 130
三十二、瑞香科　*Thymelaeaceae* …… 130
三十三、胡颓子科　*Elaeagnaceae* …… 131
三十四、千屈菜科　*Lythraceae* …… 133
三十五、石榴科　*Punicaceae* …… 134
三十六、五加科　*Araliaceae* …… 136
三十七、山茱萸科　*Cornaceae* …… 138
合瓣花亚纲　*Metachlamydeae* …… 140
一、杜鹃花科　*Ericaceae* …… 140
二、柿树科　*Ebenaceae* …… 144
三、木犀科　*Oleaceae* …… 145
四、马鞭草科　*Verbenaceae* …… 156
五、茄科　*Solanaceae* …… 157
六、玄参科　*Sorophulariaceae* …… 158
七、紫葳科　*Bignoniaceae* …… 159
八、忍冬科　*Caprifoliaceae* …… 162
Ⅱ.单子叶植物纲　*Monocotyledoneae* …… 170
一、禾本科　*Poaceae* …… 170
二、棕榈科　*Palmaceae*（Palmae） …… 173
树木中文名索引（按汉语拼音顺序） …… 176
拉丁文科（亚科）、属名索引 …… 182
参考文献 …… 188

第一章

裸子植物门

(*Gymnospermae*)

裸子植物大多为乔木或灌木，稀为木质藤本。叶针形、线形、鳞形、钻形、披针形或椭圆形，罕较宽阔。花单性，均成球花，胚珠裸露，无子房包被，成熟后不形成果实。种子有胚乳，均由珠心组织直接发育形成，胚直生，子叶1至多枚。

裸子植物在中生代曾风靡全球，繁盛一时，在植物界中占绝对优势。随着全球气候的变迁、被子植物的繁盛以及历史上冰川期的影响，裸子植物的种类和分布区逐渐减少。目前全球12科，71属，约800种，主产北半球；我国有11科，41属，243种，包括引入1科，8属，51种，广布全国。裸子植物中有很多重要的园林树种，一些种类还有特殊用途。

一、苏铁科 *Cycadaceae*

常绿乔木，茎干粗短、圆柱形，不分枝，稀在顶端呈二杈状分枝。叶螺旋状排列，有鳞叶及营养叶两种：鳞片状叶互生于主干上、呈褐色，其外有粗糙绒毛；营养叶生于茎端、呈羽状。雌雄异株，雄性花单生树干顶端，直立，小孢子叶呈扁平鳞片状或盾状，螺旋状排列。大孢子叶上部羽状分裂或不分裂，生于顶部羽状叶和鳞叶之间，胚珠2～10枚，生于大孢子叶柄两侧。种子呈核果状，有肉质外果皮，内有胚乳，子叶2枚，发芽时不出土。

全世界共有19属，约200种，分布于热带、亚热带地区。中国有1属，14种。

苏铁属 *Cycas* L.

主干圆柱状，茎木质，单一不分枝。营养叶羽状，羽片窄长，条形或条状披针形，坚硬革质，中脉显著，无侧脉。雌雄异株，雄球花序长卵圆形或圆柱形，单生茎顶；小孢子叶呈扁平状或盾状，螺旋状排列，常呈黄白色或黄褐色；大孢子叶呈扁平状，密被黄褐色绒毛，上部呈羽状分裂，不形成球花。种子外种皮肉质，中种皮木质，内种皮膜质。种子常为红色、红褐色或黄褐色。

图1　苏铁
1,5—大孢子叶；2—叶片；3—雄球花；4—雌球花

本属约60种，分布于亚洲、澳洲、非洲及中国南部。中国14种，产于华南至西南暖热地区，为孑遗植物。

苏铁（铁树、辟火蕉、凤尾蕉、凤尾松）*Cycas revoluta* Thunb

【形态特征】 苏铁（图1）为常绿棕榈状木本植物，树干高达5m。羽状叶长0.5～2.4m，裂片多达100对以上，条形，厚革质而坚硬，边缘显著反卷；雄球花圆柱形，小孢子叶木质，密被黄褐色绒毛，背面着生多数药囊；雌球花略呈扁球形，大孢子叶宽卵形，有羽状裂，密被黄褐色棉毛。种子卵形而微扁。花期6～8月，种子10月成熟，熟时红色。

【产地与分布】 苏铁为热带和亚热带树种，原产中国南部热带、亚热带地区，在福建、台湾、广东各省有分布，华南、西南各省多露地栽植于庭园，长江流域以北和华北多盆栽，越冬需温室防寒。日本、菲律宾、印度尼西亚也有分布。

【生态习性】 喜温暖湿润气候，耐半阴、不耐寒，气温低于0℃易受害。喜酸性到中性沙壤土，忌盐碱土，喜铁质。肉质根，不耐积水。生长缓慢，寿命长达200年。对二氧化氮吸收能力较强。

【繁殖方式】 播种、分蘖、扦插均可。

【园林应用】 形态造景：苏铁树干挺拔刚劲，气势雄伟，叶若凤尾坚挺常绿，体现热带风光，是一种古老而珍贵的园林树种。孤植或3～5株丛植，适宜作主景，多植于大型花坛中心或大建筑物门旁对植，也可在草地一隅丛植，并配以湖石，尽显热带景观。也可制作盆景置于案台，增强室内环境的表现力和感染力，使建筑空间更加充实、丰满。摆放于居室内，浓郁葱绿，叶影摇曳，给人以静谧、安详之感；也适合摆放于会场内，能使会场充满生气，同时也显庄重之感。此外，苏铁的青翠光亮的叶子是切花的好材料。具水养持久、多样的弧形变化、可组成极其生动构图的特点，因此是艺术插花常见的背景材料或作为造型骨干枝。

生态造景：长江流域及北方各城市常盆栽观赏，温室越冬。暖地则可于庭园栽培。对二氧化氮吸收能力较强，可用于闹市区快车道隔离带种植。

人文景观：为世界上最古老的树种之一，源于古生代，迄今为止已有2.8亿年的历史，有“活化石”之称。人们常以“千年铁树开花，万年枯藤发芽”，形容极难发生，千载难逢的事情。我国将苏铁属的所有种都列为国家一级保护。近年在我国金沙江河谷发现了10万余株天然苏铁，且年年开花，蔚为壮观。

二、银杏科 *Ginkgoaceae*

本科的形态特征与“种”的描述相同。

本科树木为孑遗树种（活化石植物），而在新生代第四纪由于冰川期的原因，使中欧及北美等地的本科树木完全绝种。

本科现仅存1属，1种，中国有千年以上的古树。

银杏属 *Ginkgo* L.

仅有1种遗存，为中国特产、世界著名树种。

银杏 *G. biloba* L.

【形态特征】 银杏（图2）为落叶大乔木，高达40m，胸围3m以上；树冠广卵形，主枝斜生，近轮生，枝有长、短枝之分。叶扇形，互生于长枝上而簇生于短枝上。秋叶金黄色。雌雄异株，葇荑花序，花期4～5月，风媒花。种子核果状，椭圆形，熟时呈淡黄色或橙黄色，外被白粉，种子9～10月成熟。

图2 银杏

1，2—冬态芽；3—枝叶及种子；4—雄花序；5—雄蕊；6—雌球花上端；7—种子纵剖面；8—叶缘生胚珠；9—幼苗

【产地与分布】 我国沈阳以南，广州以北均有分布，以江南一带分布较多，浙江天目山有大量野生银杏分布。

【生态习性】 阳性树，喜阳，喜适当湿润而又排水良好的深厚沙壤土。不耐积水之地，耐寒性颇强，深根性，寿命极长，可达千年以上。

【繁殖方式】 播种、扦插、嫁接繁殖。

【品种资源】

① 黄叶银杏（f. *aurea* Beiss.）：叶片终年黄色。

② 塔状银杏（f. *fastigiata* Rehd.）：大枝的展开角度较小，树冠呈尖塔柱形。

③ 大叶银杏（cv. *lacinata*）：又叫裂叶银杏。叶形大而缺刻深。

④ 垂枝银杏（cv. *Pendula*）：枝条下垂。

⑤ 斑叶银杏（f. *variegata* Carr.）：叶片布满黄斑。

⑥ 叶籽银杏（cv. *epiphylla*）：部分种子着生在叶片上，种柄和叶柄合生；种子小而形状多变。我国山东沂源县织女洞风景区的一古庙中有一株。

【园林应用】 形态造景：银杏树姿雄伟壮丽，树冠大且茂密，绿荫浓，独特的扇形叶秀美，秋色叶金黄色，葇荑花序，果实被白粉。可谓夏季绿荫浓浓，秋季黄叶灿灿，而且既能观花又可观果，且发育慢，寿命长，因此适宜做园景树、庭荫树、观果观叶树、独赏树。由于分枝点高，少病虫害，管理粗放，可做行道树用于街道绿化，形成壮丽街景。尤其在秋季树叶变成一片金黄时极为美观，令人赞不绝口。还可以做盆景树。

生态造景：阳性树，可应用于阳面绿化，适应性强，抗旱耐贫瘠，可应用于岩石园绿化，较能耐寒，可丰富寒冷地区的绿化树种资源。抗有毒气体，适宜于工厂和工矿区绿化。

人文造景：银杏为我国自古以来习用的绿化树种，最常见的配植方式是在寺庙殿前左右对植，故至今在各地寺庙中常可见参天的古银杏，是一种难得的人文景观。此种近千年的古木是中国的国宝，应特别注意保护。

三、松科　*Pinaceae*

常绿或落叶乔木，罕灌木，有树脂。树皮鳞片状开裂或龟甲状开裂。有些种具短枝。叶针状，常 2、3 或 5 针成一束，或呈扁平条形，螺旋状排列，假两列状或簇生。雌雄同株或异株，雄球花长卵形或圆柱形，雌球花呈球果状。球果有多数脱落或不脱落的木质或纸质种鳞，每种鳞上有 2 粒种子；种子上端常有 1 膜质的翅。

目前，松科全球有 3 亚科，10 属，230 余种，大多分布于北半球。中国有 10 属，117 种及近 30 个变种，其中引入栽培 24 种及 2 变种。

（一）冷杉亚科　*Abietoideae*

冷杉亚科全球有 6 属，130 余种。我国有 6 属，75 种。它的叶条形，扁平或四棱，螺旋状着生，不成束；仅具长枝，无短枝；球果当年成熟。

1. 冷杉属　*Abies* Mill.

常绿乔木，树干端直，枝条簇生，枝上有圆形叶痕；冬芽具多数芽鳞。叶扁平、条形。雌雄同株，球花单生于叶腋；雄球花长圆形，下垂；雌球花长卵状短圆柱形，直立。球果长卵形或圆柱形，直立，当年成熟；种鳞木质，多数，种子卵形或长圆形，有翅。

本属约 50 种，分布于亚、欧、北非、北美及中美高山地带。中国有 22 种及 3 变种，分布于东北、华北、西北、西南及浙江、台湾的高山地带。另引入栽培 1 种。

(1) 臭冷杉（白果枞、白果松、华北冷杉、臭松、白松、臭枞）*Abies nephrolepis* (Trauty.) Maxim.

【形态特征】 臭冷杉（图 3）为乔木，高约 30m，胸径约 50cm；树冠尖塔形至圆锥形，树皮青灰白色。冬芽有树脂。叶条形，果枝上之叶端常尖或有凹缺。球果卵状圆柱形或圆柱形，无柄，花期 4～5 月。果当年 9～10 月成熟。

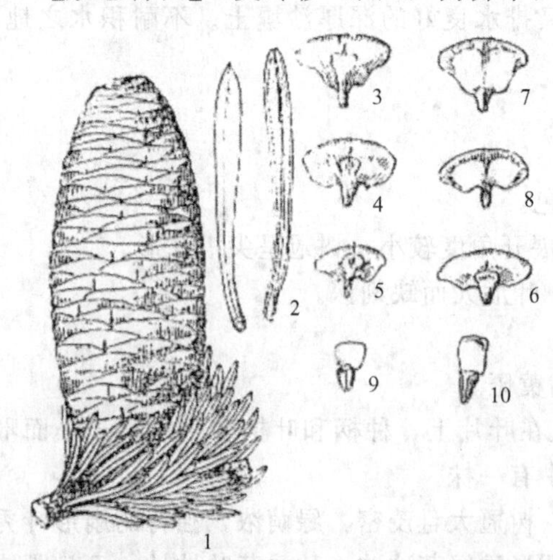

图 3　臭冷杉

1—球果枝；2—叶上下面；3～5—种鳞背面及苞鳞；6～8—种鳞腹面；9,10—种子

【产地与分布】 分布于我国河北省小五台山和山西、辽宁、吉林及黑龙江东部海拔300～2100m 地带。俄罗斯及朝鲜也有分布。

【生态习性】 极耐阴，并耐水湿，喜生于冷湿的气候下，喜土壤湿润深厚之处。在自然界中多成混交林，但亦有成小面积纯林的。根系浅属浅根性树种，生长较缓慢。有耐寒能力。

【繁殖方式】 用种子繁殖。

【园林应用】 形态造景：树形优美，树冠尖圆形，可作为园景树，但应用时注意侧方庇荫。臭冷杉为常绿树种，可在雪地造景，形成冬季景观。臭冷杉青翠秀丽，可应用于疏林草坪。宜列植或成片种植，在海拔较高的自然风景区宜与云杉等混交种植，是良好的背景和障景。由于其叶经冬不落的特点，象征着革命烈士精神永存，因此可用于墓园、陵园、纪念性园林及寺庙园林绿化。

生态造景：极耐阴，可做阴面绿化。并耐水湿，喜生于冷湿的气候下及酸性土壤。可做湿地绿化。生长缓慢寿命长，可形成长久的景观效果。

(2) 日本冷杉 *Abies firma* Sieb. et Zucc.

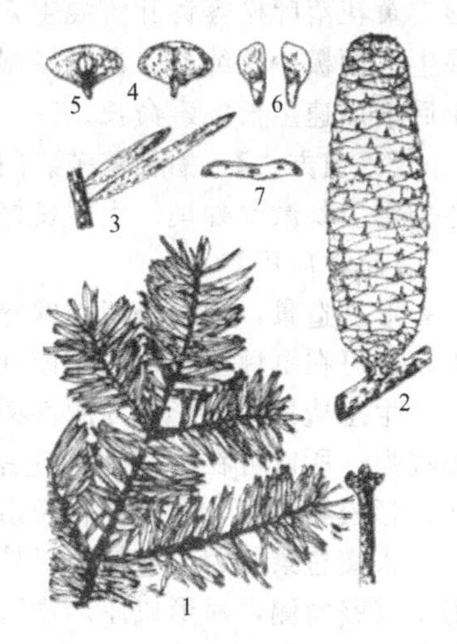

图4 日本冷杉
1—树枝；2—球果；3—叶片；4，5—种鳞；6—种子；7—叶的横剖面

【形态特征】 日本冷杉（图4）为乔木，在原产地高可达50m，胸径约2m。一年生枝淡灰黄或暗灰黑色，凹槽中有淡褐色柔毛或无毛；冬芽有少量树脂；叶线形，幼树或徒长枝上的叶先端二叉状，果枝上的叶先端钝或微凹，长1.5～3.5cm。球果圆筒形，熟时黄褐色或灰褐色，长12～15cm，直径约5cm。

【产地与分布】 原产于日本。我国旅大、青岛、庐山、南京、北京及台湾等地有栽培，在庐山生长最好。

【生态习性】 它是高山树种，萌芽性强，幼时喜荫，长大后则喜光，耐寒，喜凉爽湿润气候，适于湿润、肥沃、含沙质的酸性灰化黄壤，丘陵、平原有林之处也能适应，唯生长不如山区快速。不耐烟尘，抗风，前5年幼苗生长极慢，6～7年略快，至10年后生长加速成中等速度，每年可长高约0.5m。寿命达300龄以上很少。

【繁殖方式】 播种繁殖。

【园林应用】 形态造景：树姿雄伟、叶色浓绿，是优良的庭园观赏树，适于公园、广场道路旁或建筑物附近成行配置，如在其老树下点缀山石及观叶灌木，则会得到形色俱佳之景；应用日本冷杉可营造庄重、幽静的氛围，可用于陵园等纪念园林的配植。

生态造景：日本冷杉耐阴性较强，在设计中可考虑作林下配植，或用做阴面绿化材料，在空间较狭小、光照较弱处使用也比较合适，性耐寒，可用于寒冷地区的绿化；

人文景观：分枝平展，树冠匀称，可作圣诞树使用。

(3) 杉松 *Abies holophylla* Maxim.

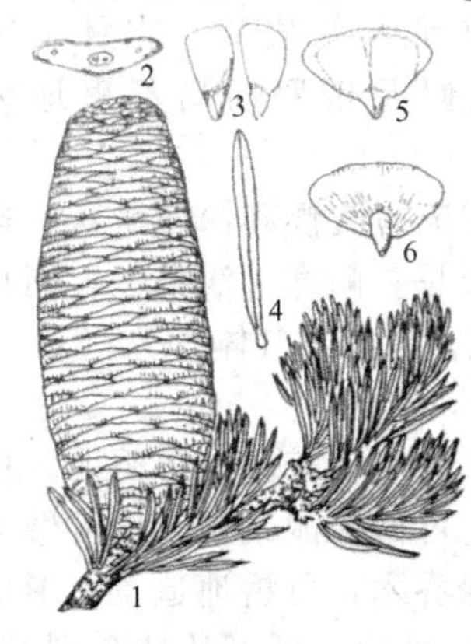

图5 杉松
1—球果枝；2—叶的横剖面；3—种子；4—叶片；5，6—种鳞

【形态特征】 杉松（图5）为常绿乔木，高达30m，胸径约1m，树冠阔圆锥形，老则为广伞形；树皮灰褐色，内皮赤色；一年生枝淡黄褐色，无毛；冬芽有树脂。叶条形，长2～4cm，宽1.5～2.5mm，端突尖或渐尖，上面深绿色，有光泽，下面有两条白色气孔带，果枝的叶上面顶端亦常有2～5条不很显著的气孔线。花期4～5月；球果圆柱形，长6～14cm，熟时呈淡黄褐色或淡褐色，近于无柄；苞鳞短，不露出，先端有刺尖。果当年10月成熟。

【产地与分布】 产于我国辽宁东部、吉林及黑龙江省，但小兴安岭无之，在长白山区及牡丹江山区为主要树种之一。俄罗斯西伯利亚及朝鲜亦有分布。在北京引种栽培，表现良好。

【生态习性】 阴性树，抗寒能力较强，喜生长于土层肥厚的阴坡，在干燥阳坡极少见。常与红松、臭冷杉、长白鱼鳞云杉、黄花落叶松等针叶树混生，亦可与春榆、山杨、糠椴、硕桦、水曲柳、胡桃楸等阔叶树混生，而极少成纯林。喜深厚湿润、排水良好的酸性土。浅根性树种。幼苗期生长缓慢，10年后渐加速生长。寿命长。

【繁殖方式】 播种繁殖。应用新鲜的种子沙藏1～3个月后播种。幼苗需遮阳。扦插宜冬季经生长激素处理，生根良好。宜定植于建筑物的背阴面。

【园林应用】

形态造景：因杉松四季常绿、树形优美、亭亭玉立、秀丽美观，宜孤植做庭荫树、园景树，也可在草坪上丛植成景或列植于道路两侧，杉松还可盆栽做室内装饰。

生态造景：因杉松为阴性树，故可在建筑物北侧栽植或高大乔木下配植，因杉松抗寒能力较强，所以可在高寒地区应用，如东北地区的高山、高原风景区、公园、庭院及街道等地。杉松材质轻，可供板材及造纸用。

人文造景：因杉松树姿雄伟端正，四季常青，绿荫浓密可用于纪念性园林或陵园中，列植于道路两侧，易形成庄严肃穆的气氛，同时杉松浓密的绿意可使人精神放松、心情舒缓，在大型公园规划设计中，杉松可布置于安静休息区，形成私密或半开放空间供中老年人和那些喜欢安静的人群休闲。

2. 云杉属 *Picea* Dietr.

常绿乔木，树冠尖塔形或圆锥形；枝条轮生，平展，小枝上有显著的叶枕。冬芽卵形或圆锥形。针叶条形或锥棱状，无柄，生于叶枕上，呈螺旋状排列。雌雄同株，单性；雄球花椭圆形，黄色或深红色，下垂；雌球花单生枝顶，绿色或红紫色。球果卵状圆柱形或圆柱形，下垂，当年成熟，种鳞宿存，每种鳞含2粒种子；种子倒卵圆形或卵圆形，有倒卵形种翅。

本属约40种，分布于北半球，由极圈至暖带的高山均有；中国有20种及5变种，另引种栽培2种，多在东北、华北、西北、西南及台湾等地区的山地，在北方城市及西南山区城市园林中也有应用。

(1) 红皮云杉（红皮臭、虎尾松、高丽云杉、带岭云杉） *Picea koraiensis* Nakai

【形态特征】 红皮云杉（图6）为常绿乔木，高达30m以上，胸径约80cm；树冠尖塔形，大枝斜伸或平展，小枝上有明显的木钉状叶枕；芽长圆锥形，小枝基部宿存芽鳞之先端常反曲。叶锥形，先端尖。球果卵状圆柱形或圆柱状矩圆形，熟后绿黄褐色或褐色；种子上端有膜质长翅。

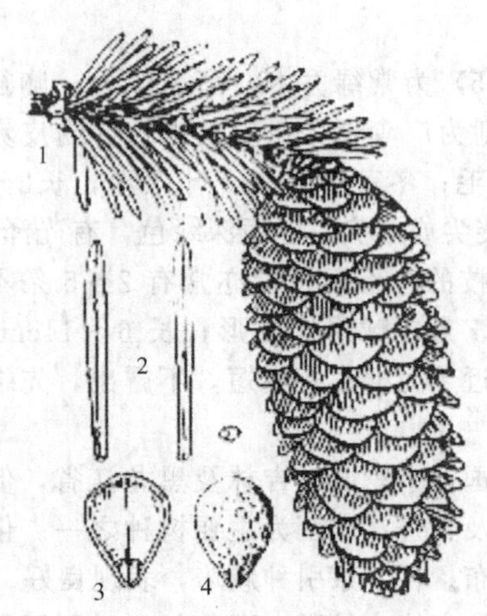

图6 红皮云杉

1—球果枝；2—叶片；3，4—种鳞

【产地与分布】 分布于东北小兴安岭、吉林山区海拔400～1800m地带，朝鲜及俄罗斯乌苏里地区亦产。

【生态习性】 较耐阴，喜湿润气候和深厚肥沃、排水良好的土壤，耐湿，也耐干旱。耐寒。浅根性，侧根发达，生长较快。适应性较强。抗有毒气体SO_2。

【繁殖方式】 播种繁殖。

【园林应用】 形态造景：树姿优美，青翠秀丽，树冠尖塔形，大枝斜伸或平展。可做为园景树，也可做为独赏树在北方地区推广。常绿乔木，可雪地造景，形成冬季景观。也可做疏林草坪的树种。可以丛植和列植，可做为背景或障景，也可以用做风景区绿化。由于其叶经冬不落的特点，象征着革命烈士精神永存，因此可用于墓园、陵园、纪念性园林及寺庙园林绿化。

生态造景：既耐阴，又耐寒，可做阴面绿化，耐湿，也耐干旱，喜湿润气候和深厚肥沃、排水良好的土壤，可做为“四旁”绿化树种。适应性较强。可应用于岩石园。抗SO_2有毒气体，可进行工矿区绿化。生长较快，可较快形成优美的景观。多分枝，耐修剪，可做常绿绿篱。

(2) 白扦（麦氏云杉、毛枝云杉） *Picea meyeri* Rehd. et Wils

图7　白扦

1—球果枝；2，3—种鳞；4—种子；5—叶片

【形态特征】 白扦（图7）为乔木，高约30m，胸径约60cm；树冠狭圆锥形。树皮灰色，呈不规则薄鳞状剥落，大枝平展，小枝有密毛、疏毛或无毛。芽多圆锥形或卵状圆锥形，褐色。叶四棱状条形，四面有气孔线，螺旋状排列。球果长圆状圆柱形；种鳞倒卵形；苞鳞匙形，先端圆而有不明显锯齿；种子倒卵形，黑褐色。花期4～5月；果9～10月成熟。

【产地与分布】 中国特产树种，是国产云杉中分布较广的种。在山西五台山，河北小五台山、雾灵山，陕西华山等地均有分布。1908年引种至美国阿诺德树木园，日本亦有引入。华北城市如北京等地园林中多见栽培。

【生态习性】 耐阴性强，为阴性树，性耐寒，喜空气湿润气候，喜生于中性及微酸性土壤。在自然界中多生长于海拔1500～2100m之阴山坡，常与臭冷杉混交或与桦树、山杨等阔叶落叶树混交。

【繁殖方式】 用种子繁殖。

【园林应用】 形态造景：树形端正，树冠狭圆锥形，枝叶茂密，下枝能长期存在，叶呈有粉状青绿色，果长圆状圆柱形，成熟时则变为有光泽的黄褐色，极具观赏性，可做为园景树，最适孤植，也可庭院绿化，或做观赏树种。树形整齐、美观，可做疏林草坪。丛植时能长期保持郁闭，因此可做为背景或障景的材料。常绿乔木，可雪地造景，形成冬季景观。由于其叶经冬不落的特点，象征着革命烈士精神永存，因此可用于墓园、陵园、纪念性园林及寺庙园林绿化。

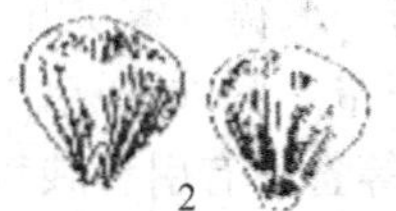

图8　青扦

1—球果枝；2—种鳞；3—叶；4—种子

生态造景：耐阴性强，为阴性树，可进行阴面绿化。性耐寒，喜空气湿润气候，适应性强，适于生长在中性及微酸性土壤中，可做为寒冷地区的绿化树种。生长速度缓慢，但后期生长渐快，且可长期保持旺盛生长，形成稳定优美的景观。

(3) 青扦（魏氏云杉、细叶云杉） *Picea wilsonii* Mast.（*P. mastersii* Mayer）

【形态特征】 青扦（图8）为乔木，高达50m，胸径约1.3m；树冠圆锥形，一年生小枝淡黄绿，淡黄或淡黄灰色，无毛，罕疏生短毛，二、三年生枝淡灰或灰色。芽灰色，无树脂，小枝基部宿存芽鳞紧贴小枝。叶较短，横断面菱形或扁菱形，各有气孔线 4～6 条。球果卵状圆柱形或圆柱状长卵形，成熟前绿色，熟时黄褐或淡褐色。花期 4 月，球果 10 月成熟。

【产地与分布】 分布于我国河北小五台山、雾灵山，山西五台山，甘肃中南部，陕西南部，湖北西部，青海东部及四川等地区山地地带。北京、太原、西安等城市园林中常见栽培。

【生态习性】 性强健，适应力强，耐荫性强，耐寒，喜凉爽湿润气候，喜排水良好，适当湿润之中性或微酸性土壤。生长缓慢。在自然界中有纯林分布，亦常与白杆、白桦、红桦、臭冷杉、山杨等混生。

【繁殖方式】 种子繁殖。

【园林应用】 形态造景：树形整齐，树冠圆锥形，叶较白扦细密，为优美园林观赏树之一。常绿乔木，可雪地造景，形成冬季景观。树形整齐、美观，可做疏林草坪。丛植时能长期保持郁闭，因此，可做为背景或障景的材料。由于其叶经冬不落的特点，象征着革命烈士精神永存，因此可用于墓园、陵园、纪念性园林及寺庙园林绿化。

生态造景：耐荫性强，为阴性树，可进行阴面绿化。耐寒，喜凉爽湿润气候，丰富寒冷地区的绿化树种资源。喜排水良好，可湿地绿化。生长缓慢，寿命长，可形成持续稳定的园林景观。

（二）落叶松亚科 *Laricoideae*

落叶松亚科的叶扁平条形或针状，在长枝上螺旋状散生，在短枝上簇生；球果当年或次年成熟。

1. 落叶松属 *Larix* Mill.

落叶乔木，树皮纵裂成较厚的块片；大枝水平开展，枝叶稀疏，有长枝、短枝之分；冬芽小，近球形，芽鳞先端钝，排列紧密。叶扁平，条形，质柔软，淡绿色，叶表和背面均有气孔线，叶片在生长枝上螺旋状互生，在短枝上呈轮生状。雌雄同株，花单性，单生于短枝顶端，雄球花黄色，近球形；雌球花红色或绿紫色，近球形，苞鳞极长。球果形小，当年成熟，不脱落；种鳞革质，宿存；种子三角状，有长翅；子叶发芽时出土。

落叶松属共 18 种，分布于北半球寒冷地区。中国产 10 种和 1 变种，引入栽培 2 种。

(1) 华北落叶松 *Larix principis-rupprechtii* Mayr.

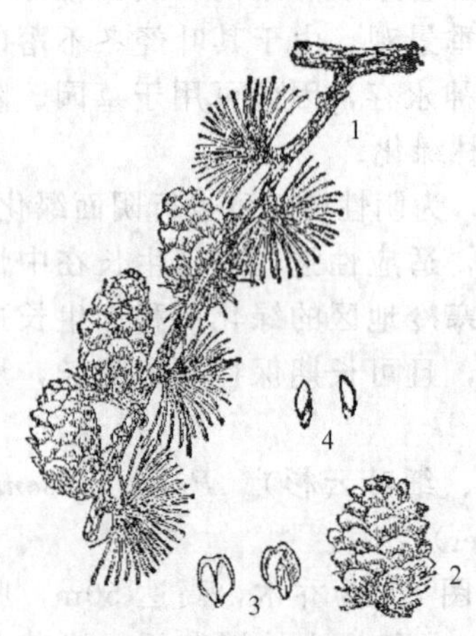

图 9　华北落叶松
1—球果枝；2—球果；3—种鳞；4—种子

【形态特征】 华北落叶松（图 9）为乔木，高达 30m，胸径约 1m。树冠圆锥形，呈不规则鳞状裂开，大枝平展，1 年生枝常无或偶有白粉，枝较粗，2、3 年枝短枝顶端有黄褐或褐色柔毛，径亦较粗。叶窄条形，扁平。球果长卵形或卵圆形；种鳞背面光滑无毛，边缘不反曲，苞鳞短于种鳞；种子灰白色，有褐色斑纹，有长翅。花期 4～5 月；果 9～10 月成熟。

【产地与分布】 产于我国河北、山西二省；北京百花山、灵山及河北小五台山，河北围场、承德、雾灵山等，山西省五台山、恒山等高山地带均有分布。此外，辽宁、内蒙古、山东、陕西、甘肃、宁夏、新疆等省亦有引种栽培。

【生态习性】 强阳性树，性耐寒。对土壤的适应性强，喜深厚湿润且排水良好的酸性或中性土壤；有一定的耐旱力，耐贫瘠土地但生长极慢。有相当强的耐湿能力，能生长于水甸和湿地上。寿命长，根系发达，生长迅速。

【繁殖方式】 用种子繁殖。

【园林应用】 形态造景：树形轻柔飘逸，树冠圆锥形，可作为园景树。树冠整齐，叶轻柔而潇洒，郁郁青青，可形成美丽的景观，因此片植可形成风景林。也可植于草地上，形成疏林草坪景观效果。

生态造景：强阳性，极耐寒，最适合于较高海拔和较高纬度地区的配置应用，可用于冬季雪地造景。有相当强的耐湿能力，可形成湿地景观。寿命长，生长迅速，可形成持续的园林景观。抗风力较强，在风力强处常形成扯旗形树冠，极为壮观。形成特定的风景林景观。在大面积栽植时，因其易受虫害，故不宜与松树混植，最好与阔叶树混植或团丛式混合配植。

(2) 落叶松（兴安落叶松、意气松） *Larix gmelini* (Rupr.) Rupr.

【形态特征】 落叶松（图 10）为乔木，高达 30m，胸径约 80cm。树冠卵状圆锥形，一年生、短枝均较细，无毛或略有毛，基部有毛；短枝顶端有黄白色长毛。球果卵圆形，鳞背无毛；苞鳞不外露但果基部苞鳞外露。种子三角状卵形，具淡褐色斑纹，种翅镰刀形。花期5～6月；种子在 9～10 月成熟，当年 11 月飞散。

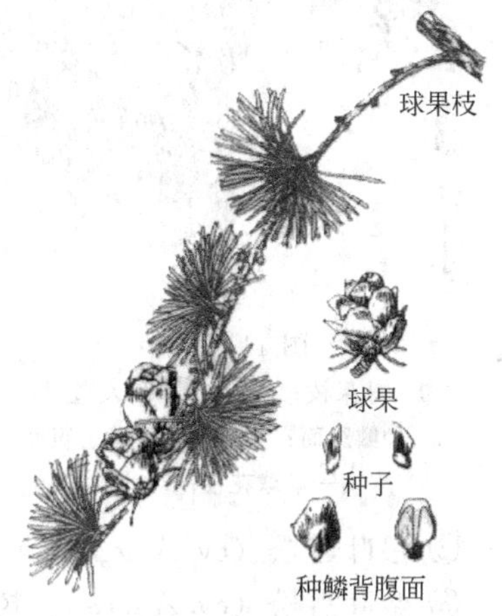

图 10 落叶松

【产地与分布】 分布于我国东北大、小兴安岭和辽宁。

【生态习性】 性喜光，为强阳性树，极耐寒，能耐 -50℃的低温；对土壤的适应能力强，能生长于干旱瘠薄的石砾山地及低湿的河谷沼泽地带；抗烟尘；生长较快。本种在北京的门头沟矿区曾有引种栽培，生长情况不如华北落叶松及黄花落叶松。

【繁殖方式】 用种子繁殖。

【园林应用】 形态造景：树形优美，树冠卵状圆锥形，幼果红紫色变绿色，熟时变黄褐色或紫褐色，季相明显，可以做园景树和风景林树种。可与白桦混植，秀美飘逸，充分体现森林之美的景观效果。

生态造景：性喜光，为强阳性树，可阳面绿化。极耐寒，可用于寒冷地区绿化。对土壤的适应能力强，能生长于干旱瘠薄的石砾山地及低湿的河谷沼泽地带。耐水湿，可进行湿地造景。抗烟尘，耐贫瘠，可做工矿区绿化树种。由于在北方地区发芽展叶早，因此与柳树等可作为早春的造景素材，作为报春植物应用。

2. 雪松属 *Cedrus* Trew

常绿乔木。枝有长枝、短枝之分。叶针状，通常三菱形，坚硬，在长枝上螺旋状排列，在短枝上簇生。雌雄球花分别单生于短枝顶端。球果次年或第三年成熟，直立，较大，种鳞多数，排列紧密，木质，成熟时与种子同落，仅留宿存中轴，苞鳞小而不露出。种子三角形，有宽翅。

雪松属共 5 种，产于喜马拉雅山与小亚细亚、地中海东部及南部和北非山区。我国引入 2～3 种。

雪松 *C. deodara* Loud.

【形态特征】 雪松（图 11）为常绿乔木，高 50～70m，树冠圆锥形，干皮灰褐色，鳞

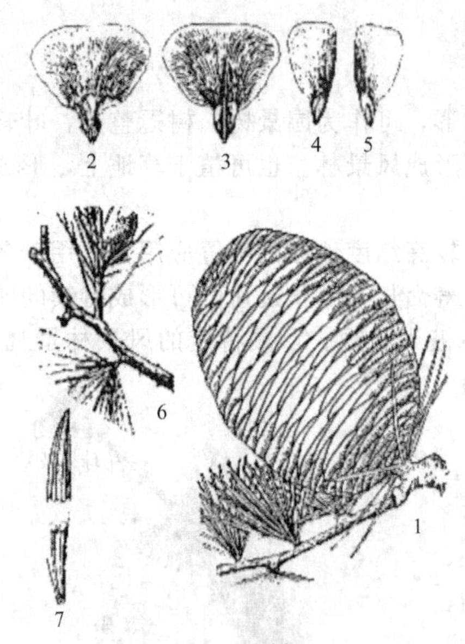

图 11 雪松

1—球果枝；2—种鳞背面及苞鳞；3—种鳞腹面；4，5—种子背、腹面；6—雄球花枝；7—叶

片状裂，大枝不规则轮生，平展，一年生枝淡黄褐色，有毛，短枝灰色。叶针状灰绿色。雌雄异株，少数同株，雄球花椭圆形，雌球花卵圆形，球果椭圆状卵形，熟时红褐色。种鳞阔扇状倒三角形，种子三角状。花期10～11月，果熟期次年9～10月。

【产地与分布】 原产于喜马拉雅山西部，现北京以南均有栽培。

【生态习性】 阳性树种，幼年稍耐庇荫。稍耐荫，喜温凉气候，有一定耐寒能力，耐旱力较强，也耐瘠薄，忌积水，在年雨量600～1200mm的地区生长最好。喜土层深厚而排水良好的土壤，能生长于微酸性及微碱性土壤上，对微碱亦能适应。浅根，主根不发达，侧根分布也不深，易风倒。杀菌力强，对粉尘、烟气吸滞力强，有减噪、隔音的作用。

【繁殖方式】 用播种、扦插、嫁接法繁殖。

【品种资源】

① 银梢雪松（cv. *Albospica*）：小枝顶梢呈绿白色。

② 银叶雪松（cv. *Argentea*）：叶较长，叶色银灰蓝色。

③ 金叶雪松（cv. *Aurea*）：树冠塔形，针叶春季金黄色，入秋变为黄绿色，至冬季转为粉绿黄色。

④ 密丛雪松（cv. *Compacta*）：树冠塔形，树形紧密，高仅数米，枝密集弯曲，小枝下垂。

⑤ 直立雪松（cv. *Erecta*）：是优秀的直立性生长品种，叶色显现银灰色，英国品种。

⑥ 赫瑟雪松（cv. *Hesse*）：树冠极矮，是矮生品种，高仅40cm，枝株紧密，德国品种。

⑦ 垂枝雪松（cv. *Pendula*）：大枝散展下垂。

⑧ 粗壮雪松（cv. *Robusta*）：塔形，枝条粗壮，高20m，小枝粗而曲，叶多数，叶色暗灰蓝色。

⑨ 轮枝粉叶雪松（cv. *Verticillata*）：树冠窄，分枝少而近轮生，小枝粗，叶生长在长枝上层，呈显著的粉绿色。

⑩ 魏曼雪松（cv. *Weisemannii*）：塔形，植株紧密枝密生，枝条弯曲，叶密生，蓝绿色。

⑪ 粉绿叶雪松（cv. *Glauca*）：针叶被白粉，呈粉绿色。

⑫ 狭圆锥形雪松（cv. *Fastigiata*）：树冠狭圆锥形。

⑬ 北非雪松［*C. atlantica*（Endl.）Manetti］：树高达30余米；枝平展或斜展，不下垂。针叶较短，长1.5～3.5cm，横切面四角状。球果长5～7cm。原产非洲西北部阿特拉山区。我国南京等地有引种栽培。

【园林应用】 形态造景：树形优美，树冠圆锥形，干皮抗性强，其主干下面的大枝自近地面处平展，长年不枯，能形成繁茂雄伟的树冠，这一特点更是独植树的可贵之处，是世界五大公园树种之一，树体高大，可做为园景树，观赏树。也可植于建筑前庭之中心、广场中心或主要大型建筑物的两旁及园门的入口等处。常绿乔木，当冬季白雪覆于翠绿色的枝叶上，形成高大的银色金字塔，则更为引人入胜，形成独特的冬季景观。也可列植形成壮观景色，成为背景树。印度民间视为圣树。由于其叶经冬不落的特点，因此可用于墓园、陵园、纪念性园林及寺庙园林绿化。最宜植于草坪中央，形成疏林草坪的景观效果，如杭州花港观鱼草坪，就以雪松作为疏林树种，形成优美的景观。

生态造景：阳性树种，有一定耐阴能力，可阳面绿化。耐寒，可雪地造景。以选背风处栽植为佳。抗旱，耐贫瘠，适应能力较强，生长速度较快，可快速达到景观效果。也可做盆景树。

人文景观：雪松的种植亦能形成庄重、严肃的气氛，在陵园等纪念园林、博物馆等处应用尤其合适。

（三）松亚科　*Pinoideae*

叶针形，通常 2、3 或 5 针一束，基部为叶鞘所包围，常绿；球果次年成熟，种鳞宿存，背面上方具鳞盾及鳞脐。

松属　*Pinus* L.

常绿乔木，少灌木。大枝轮生。冬芽显著，芽鳞多数。叶有两种，一种为原生叶，呈褐色鳞片状，单生于长枝上，退化成苞片；另一种为次生叶，针状，常 2 针、3 针或 5 针为一束，生于苞片的腋内极不发达的短枝顶端，每束针叶基部为 8～12 个芽鳞组成的叶鞘所包围，叶鞘宿存或早落，针叶断面为半圆或三角形。雌雄同株；花单性，雄球花多数，聚生于新梢下部，花粉粒有气囊；雌球花单生或聚生于新梢的近顶端处，授粉后珠鳞闭合。球果 2 年成熟，卵形，熟时开裂；种鳞木质，宿存，上部露出之肥厚部分称为“鳞盾”，在其中央或顶端之疣状凸起称为“鳞脐”，有刺或无刺；种子多有翅；子叶发芽时顶着籽粒出土。

本属资源约 80 余种，中国产 22 种和 10 变种，分布遍布全国，自国外引入 16 种和 2 变种。

(1) 红松（海松、果松、红果松、朝鲜松）*Pinus koraiensis* Sieb. et Zucc

【形态特征】 红松（图 12）为乔木，高达 50m，胸径1.0～1.5m；树冠卵状圆锥形。树皮灰褐色，呈不规则长方形裂片，1 年生小枝密被柔毛；冬芽长圆形，略有树脂。针叶 5 针一束，直展，叶片深绿色，缘有细锯齿，腹面每边有蓝白色气孔线 6～8 条，树脂道 3，中生。球果圆锥状长卵形，有短柄，种鳞菱形，先端钝而反卷，鳞背三角形，有淡棕色条纹，鳞脐顶生，不显著。种子大，倒卵形，无翅，有暗紫色脐痕。花期 5～6 月；果次年 9～11 月成熟，熟时种鳞不张开或略张开，但种子不脱落。

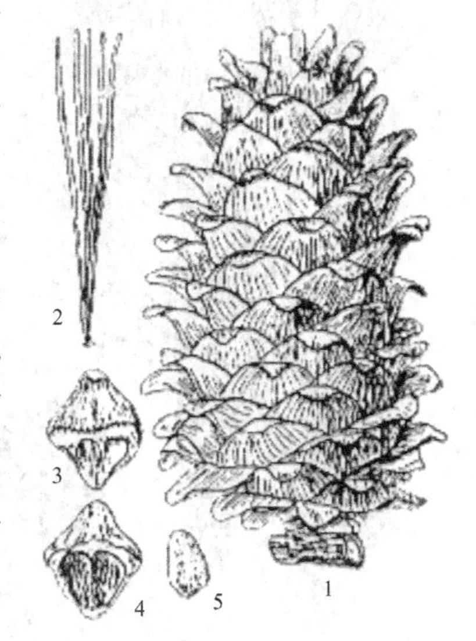

图 12　红松
1—球果；2—针叶；
3,4—种鳞；5—种子

【产地与分布】 产于我国东北辽宁、吉林及黑龙江省，在长白山、完达山、小兴安岭极多，在大兴安岭北部有少量。朝鲜、俄罗斯及日本北部有分布。

【生态习性】 阳性树，但较耐阴。性喜较凉爽气候，耐寒性强。喜空气湿润的近海洋性气候。

红松喜生于深厚肥沃、排水良好而又适当湿润的微酸性土壤上，能稍耐干燥瘠薄土地，也能耐轻度的沼泽化土壤，能忍受短期流水的季节性水淹。

红松在自然界表现为浅根性，尤其幼树根系较弱，故较易风倒。根上有菌根菌共生。

红松的生长速度中等而偏慢。但在气候较温和且雨量充沛处人工栽植的红松，则高生长速度较自然林中的快3～4倍，干径的生长速度也快5倍。

红松的病虫害有：西伯利亚松毛虫、松梢螟、松象虫及根褐腐病、幼苗猝倒病等。

【繁殖方式】 种子繁殖。

【品种资源】

①‘斑叶’红松（cv. *Variegata*）：叶片上有黄白斑。嫁接繁殖，砧木用黑松。

②‘温顿’红松（cv. *Winton*）：灌木，树冠宽度大于高度，冬芽较大，叶片不直而气孔线更显明。

③‘龙爪’红松（cv. *Tortuosa*）：针叶回旋呈龙爪状，小枝顶端之针叶尤其明显。用嫁接法繁殖，以黑松为砧木。

④ 龙眼红松（cv. *Dragon Eye*）：针叶有黄白色条斑。

【园林应用】 形态造景：树形雄伟高大，树冠卵状圆锥形，宜作北方森林风景区材料。四季常青，可冬季造景，配植于草坪上，形成疏林草坪景观。可丛植或列植，做为背景树或障景树。由于其叶经冬不落的特点，因此可用于墓园、陵园、纪念性园林及寺庙园林绿化。红松为典型的东北针阔叶混交林的主力造景树种，能形成东北或北方森林之美的景观。近年城市绿化中，在形成的大面积的风景林或生态林景观中，开始启用红松。

生态造景：阳性树，但较耐阴，可做阳面绿化；性喜较凉爽气候，耐寒性强，可做北方绿化树种；稍耐干燥瘠薄土地，可进行荒山绿化。

(2) 樟子松（海拉尔松、蒙古赤松）*Pinus sylvestris* L. var. *mongolica* Litv.

【形态特征】 樟子松（图13）为乔木，高达30m，胸径约1m；树冠呈阔卵形。一年生枝淡黄褐色，无毛，2～3年枝灰褐色。冬芽卵状椭圆形，有树脂。叶2针一束，较短硬而扭旋，边生，叶断面呈扁半圆形，两面均有气孔线，边缘有细锯齿。雌雄花同株而异枝，雄球花聚生于新梢基部；雌球花有柄，授粉后向下弯曲。球果长卵形，果柄下弯。鳞背特别隆起并向后反曲。花期5～6月，果次年9～10月成熟。

【产地与分布】 产于黑龙江大兴安岭山地及海拉尔以西、以南沙丘地区。蒙古亦有分布。

【生态习性】 阳性树，比油松更能耐寒冷及干燥土壤，又能生于砂地及石砾地带，在大兴安岭阳坡有纯林。生长速度较快。在4～5月间开花，形成美丽景色。

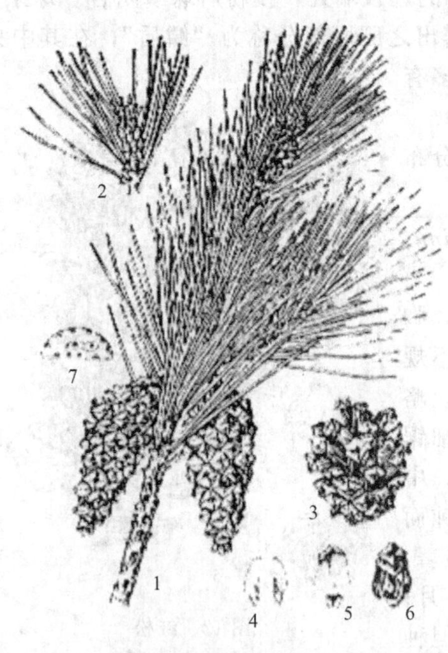

图13 樟子松

1—果枝；2—花枝；3—球果；4,5—果鳞；6—种子；7—叶的横剖面

【繁殖方式】 用种子繁殖。

【园林应用】 形态造景：樟子松适宜于各类园林绿地的绿化与造景，树干通直，姿态美观，树冠呈阔卵形，可做为园景树。树形整齐，列植起来庄严肃穆，应用于墓园绿地，表达崇敬之情。更由于其叶经冬不落的特点，因此还可用于陵园、纪念性园林及寺庙园林绿化。

也可丛植或列植，成为背景障景。树形优美，可与草坪配植，形成疏林草坪景观。生长较快，大面积片植可形成风景林。常绿乔木，可进行冬季造景。亦为典型的东北针阔叶混交林的主力造景树种，能形成东北或北方的森林之美景观。在城市绿化中常强调常绿性，由于樟子松良好的生态适应性，也可用于行道树形成常绿一条街的景观。所以在近年城市绿化中，在形成的大面积的风景林或生态林景观中，已开始启用樟子松。

生态造景：阳性树，可种植在阳面进行绿化。适应性强，又能生于砂地及石砾地带，能耐－40℃～－50℃低温和严重干旱，可用于“四旁”绿化或在寒冷地区造景，或进行岩石园绿化或荒山绿化。树干通直，材质良好，防风固沙作用显著，可做防护林。

(3) 油松（短叶马尾松、东北黑松）*Pinus tabulaeformis* Carr.

【形态特征】 油松（图 14）为乔木，高达 25m，胸径约 1m 余。树冠在壮年期呈塔形或广卵形，在老年期呈盘状或伞形。树皮灰棕色，呈鳞片状开裂，裂缝红褐色。小枝粗壮，无毛，褐黄色；冬芽长圆形，端尖，红棕色，在顶芽旁常轮生有 3～5 个侧芽。叶 2 针一束，罕 3 针一束，树脂道边生；叶鞘宿存。雄球花橙黄色，雌球花绿紫色。当年小球果的种鳞顶端有刺，球果卵形，无柄或有极短柄，可宿存枝上达数年之久；种鳞的鳞背肥厚，横脊显著，鳞脐有刺。种子卵形，有斑纹；翅有褐色条纹。花期 4～5 月；果次年 10 月成熟。

图 14 油松

1—球果枝；2，3—种鳞背、腹面；4—种子；5—叶横剖面

【产地与分布】 分布在我国辽宁、吉林、内蒙古、河北、河南、山西、陕西、山东、甘肃、宁夏、青海、四川北部等地。朝鲜亦有分布。

【生态习性】 强阳性树。性强健耐寒。耐干燥大陆性气候。对土壤要求不严，能耐干旱瘠薄土壤，不宜栽于季节性积水之处。喜生于中性、微酸性土壤中，不耐盐碱。

油松属深根性树种，在吸收根上有菌根菌共生。

【繁殖方式】 用种子繁殖。

【品种资源】

① 黑皮油松（var. *mukdensis* Uyeki）：乔木，树皮深灰色，2 年生以上小枝灰褐色或深灰色。产于河北承德以东至沈阳、鞍山等地。

② 扫帚油松（var. *umbraculifera* Liou et Wang）：小乔木，树冠呈扫帚形，主干上部的大枝向上斜伸，树高 8～15m；产于辽宁省千山慈祥观附近，宜供观赏用。

【园林应用】 形态造景：树形优美，树干挺拔苍翠，树冠开展，年龄愈老姿态愈奇，可做园景树。冠大，荫浓，少病虫害，可做为庭荫树。四季常青，可进行雪地造景，形成美丽的冬季景观。也应用于寺庙、古迹、古典园林及松柏专类园中，也可以纯林群植，混交种植，形成壮阔风景林景观。也可丛植列植成为背景或障景。亦为典型的东北针阔叶混交林的主力造景树种，能形成东北或北方的森林之美景观。在城市绿化中常强调常绿性，由于油松良好的生态适应性，也可用于行道树形成常绿一条街的景观。所以在近年城市绿化中，在形成的大面积的风景林或生态林景观中，已开始启用油松。在园林配植中，除了适于作独植、丛植、纯林群植外，也宜行混交种植。适于作油松伴生树种的有元宝枫、栎类、桦木、侧柏等。

生态造景：强阳性树，成为群落的最上层，性强健耐寒，可冬季造景，是北方绿化树种之一，对土壤要求不严，能耐干旱瘠薄土壤，可以用来“四旁”绿化，能生长在山岭陡崖上也能生长于砂地上，可做岩石园绿化树种。也可作行道树，由于上述的多种优点，可能早在秦代，即曾用作行道树；喜生于中性、微酸性土壤中，不耐盐碱。

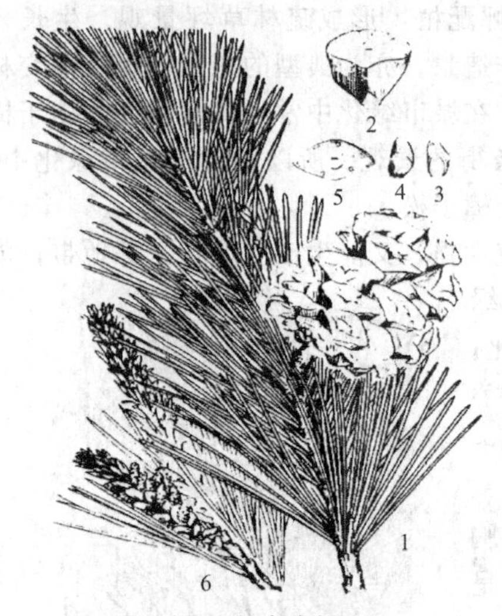

图 15　白皮松

1—球果枝；2，3—种鳞背腹面；4—带翅的种子；5—种翅；6—种子

(4) 白皮松　*Pinus bungeana* Zucc.

【形态特征】 白皮松（图15）为乔木，高达30m，树冠阔圆锥形、卵形或圆头形。干皮淡灰绿色或粉白色，呈不规则鳞片状剥落，1年生小枝灰绿色，光滑无毛，冬芽卵形，赤褐色。针叶，3针一束，基部叶鞘早落，是东南亚唯一的3针一束的树种。雄花序鲜黄色，球果圆锥状卵形，成熟时淡黄褐色，种子大，卵形，褐色。花期4～5月，果熟期次年9～11月。

【产地与分布】 中国特产，辽宁以南均有分布。

【生态习性】 阳性树，稍耐阴，幼树较耐半阴。耐寒性不如油松，喜生于排水良好而又适当湿润的土壤上，对土壤要求不严。能耐干旱土地，耐干旱能力较油松为强。是深根性树种，较抗风，生长速度中等，适应干冷气候。对二氧化硫及烟尘均有较强抗性。抗风，长寿，有千余年的古树。

【繁殖方式】 用种子繁殖。

【园林应用】 形态造景：树形优美，其树干皮呈斑驳的乳白色，极为显目，衬以青翠的树冠可谓独具奇观。可做园景树，也可形成美丽的疏林草坪景观，还可在冬季进行雪地造景，行成清新秀丽的景观。由于其叶经冬不落的特点，因此可用于墓园、陵园、纪念性园林及寺庙园林绿化。

生态造景：阳性树，稍耐阴，幼树较耐半阴，所以应用幼树注意侧方披荫。抗旱耐贫瘠，可应用于岩石园绿化。适应干冷气候，可在北方进行绿化。是深根性树种，较抗风，可以进行荒山绿化，生长速度中等，寿命长，姿态优美，树皮颜色奇异可做盆景树。抗有毒气体二氧化硫及烟尘，可用于工矿区绿化。

人文景观：在北京的古寺庙园林中，常作为镇寺之树种植应用，成为寺庙历史的见证，北京戒台寺的寺内，白皮松景观古老雄浑，蔚为壮观。

(5) 华山松　*Pinus armandii* Franch

【形态特征】 华山松（图16）为常绿乔木。高达35m，胸径约1m。树冠广圆锥形。小枝绿色或灰绿色，平滑无毛。针叶5针一束，较细软，长80～150mm，灰绿色。鳞叶构成的叶鞘早落，种鳞的鳞脐顶生，种子无翅，球果大，长100～220mm，下垂。

【产地与分布】 分布于我国甘肃、青海、陕西、西藏、四川、云南、贵州、山西、河南和湖北。

【生态习性】 喜光，但幼树耐阴。喜温暖、凉爽和湿润气候。耐寒力强，可耐－31℃绝对低温。不耐炎热，在高温季节

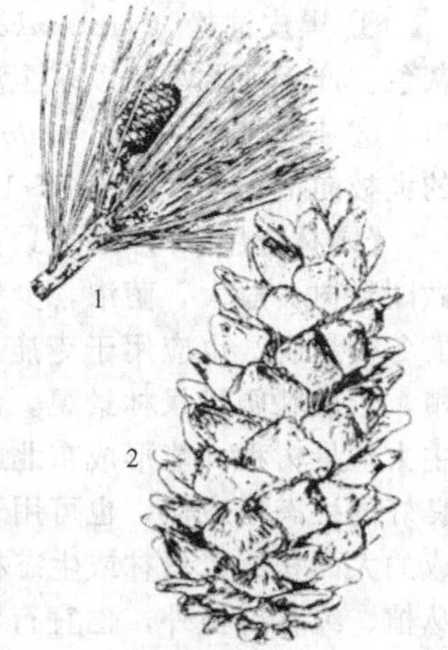

图 16　华山松

1—球果枝；2—球果

会生长不良。适宜多种土壤，最宜深厚、疏松、湿润且排水良好的中性或微酸性壤土，不耐水涝，不耐盐碱，较耐瘠薄。生长速度中等偏快。浅根性。

【繁殖方式】 播种繁殖。

【园林应用】 形态造景：高大挺拔，针叶苍翠，冠形优美，老枝斜展，每当风过便有松涛阵阵，可孤植观姿，也可三五成丛、群植成林，另与其它植物配置，作为背景或框景是古典园林中常见的植物造景方式。是优良的庭园绿化树种和高山风景区风景林树种。

生态造景：耐寒力强，生长较快，为优良风景区造林树种之一。对二氧化硫抗性较强，可用于工矿区造景。还适用于干旱贫瘠地绿化。

四、杉科 *Taxodiaceae*

常绿或落叶乔木，树干端直；大枝轮生或近轮生。叶螺旋状排列，散生，稀交叉对生，披针形、锥鳞形或条形。雌雄同株，雄球花的雄蕊与雌球花的珠鳞均螺旋状排列，稀交叉对生；雄蕊具 2～9（常 3～4）花药，花粉无气囊；珠鳞与苞鳞半合生或完全合生，每珠鳞具 2～9 枚直立或倒生胚珠；球果成熟时种鳞或苞鳞张开，发育种鳞或苞鳞具 2～9 粒种子。

杉科共有 10 属，16 种，多分布于北半球温带和亚热带地区。我国产 5 属，7 种，引入栽培 4 属，7 种。主要分布于长江流域以南温暖地区。

水杉属 ***Metasequoia*** **Miki ex Hu et Cheng**

单种属。在白垩纪及第三纪时，本属有 10 种，广布于东亚、西欧及北美，在第四纪冰河期后，仅残留我国 1 种。

属的特征见种的描述。

水杉 *Metasequoia glyptostroboides* Hu et Cheng

图 17 水杉

1—枝；2—种子；3，5，7—球果；4,8—种鳞；6—枝干

【形态特征】 水杉（图 17）为落叶乔木，高可达 35m，胸径约 2.5m，干基部常膨大，幼树树冠尖塔形，老树则成宽卵圆形；大枝近轮生，小枝对生。叶线形，长 0.8～3.5cm，交叉对生，在侧面枝上扭转成 2 列，冬季与无冬芽小枝一同脱落。雌雄同株；雄球花单生叶腋或枝顶，有短柄，或多数排成总状或圆锥花序状；雌球花单生于去年生枝顶或近枝顶，珠鳞11～14 对，交叉对生，每珠鳞有胚珠 5～9 枚，珠鳞与苞鳞全合生。球果近球形，长 1.8～2.5cm，熟时深褐色，下垂；种鳞木质，盾形，顶部扁菱形，有凹槽。基部楔形，宿存，发育种鳞有 5～9 枚种子。种子倒卵形，扁平，周围有窄翅，先端有凹缺；子叶 2 枚，发芽时出土。

【产地与分布】 分布于我国四川石柱县、湖北利川县磨刀溪、水杉坝及湖南龙山、桑植等地，海拔 750～1500m。国内南北各地广泛栽培，世界上已有 50 多个国家引种。

【生态习性】 阳性树种。喜温暖湿润气候，能尽受－8℃以上低温，适生于肥沃、湿润、排水良好的土壤，积水或排水不畅则生长不良。不耐干旱瘠薄及低湿排水不良条件，但能耐轻度盐碱，水杉速生，在南方栽培，10～15 年成材，在北方则需 15～20 年。结实较迟，一般 10 年后始花，25～30 年结实，40～60 年大量结实。

【繁殖方式】 种子或扦插繁殖。

【园林应用】 形态造景：树冠呈尖塔形，树干通直圆满，姿态优美，叶色秀丽、嫩绿宜人，秋叶转为棕褐色，均甚美观，是良好的观叶树种和园景树，宜在园林中丛植、列植或孤植，也可成片林植。水杉生长迅速，是郊区、风景区、道路两旁重要绿化树种。

生态造景：阳性树，可做阳面绿化；适用于地下水位较高，土壤黏性较重的平原河网地带栽培。在湖泊四周、河道两岸等水体边种植，能形成倒影，甚有气势。水杉也适用于轻度盐碱地的绿化。属速生树种，用其造林可在短期内形成景观。

人文景观：水杉为国家一级珍稀濒危植物，也是古老的孑遗植物，在园林中能够形成凝练古拙、厚重雄浑的人文景观。

五、柏科 *Cupressaceae*

常绿乔木及直立或匍匐灌木。叶交叉对生或三叶轮生，幼苗时期叶刺状，成长后叶为鳞片状或刺状或同株上兼有二种叶形。雌雄同株或异株；球花单性，单生于枝顶或叶腋；雄球花有雄蕊 2～16 枚；雌球花有珠鳞 3～12 对，珠鳞上有 1 至数个直生胚珠；苞鳞与珠鳞结合，仅尖端分离；球果球形，较小；种鳞薄或厚，扁平或盾形，木质或近木质，成熟时开裂或肉质合生成浆果状，发育种鳞有 1 至多个种子；种子周围具窄翅或无翅。

本科含 3 亚科，10 属，230 余种，大多分布于北半球。中国有 10 属，117 种及近 30 个变种，其中引入栽培 24 种及 2 变种，广布全国。

（一）侧柏亚科 *Thujoideae* Pilger

球果种鳞木质，当年成熟开裂，种鳞不为盾形，有侧柏属、崖柏属、罗汉柏属和翠柏属。

侧柏属 *Platycladus* Spach

常绿乔木，高达 20 余米。老树广圆形。树皮浅灰褐色，条片状纵裂。大枝斜出；小枝直展，小枝常与地面垂直。鳞叶小，扁平，两面均为绿色，交互对生，具线状腺槽，基部下延生长，背部有棱脊。雌雄同株，球花单生枝顶；雄球花有 6 对雄蕊，雌球花有 4 对珠鳞。球果当年成熟，卵状椭圆形。种子长卵形，无翅。种鳞木质，扁平，较厚，背部顶端的下方具有一弯曲的钩状尖头，中部 2 对种鳞各具 1～2 枚种子。花期 3～4 月；果 10～11 月成熟。

本属仅一种，为中国特产。

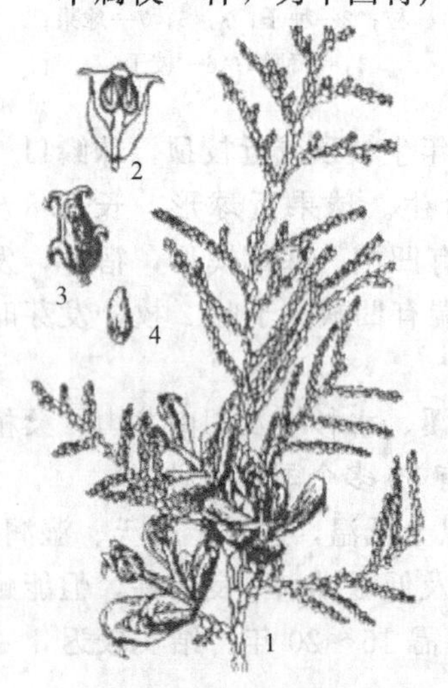

图 18　侧柏
1—枝及球果；2—球花剖面；3—球花；4—种鳞

侧柏（扁松、扁柏、扁桧、黄柏、香柏）*Platycladus orientalis*(L.)*Franco*

【形态特征】 侧柏（图 18）为常绿乔木，高达 20 多米，胸径约 1m。幼树树冠尖塔形，老树广圆形；树皮薄，呈薄片状剥离；大枝斜出；小枝直展，扁平，无白粉。叶全为鳞片状。雌雄同株，单性，球花单生小枝顶端；雄球花有 6 对雄蕊；雌球花有 4 对珠鳞。球果卵形，熟前绿色，肉质，种鳞顶端反曲尖头，成熟后变木质，开裂，红褐色。种子长卵形，无翅或几无翅。花期 3～4 月；果 10～11 月成熟。

【产地与分布】 原产华北、东北，目前全国各地均有栽培，北自吉林经华北，南至广东北部、广西北部，东自沿海，西至云南均有分布。朝鲜亦有分布。

【生态习性】 喜光，但有一定耐阴力，喜温暖湿润气候，但亦耐多湿，耐旱；较耐寒，在哈尔滨市仅能在背风向阳地点行露地保护过冬。喜排水良好而湿润的深厚土壤，但对土壤要求不严格，在土壤瘠薄处和干燥的山岩石路旁亦可见有生长。抗盐性很强。

侧柏的根系发达，虽然在土壤过湿处入土不深，但较油松有较强的耐湿力。生长速度中等而偏慢。侧柏的寿命极长，可达二千年以上。

【繁殖方式】 用播种法繁殖。

【品种资源】 品种很多，在国内外较多应用的有：

①‘千头’柏（cv. *Sieboldii*）：又称子孙柏、凤尾柏、扫帚柏。丛生灌木，无明显主干，高 3～5m，枝密生，树冠呈紧密卵圆形或球形。叶鲜绿色。球果略长圆形；种鳞有锐尖头，被极多白粉。是一个稳定品种，播种繁殖时遗传特点稳定。在中国及日本等地久经栽培，长江流域及华北南部多栽作绿篱或园景树以及用于造林用。

②‘金塔’柏（cv. *Beverleyensis*）：又称金枝侧柏。树冠塔形，叶片金黄色。南京、杭州等地有栽培，北京近年有引种，可在背风向阳处露地过冬，并已开始开花结实。

③‘洒金’千头柏（cv. *Aurea Nana*）：矮生密丛，圆形至卵圆，高 1.5m。叶片淡黄绿色，入冬略转褐绿色。杭州等地有栽培。

④‘北京’侧柏（cv. *Pekinensis*）：乔木，高 15～18m，枝较长，略开展；小枝纤细。叶片甚小两边的叶片彼此重叠。球果圆形，径约 1cm，通常仅有种鳞 8 枚。是一个优美品种，福芎于 1861 年在北京附近发现，并引入英国。

⑤‘金叶’千头柏（cv. *Semperaurea*）：又称金黄球柏。矮型紧密灌木，树冠近于球形，高达 3m。叶片全年呈金黄色。

⑥‘窄冠’侧柏（cv. *Zhaiguancebai*）：树冠窄，枝向上伸展或略上伸展。叶有光泽，绿色，生长旺盛。江苏徐州有栽培。

⑦‘金枝’千头柏（cv. *Aureus Nannus*）：灌木，树冠卵形，高约 1.5m；嫩枝的叶呈黄色。常植于庭园观赏。

⑧ 金球侧柏（cv. *Semper-aurescens*）：灌木，高达 3m，树冠近球形；叶常年保持金黄色。

⑨ 窄冠侧柏（cv. *Columnaris*）：枝向上伸展，形成柱状树冠；叶亮绿色。

⑩ 圆枝侧柏（cv. *Cyclocladus*）：小枝横断面圆形，细长柔软，婆娑多姿。最初在我国山东平阳发现。

⑪ 石南侧柏（cv. *Ericoidis*）：灌木，分枝细而紧密；叶似绒柏，线状长椭圆形，长 8～10mm，蓝绿色。

⑫ 垂丝侧柏（cv. *Flagilliformis*）：树冠塔形，分枝稀疏；小枝线状下垂，叶端尖而远离。

【园林应用】 形态造景：侧柏是我国最广泛应用的园林树种之一，幼树树冠尖塔形，老树广圆形，大枝斜出；小枝直展，树形优美。观树形，可做园景树，庭园树。树干苍劲有力，气魄雄伟，肃穆清幽，自古以来即常栽植于寺庙、陵墓地和庭园中。与圆柏混种体现了气魄，能形成优美的风景林，也多做背景树或障景树。耐密植，耐修剪，可做为常绿绿篱树种。

生态造景：喜光，但有一定耐阴力，可做阴面绿化。耐旱，较耐寒，可在东北地区进行绿化造景，丰富绿化树种。侧柏在夏季虽碧翠可爱，但缺点是自 11 月至次年 3 月下旬的近 5 个月期间叶片有褐变的情况发生，变成土褐色。20 世纪 50 年代南京林学院叶培忠教授在江南曾选出冬季不变色的植株。侧柏极耐盐碱，耐贫土可在岩石园、盐碱地、干旱贫瘠地进行绿化。甚至可以在石砾山岩处绿化。耐湿，可以湿地绿化。侧柏成林种植时，从生长的角度而言，以与桧柏、油松、黄栌、臭椿等混交比纯林为佳。但从风景艺术效果而言，以与圆柏混交为佳，如此则能形成较统一而且宛若纯林并优于纯林的艺术效果，在管理上亦有防止病虫蔓延之效。

(二) 柏木亚科 *Cupressoideae* Pilger

球果次年成熟、开裂，种鳞木质、盾形，主要有柏木属、扁柏属和福建柏属。

扁柏属 *Chamaecyparis* Spach

日本花柏 *Chamaecyparis pisifera* Endl.

【形态特征】日本花柏（图19）为常绿乔木，原产地高达50m，胸径1m，树皮深灰色或暗红褐色，成狭条纵裂脱落；树冠圆锥形；近基部的大枝平展，上部逐渐斜展。叶深绿色，异型，刺叶通常3叶轮生，排列疏松，鳞形叶交互对生或3叶轮生，排列紧密。雌雄异株，少同株。鳞叶先端尖锐，先端略开展；叶片背面白粉显著。花期4～5月，果期10～11月。球果圆球形，径5～6mm，种鳞5～6对，顶部中央微凹，内有突起的小尖头；发育种鳞具1～2种子。种子三角状卵形，种子径2～3mm，两侧有宽翅。

图19 日本花柏
1—枝及球果；2—种子；
3—鳞叶放大

【产地与分布】原产于日本。中国东部，中部及西南地区城市园林中有栽培。

【生态习性】 对阳光要求中性略耐阴；喜温暖湿润气候；耐寒性较差。喜深厚的沙壤土，浅根性树种，不喜干燥土地，耐修剪，生长速度较快。

【繁殖方式】 可用播种及扦插法繁殖，有些品种可用扦插、压条或嫁接法繁殖。

【品种资源】

① 线柏（cv. *Filifera*）：常绿灌木或小乔木，小枝细长而下垂，华北多盆栽观赏，江南有露地栽培者。用侧柏作砧木行嫁接法繁殖。

② 绒柏（cv. *Squarrosa*）：小乔木，高5m。树冠塔形，大枝近平展，小枝不规则着生，非扁平，而呈苔状；叶条状刺形，柔软，长6～8mm，下面有2条白色气孔线。

③ 凤尾柏（cv. *Plumosa*）：小乔木，高5m，小枝羽状。鳞叶较细长，开展，稍呈刺状，但质软，长3～4mm，也偶有呈花柏状枝叶的。枝叶浓密，树姿、叶形俱美。

④ 银斑凤尾柏（cv. *Plumosa Argentea*）：枝端的叶雪白色，其余特征似凤尾柏，杭州等地有栽培。

⑤ 金斑凤尾柏（cv. *Plumosa Aurea*）：幼叶新叶金黄色，其余特征似凤尾柏。

⑥ 黄金花柏（cv. *Aorea*）：树冠尖塔形；鳞叶金黄色，但植株株内部叶绿色。

⑦ 矮金彩柏（cv. *Nana Aureovariegata*）：极矮，平顶而密生灌木，高仅达50m，系最矮小的松柏之一，小枝扇形，顶向下弯；叶有金黄条斑。全叶亦带金黄光彩。栽培中性状稳定。

⑧ 金晶线柏（cv. *Golden Spangle*）：树冠尖塔形，紧密，高约5m，小枝短而弯曲，略呈线状；叶金黄色。为荷兰1900年选育之芽变品种。

⑨ 金线柏（cv. *Filifera Aurea*）：似线柏，但具金黄色叶，且生长更慢。杭州等地有栽培。

⑩ 卡柏（cv. *Squarrosa Intermedia*）：幼树平头圆球形；叶较短，密生，有白粉。

【园林应用】

形态造景：因日本花柏小枝扁平，树冠塔形，可以孤植观赏，也可以在草坪一隅、坡地丛植几株，丛外点缀数株观叶灌木，可增加层次，相映成趣。亦可密植作绿篱或整修成绿墙、绿门。又因日本花柏枝叶纤细柔美秀丽，特别是许多品种具有独特的姿态，观赏价值很高可作花柏专类园或冬园造景。

生态造景：日本花柏适应性强，在长江流域园林中普遍用作基础种植材料，营造风景林，姿、色观赏效果俱佳。也可修剪成造型树应用。

（三）圆柏亚科 *Juniperoideae* Pilger

球果肉质球形，成熟不开裂，仅圆柏属和刺柏属。

1. 圆柏属（桧属） *Sabina* Mill.

常绿乔木、灌木或匍匐灌木，冬芽不显著。小枝及其分枝不排成同一平面。叶二型，鳞形或刺状，或全为刺形。鳞形叶交互对生，背部有腺点；刺状叶3枚轮生，叶基下延生长，基部无关节。雌雄异株或同株，球花单生短枝顶端；雄球花有对生之雄蕊4～8对；雌球花有珠鳞4～8。球果常次年成熟，罕第三年成熟；种鳞合生，苞鳞与种鳞合生，仅苞鳞尖端分离，肉质，果熟时不开裂，内含1～6种子；种子无翅。

本属资源约50种，分布于北半球高山地带，北至北极圈，南至热带高山。中国约产17种，3变种。引入栽培2种。

（1）圆柏（桧柏、刺柏）

Sabina chinensis（L.）Ant.（*Juniperus chinensis* L.）

【形态特征】 圆柏（图20）为乔木，高达20m，胸径可达1m；树冠尖塔形或圆锥形，老树则成广卵形，球形或钟形。树皮灰褐色，呈浅纵条剥离，有时呈扭转状。老枝常扭曲状；小枝直立或斜生，亦有略下垂的。冬芽不显著。叶有两种，鳞叶交互对生，多见于老树或老枝上；刺叶常3枚轮生，叶上面微凹，有2条白色气孔带。雌雄异株，极少同株；雄球花对生；雌球花对生或轮生。球果球形，被白粉，果卵圆形。花期4月下旬，果多次年10～11月成熟。

图20 圆柏

1—枝；2—刺叶；3—球果枝；4—鳞叶放大；5—球果

【产地与分布】 原产中国东北南部及华北等地，北自内蒙古及沈阳以南，南至两广北部，东自滨海省份，西至四川、云南均有分布。朝鲜、日本也是产地。

【生态习性】 喜光但耐荫性很强。耐寒、耐热，对土壤要求不严，对土壤的干旱潮湿均有一定的抗性。但以在中性、深厚而排水良好处生长最佳。深根性，侧根也很发达。生长速度中等而较侧柏略慢。寿命极长，各地可见到千百余年的古树。对多种有害气体有一定抗性，是针叶树中对氯气和氟化氢抗性较强的树种。对二氧化硫的抗性显著胜过油松。能吸收一定数量的硫和汞，阻尘和隔音效果良好。

【繁殖方式】 用播种法繁殖。

【品种资源】 野生变种、变型和园艺品种极多，现将主要的变种介绍如下：

Ⅰ. 野生变种、变型有：

① 垂枝圆柏［f. *pendula*（Franch.）Cheng et W. T. Wang］：枝长，小枝下垂。原产陕南及甘肃东南部，北京等地有栽培。

② 偃柏（var. *sargentii*（Henry）Cheng et L. K. Fu）：本变种与圆柏主要区别在于：系匍匐灌木，小枝上伸成密丛状，树高0.6～0.8m，冠幅2.5～3.0m，老树多鳞叶，幼树之

叶常针刺状，刺叶通常交叉对生，长3～6mm，排列较紧密，略斜展。球果带蓝色，果有白粉，种子3粒。产于东北张广才岭海拔约1400m处。苏联、日本也有分布。耐寒性甚强，亦耐瘠土，可生于高山及海岩岩石缝中，有固沙、保土之效，可栽植供岩石园及盆景观赏，又为良好的地被植物。采用扦插繁殖的方式。本变种有栽培变型（品种），如‘密生’偃柏、‘粉羽’偃柏、‘淡绿’偃柏等。

Ⅱ. 圆柏之栽培变型（品种），国内外多达60种以上：

①‘金叶’桧（cv. *Aurea*）：直立窄圆锥形灌木，高3～5m，枝上伸；小枝具刺叶及鳞叶，刺叶具窄而不明显之灰蓝色气孔带，中脉及边缘黄绿色，鳞叶金黄色。

②‘金枝球’柏（cv. *Aureoglobosa*）：丛生灌木，树冠近球形；多为鳞叶，小枝顶端初叶呈金黄色，上海、杭州、南京、北京等地有栽培。

③‘球桧’（cv. *Globosa*）：丛生灌木，近球形，枝密生；全为鳞叶，间有刺叶。

④‘龙柏’（cv. *Kaizuka*）：树形呈圆柱状，小枝略扭曲上伸，小枝密，在枝端成几个等长的密簇状，全为鳞叶，密生，幼叶淡黄绿，后呈翠绿色；球果蓝黑，略有白粉。华北南部及华东各城市常见栽培。用枝插繁殖，或嫁接于侧柏砧木上。

⑤‘金龙’柏（cv. *Kaizuka Aurea*）：叶全为鳞叶，枝端之叶为金黄色。华东一带城市园林中常有栽培。

⑥‘匍地龙’柏（cv. *Kaizuca Procumbens*）：无直立主干，植株就地平展。系庐山植物园用龙柏侧枝扦插后育成。

⑦‘鹿角’柏（cv. *Pfitzeriana*）：丛生灌木，干枝自地面向四周斜展、上伸、风姿优美，适应自然式园林配植等用。

⑧ 金叶鹿角柏（cv. *Aureo-pfitzeriana*）：外形如鹿角柏，惟嫩枝之叶为金黄色。

⑨‘羽桧’（cv. *Plumosa*）：矮生雄株，树冠广阔，灌木，树高1.0～1.5m，主枝常偏于一侧，枝散展；小枝向前伸，枝丛密生，羽状；叶鳞状，密集着生，暗绿色，在树膛内夹有若干反映幼龄性状的刺叶。

⑩‘塔柏’（cv. *Pyramidalis*）：树冠圆柱形，枝向上直伸，密生；叶几全为刺形。华北及长江流域有栽培。

⑪ 丹东桧（cv. *Dandong*）：树冠圆柱状尖塔形或圆锥形，侧枝生长迅强，主枝生长较弱，冬季叶色呈深绿色。

⑫ 金星球桧（cv. *Aureo-globosa*）：丛生球形或卵形灌木，枝端绿叶中杂有金黄色枝叶。

⑬ 蓝柱柏（cv. *Columnar Glauca*）：树冠窄柱形，高达8m，分枝稀疏，叶银灰绿色。

⑭ 龙角柏（cv. *Ceratocaulis*）：又叫躺柏。植株介于乔木和灌木之间，大致成扁圆锥形，高达3m，冠幅达10m左右；侧枝伸展广，枝端略上翘，小枝密生；叶深绿色，以刺叶为主，而顶部老枝上鳞叶较多。仅青岛中山公园有数株，是早年由龙柏基部芽变枝培育而成的栽培变种。

⑮ 万峰桧（cv. *Wamfingui*）：灌木，树冠近球形；树冠外围着生刺叶的小枝直立向上，呈无数峰状。还有洒金、洒玉等不同类型。

【园林应用】 形态造景：树形优美，奇姿古态，堪为独景；可做为园景树。枝不易枯，可在冬季进行雪地造景。圆柏在庭园中用途极广。由于其叶经冬不落的特点，象征着革命烈士精神永存，因此可用于墓园、陵园、纪念性园林及寺庙园林绿化。但配植时应勿与苹果、梨园靠近，以免锈病猖獗。可作盘扎整形之材料；又宜作桩景、盆景材料。绿枝绿叶密集，性耐修剪，可以做常绿绿篱。

生态造景：喜光但耐荫性很强。“四旁”绿化可植于建筑之北侧阴处。抗性较强，适于应用的范围比较广。抗有毒气体，吸收一定数量的硫和汞，可在工矿区进行绿化且阻尘和隔音效果良好。由于良好的生态适应性，可以在干旱贫瘠地作为造景的素材广泛应用。

(2) 沙地柏（新疆圆柏、天山圆柏、双子柏、叉子圆柏） *Sabina vulgaris* Ant.（J. sabina L.）

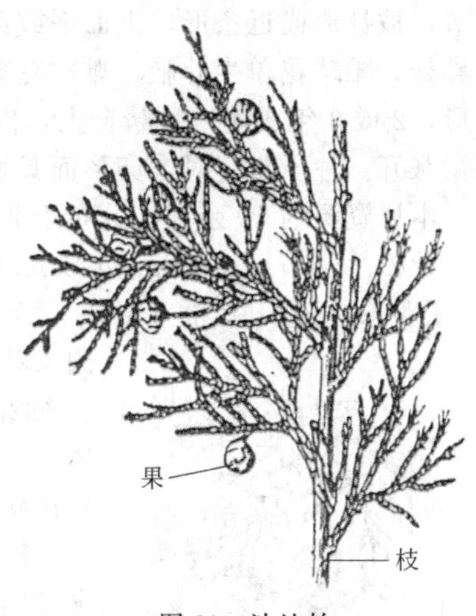

图 21 沙地柏

【形态特征】 砂地柏（图 21）为匍匐性灌木，高不及 1m。刺叶常生于幼树上；鳞叶交互对生，斜方形，先端微钝或急尖，背面中部有明显腺体。多雌雄异株；球果熟时褐色、紫蓝或黑色，多少有白粉。花期 6 月，种子 9～10 月成熟。

【产地与分布】 产于西北及内蒙古。南欧至中亚蒙古也有分布。北京、西安等地有引种栽培。

【生态习性】 耐旱性强，喜石灰质的肥沃土壤，生于石山坡及砂地、林下。

【繁殖方式】 扦插繁殖。

【园林应用】 形态造景：匍匐性灌木，常绿植物，可做地被植物，是良好的地被材料，可在坡地、山岩、裸地进行覆盖和绿化。可在北方进行冬季造景功能。由于其叶经冬不落的特点，因此可用于墓园、陵园、纪念性园林及寺庙园林绿化。

生态造景：耐旱性强，可应用于岩石园和干旱贫瘠地绿化。抗性强，适应性强，又可作园林绿化中的护坡、地被及固沙树种用。

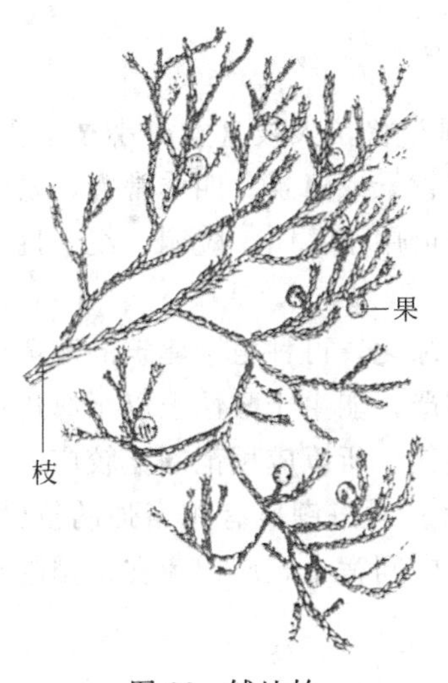

图 22 铺地柏

(3) 铺地柏（爬地柏、矮桧、匍地柏、偃柏） *Sabina procumbens*（Endl.）Iwata et Kusaka

【形态特征】 铺地柏（图 22）为匍匐小灌木，高达 75cm，冠幅逾 2m，贴近地面伏生，叶全为刺叶，3 叶交叉轮生，叶上面有 2 条白色气孔线，下面基部有 2 白色斑点，叶基下延生长；球果球形。花期 6 月，种子 9～10 月成熟。

【产地与分布】 原产日本，我国各地园林中常见栽培，亦为习见桩景材料之一。

【生态习性】 阳性树，能在干燥的沙地上生长良好，喜石灰质的肥沃土壤，忌低湿地点。

【繁殖方式】 用扦插法易繁殖。

【园林应用】 形态造景：匍匐小灌木，常绿植物，可做地被植物。可在坡地、山岩、裸地进行覆盖和绿化。可在北方进行冬季造景功能。各地也经常盆栽观赏。日本庭园中在水面上的传统配植技法“流技”，即用本种造成骨架。由于其叶经冬不落的特点，因此可用于墓园、陵园、纪念性园林及寺庙园林绿化。

生态造景：阳性树，可进行阳面绿化，在园林中又可配植于岩石或草坪角隅，耐旱性强，可应用于岩石园。又可护坡固沙。

2. 刺柏属 ***Juniperus* L.**

常绿乔木或灌木；小枝近圆柱状或四棱状；冬芽显著。叶全为刺形，三叶轮生，基部有关节，披针形或近条形，上面平或凹下，有1～2条气孔带，下面隆起而具纵脊。雌雄同株或异株，雄球花单生叶腋；雌球花有轮生珠鳞3对，胚珠3，生于珠鳞间。球果浆果状，近球形，2或3年成熟；种鳞合生，肉质，与苞鳞合生，仅顶端尖头分离，熟时不开裂或仅顶端微张开。种子常3对，卵形而具棱脊，有树脂槽，无翅。

本属资源约10余种，分布于北温带及北寒带；中国产3种，另引入栽培1种。

杜松　*Juniperus rigida* Sieb. et Zucc.

【形态特征】 杜松（图23）为常绿乔木，高达12m，胸径约1.3m；树冠圆柱形，老则圆头状。大枝直立，小枝下垂。叶全为条状刺形，坚硬，上面有深槽，内有一条狭窄的白色气孔带，叶下有明显纵脊，无腺体。球果球形，2年成熟，熟时淡褐黑或蓝黑色。花期5月；果次年10月成熟。

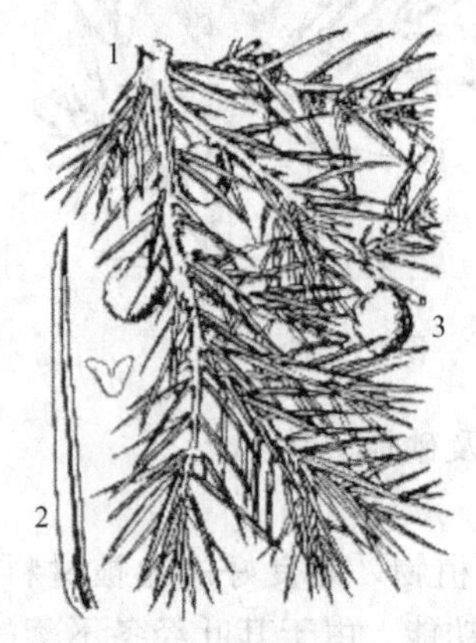

图23　杜松

1—枝；2—叶片；3—果

【产地与分布】 产于黑龙江、吉林、辽宁低山区及内蒙古乌拉山地带，以及河北小五台山、华山、山西北部以及西北地区之高山。在日本分布于本州中部以南及四国、九州；朝鲜亦产本资源。

【生态习性】 为强阳性树，有一定的耐阴性。性喜冷凉气候，比圆柏的耐寒性要强得多；主根长而侧根发达，对土壤要求不严，能生于酸性土以至海边在干燥的岩缝间或沙砾地均可生长，但以向阳适湿的沙质壤土生长最佳。耐修剪。

【繁殖方式】 可用播种及扦插法繁殖。

【品种资源】 国外有若干变种及品种用于园林绿化，如：

① 日本杜松（var. *nipponica*）：树形为匍匐性生长的变种。

② ‘线枝’杜松（cv. *Filiformis*）：具长线状下垂小枝。

【园林应用】 形态造景：树形优美，树冠圆柱形，老则圆头状，大枝直立，小枝下垂，可观美丽的树形。可点缀广场，故作园景树。也可列植，形成背景或障景。四季常青，是北方地区冬季造景的树种之一。由于其叶经冬不落的特点，因此可用于墓园、陵园、纪念性园林及寺庙园林绿化。

生态造景：为强阳性树，有一定的耐阴性。可做“四旁”绿化，可种植于建筑的北侧阴处，性喜冷凉气候，适于北方地区。抗旱耐贫，对土壤要求不严，能生于酸性土以至海边在干燥的岩缝间或沙砾地均可生长，但以向阳适湿的沙质壤土最佳。所以应用范围比较广。可点缀山石，可在干旱贫瘠地绿化。耐密植，耐修剪，可做绿篱。对海潮风有相当强的抗性，可做滨海绿化，是良好的海岸庭园树种之一。本树也为锈病之中间宿主，应避免在果园附近种植。

六、红豆杉科（紫杉科） *Taxaceae*

常绿乔木或灌木。叶条形，少数为条状披针形，螺旋状排列或交互对生。雌雄异株，稀同株。雄球花单生或成短穗状花序，生于枝顶，雄蕊多数；雌球花单生或成对生于叶腋或苞腋，基部具多数苞片，顶部的苞片着生1个直生胚珠。种子核果状或坚果状，于当年或次年成熟，全包或部分包被于杯状或瓶状的肉质假种皮中，有胚乳。

本科资源共5属，23种，有4属分布于北半球，1属分布于南半球。中国产4属，12种和1变种，另有1栽培种。主要分布于南部，个别种分布至东北。

红豆杉属（紫杉属） ***Taxus* L.**

常绿乔木或灌木。树皮红色或红褐色，呈长片状或鳞片状剥落。多枝，侧枝不规则互生。冬芽具有覆瓦状鳞片。叶互生或基部扭转排成假二列状，条形，直或略弯；叶上面中脉隆起，下面有2条灰绿或淡黄、淡灰色气孔带。雌雄异株，雄球花单生叶腋；雄球花有盾状雄蕊；雌球花由数枚覆瓦状鳞片组成，最上部有一盘状珠托，着生1个胚珠。种子坚核果状，卵形或倒卵形，略有棱，内有胚乳，外种皮坚硬，外为红色肉质杯状假种皮所包被，有短梗，或几无梗。

本属资源约11种，分布于北半球，中国产4种和1变种。

东北红豆杉（紫杉）*Taxus cuspidata* Sieb. et Zucc.（T. *baccata* L. var. *cuspidata* Carr.）

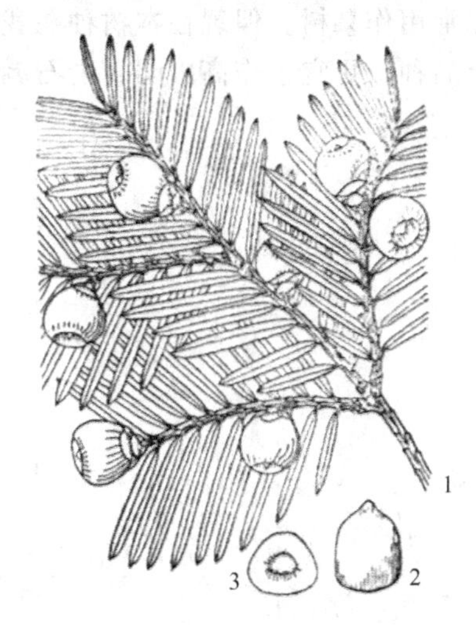

图24　东北红豆杉
1—枝；2—种子横切面；3—种子

【形态特征】 东北红豆杉（图24）为乔木，高达20m，胸径达1m，树冠阔卵形或倒卵形，雄株树冠较狭而雌株则较开展；树皮呈片状剥裂；大枝近水平伸展，侧枝密生，无毛。芽小而长尖，芽鳞较狭，先端锐尖，宿存于小枝基部。叶条形，先端常突尖，上面深绿色，有光泽，下面有两条灰绿色气孔带；主枝上的叶呈螺旋状排列，侧枝上呈不规则而断面近于V形的羽状排列。雄蕊集成头状；雌花胚珠淡红色，卵形。种子坚果状，卵形或三角状卵形，微扁，有3～4纵棱脊，赤褐色，假种皮浓红色，杯形。花期5～6月，果9月成熟，11月脱落。

【产地与分布】 产于我国吉林及辽宁东部长白山区林中。俄罗斯东部，朝鲜北部及日本北部亦有分布。

【生态习性】 阴性树，生长迟缓，浅根性，侧根发达，喜生于富含有机质之潮润土壤中，在自然界，常与其他树木混生，未见有成纯林者。可天然飞籽繁衍。本树寿命极长，国外有达千年的古树。

【繁殖方式】 种子繁殖。

【品种资源】

①‘矮丛’紫杉［cv. *Nana*（var. *umbraculifera* Mak.）］：又称‘枷罗木’。半球状密丛灌木，大连等地有栽培。耐寒，耐荫，软材扦插易成活，北京可推广栽培。15年生树高1.6m，冠幅2.0～2.5m。

②‘微型’紫杉（cv. *Minima*）：树高在45cm以内。

③ 矮紫杉（var. *umbraculifera* Mak.）：又名伽罗木。灌木状，多分枝而向上，高达2m。产及朝鲜，在高山和亚高山生。我国北方园林绿地中有栽培，各地也常栽作盆景观赏。

此外，还有一些栽培变种，如金叶矮紫杉‘*Nana Aurea*’、黄果紫杉‘*Luteo-baccata*’、铺地紫杉‘*Prostrata*’等。

【园林应用】 形态造景：树形端正，树冠阔卵形或倒卵形，雄株树冠较狭而雌株则较开展；树皮赤褐色，叶有光泽，色泽苍翠，假种皮浓红色，杯形，可观树形，可观秋日红果（红色假种皮），故可做园景树。常绿树，叶色浓郁，可在冬季雪地造景，形成美丽的冬季景观。也可孤植或群植。

生态造景：阴性树，极耐阴，可做阴面绿化树种。性耐寒冷，在空气湿度较高处生长良好。可做高纬度地区的园林绿化的良好树种。适合于整剪为各种雕塑物式样，又可植为绿篱用。生长缓慢，寿命极长，枝叶繁多而不易枯疏，故剪后可较长期保持一定的形状。欧美等国园林中，常应用欧洲紫杉（*Taxus baccata* L.）整剪为各种雕塑式物像或作整形绿篱用，亦常用作墓树。但现在本树种在我国应用者很少，今后可扩大繁殖推广。至于“矮丛”紫杉等品种，更宜于作高山园、岩石园材料或盆栽盆景装饰用。

第二章

被子植物门

(*Angiospermae*)

乔木、灌木或藤木。单叶或复叶，网状或平行叶脉。具典型的花，两性或单性，胚珠包藏于由心皮封闭而成的子房中；胚珠发育成种子，子房发育成果实，种子有胚乳或无，子叶 2 或 1 枚。

被子植物全世界约有 25 万种；中国约产 25000 种，其中木本植物 8000 余种。

被子植物分为双子叶植物和单子叶植物两个纲。

Ⅰ. 双子叶植物纲 *Dicotyledoneae*

多为直根系；茎中维管束环状排列，有形成层，能使茎增粗生长；叶具网状叶脉。花各部每轮通常为4～5基数；胚常具2片子叶。双子叶植物的种类约占被子植物的3/4，其中约有一半的种类是木本植物。

根据花瓣的联合与否，常将双子叶植物纲分为离瓣花亚纲和合瓣花亚纲。

离瓣花亚纲 *Archichlamydeae*

离瓣花亚纲是较原始的被子植物。花无被、单被或复被，而以花瓣通常分离为主要特征。

一、杨柳科 *Salicaceae*

落叶乔木或灌木。单叶互生，稀对生，有托叶。花单性异株，成葇荑花序，常先叶开放；花无被，单生于苞腋，有腺体或花盘，雄蕊2至多数，子房上位，1室，2心皮，侧膜胎座，胚珠多数；雌蕊2心皮，柱头2～4裂。蒴果2～4裂；种子细小，多数，基部有白色丝状长毛，无胚乳。

共3属，540余种，产于温带、亚寒带及亚热带；中国产3属，约226种，遍及全国。本科植物易于种间杂交，故分类较为困难。

1. 杨属 ***Populus*** **L.**

乔木。小枝较粗，髓心不规则五角状，有发达顶芽，芽鳞数枚，常有树脂。叶互生，较宽阔，形态变化较大，叶柄较长。花序下垂，风媒传粉；每朵花具1枚膜质苞片，边缘具齿牙，苞片多具不规则之缺刻，花盘杯状。蒴果2～4裂。

图25 银白杨

1—叶枝；2—雌花枝；3—雌花（子房带花盘）；4—雄花；5—雄花（带苞片）

本属约40余种，中国约产25种，广泛分布于北纬25°～50°之间的平原、丘陵及高山。由于生长迅速，适应性强，繁殖容易，各地广泛做行道树、防护林及速生用材树种。

(1) 银白杨 *Populus alba* L.

【形态特征】银白杨（图25）为落叶乔木，高可达35m，胸径约2m，树冠广卵形或圆球形。树皮灰白色，光滑，老叶纵裂深。幼枝叶及芽密被白色绒毛。长枝之叶广卵形或三角状卵形，常掌状3～5浅裂，裂片先端钝尖，缘有粗齿或缺刻，叶基截形或近心形；短枝之叶较小，卵形或椭圆状卵形，缘有不规则波状钝齿；叶柄微扁，无腺体，老叶背面及叶柄密被白色绒毛。花期4～5月，柔荑花序，雄花序长3～6cm，苞片长约3mm，雄蕊8～10，花药紫红色；雌花序长5～10cm，雌蕊具短柄，柱头2裂。蒴果圆锥形，长约5mm，无毛，2瓣裂。果期5～6月。

【产地与分布】 原产于欧洲、北非及亚洲西部，我国新疆有天然林分布，西北、华北及东北南部有栽培。

【生态习性】 喜光，不耐庇荫；抗寒性强，在新疆－40℃条件下无冻害；耐干旱，但不耐湿热，适于大陆性气候。能在较贫瘠的沙荒及轻碱地上生长，若在湿润肥沃土壤或地下水较浅之沙地生长尤佳，但在黏重和过于瘠薄的土壤上生长不良。在湿热的长江流域及其以南地区生长不良。主干弯曲并常呈灌木状；且易遭病虫危害。深根性，根系发达，根萌蘖力强，耐修剪。正常寿命可达90年以上。

【繁殖方式】 银白杨可用播种、分蘖、扦插等法繁殖。

【园林应用】

形态造景：因银白色的叶片和灰白色的树干都与众不同，叶子在微风中飘动有特殊的闪烁效果，高大的树形及卵形的树冠亦颇美观。所以在园林中可用作庭荫树、园景树、行道树或于草坪孤植、丛植均适宜。

生态造景：由于银白杨适于寒冷干燥的大陆性气候，能在沙荒及轻盐碱地上生长，可在盐碱地或沙化土壤上造景绿化，深根性，根萌蘖性强，是西北地区平原及沙荒地造林树种，也可栽作风景树及行道树。还可用作固沙、保土、护岸固堤及荒沙造林树种，也是防护林的先锋树种。

(2) 新疆杨 *Populus bolleana* L.

【形态特征】 新疆杨（图26）为落叶乔木，高达30m，枝直立向上，形成圆柱形树冠。大枝与树干夹角小，斜向上伸展，干皮灰绿色，老时灰白色，光滑，很少开裂。短枝之叶近圆形，有缺刻状粗齿，背面幼时密生白色绒毛，后渐脱落近无毛；长枝之叶边缘较深或呈掌状深裂，背面被白色绒毛。叶柄扁；长枝上的叶呈3～7掌状深裂，边缘具粗锯齿。柔荑花序褐色，雌雄异株，花期4～5月，花序下垂，雄花有6～8枚雄蕊，花药红色，苞片边缘具长毛。蒴果近圆锥形，果期4～5月。

图26 新疆杨

【产地与分布】 新疆杨主要分布在新疆，尤以南疆地区较多，近年中国北方诸省多有引种，生长良好。此外，俄罗斯南部、小亚细亚及欧洲等地也有栽培。

【生态习性】 阳性树种，喜光，耐干旱，耐盐碱；在土层深厚、排水良好的壤土上生长最佳，适应大陆性气候，在高温多雨地区生长不良；耐寒性不如银白杨。生长快，根系较深，抗风力强，萌芽性强，耐修剪，对烟尘有一定的抗性。

【繁殖方式】 通常用扦插或埋条法繁殖，扦插比银白杨成活率高。若嫁接在胡杨上，不仅生长良好，还可以扩大栽培范围。

【品种资源】

宽冠新疆杨（cv. *Ovoidea*）：树冠开展成卵球形，可作行道树。

【园林应用】

形态造景：因新疆杨树干耸立，树形美观，叶片宽大荫浓，适宜作庭荫树、行道树、园景树和居民区绿化栽植。

生态造景：因新疆杨生长迅速，树干通直，材质良好，适应性较强，具有抗旱、抗寒、

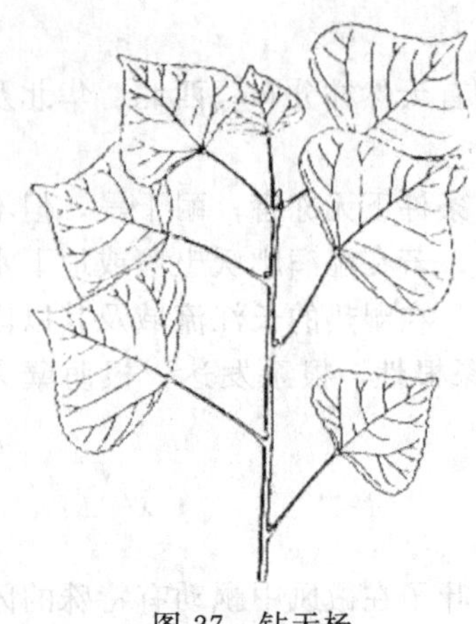
图 27 钻天杨

耐盐碱和一定的抗烟尘能力，适合在盐碱地、沙化土壤、干旱贫瘠地、污染地区绿化造景，所以是北方地区四旁绿化、沙荒绿化、营造防护林和用材林的优良树种。

人文造景：新疆杨原产我国新疆地区，其优美的树姿以及顽强的生命力，体现了新疆人民的勤劳勇敢和对生命的热爱。

(3) 钻天杨（美杨） *Populus nigra* L. cv. Italica（*P. pyramidalis* Roz.）

【形态特征】 钻天杨（图 27）为乔木，高达 30m，树冠圆柱形。树皮灰褐色，老时纵裂。枝贴近树干直立向上生长。1 年生枝黄绿色或黄棕色；冬芽长卵形，贴枝，有粘胶。叶扁三角状卵形或菱状卵形，缘具钝锯齿，无毛；叶柄扁而长，无腺体。花期 4 月；果熟期 5 月。

【产地与分布】 起源不明，有人认为是黑杨（*P. nigra* L.）的无性系，仅见雄株。广布于欧洲、亚洲及北美洲，我国东北自哈尔滨以南，华北、西北至长江流域均有栽培。

【生态习性】 喜光，喜湿润土壤，耐寒，耐空气干燥和轻盐碱。不适应南方之湿热气候。生长快，但寿命短，40 年左右即衰老。抗病虫害能力较差，多蛀干害虫，易遭风折，故近年栽培不多。

【繁殖方式】 扦插繁殖。

【园林应用】 形态造景：树枝优美，树冠圆柱形，树皮灰褐色，适宜做行道树。丛植园中有高耸挺拔之感，可做园景树。片植或列植或丛植堤岸、路边，可做背景树或障景树。在北方园林中常见，也常作防护林用。又是杨树育种常用的亲本之一。与杜松混植草地上形成对比，更显高耸之感。可形成疏林草坪的景观效果。

生态造景：喜光，可在阳面绿化。耐空气干燥和轻盐碱。可在盐碱地绿化，也可应用于“四旁”绿化。但寿命短，故近年绿化栽培不多。

(4) 箭杆杨 *Populus nigra* cv. *Afghanica*（cv. *Thevestina*）

【形态特征】 箭杆杨（图 28）外表与钻天杨相似，枝直立向上形成狭圆柱形树冠。但树皮灰白色，幼时光滑，老则基部稍裂。叶形变化较大，三角状卵形至菱形，基部广楔形至近圆形，先端渐尖至长渐尖。花期 4 月；果熟期 5 月。

图 28 箭杆杨
1—小枝；2—花剖面

【产地与分布】 分布于我国黄河上、中游一带，陕西、甘肃、山西南部、河南西部等地栽培较多。高加索、巴尔干半岛、小亚细亚、北非等地也有引种栽培。

【生态习性】 喜光，耐寒，抗大气干旱，稍耐盐碱；生长快。

【繁殖方式】 扦插繁殖，容易成活。

【园林应用】 形态造景：树冠窄，枝直立向上形成狭圆柱形树冠，冠幅小，树形美，可做园景树。在中国西北地区很受人们喜爱，常作公路行道树。也可与草坪配植，形成疏林草坪景观效果。或做庭园观赏绿化树种。

生态造景：喜光，耐干旱，耐寒，常作“四旁”绿化。耐盐碱和水湿，可作盐碱地和湿地绿化。生长快，可作防护林树种。

(5) 银中杨 *Populus alba* x *berolinensis*

【形态特征】 银中杨（图 29）是以银白杨为母本，中东杨为父本的人工杂交杨树良种。银中杨树干通直、光滑、灰绿、有斑点，皮孔菱形，叶革质，浓绿密集，生长迅速。叶片背面银白色。

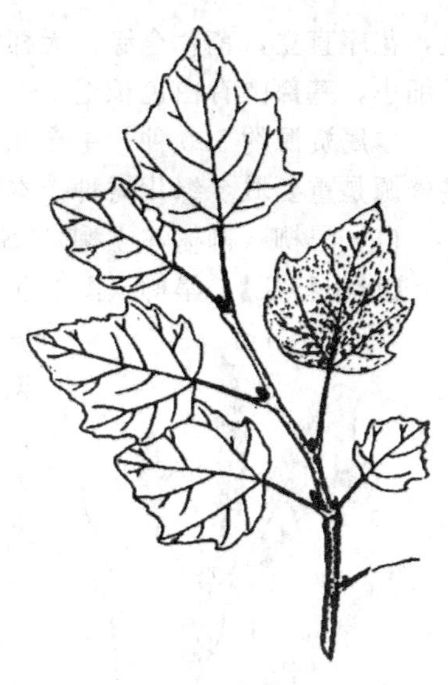

图 29 银中杨

【产地与分布】 现已在我国“三北”地区的黑龙江、吉林、辽宁、内蒙古等省区安家落户。银中杨适宜城乡绿化，可营造用材林、农田防护林、水土保持林、风景林等，是我国北方地区唯一大面积栽培的白杨系良种。

【生态习性】 耐旱，耐寒性强。可耐含盐量 0.4%的盐碱土，耐贫瘠和耐水湿，适应性强。具有较强的生根能力，扦插繁殖成活率可达90%以上。银中杨形态美观、风格独特，又系雄性无性系不飞絮，因此成为造林绿化的多功能树种。银中杨对目前流行的杨树烂皮病、杨树灰斑病和杨干象甲，有较强抗性。

【繁殖方式】 银中杨繁育以无性扦插繁育为主，也可采用母根或根蘖繁育。

【园林应用】 形态造景：树形优美，风格独特，冠大荫浓，是杂交新品种，不飞絮，分枝点高，可用作行道树、园景树、庭荫树。系雄性无性系不飞絮新品种，在近年的园林绿化中应用广泛，是行道、防护林及风景林绿化树种。

生态造景：耐寒性强，可在东北平原地区、华北地区及西北白杨树种分布区引种栽培。抗旱耐贫瘠，可用于岩石园、贫土地或旱地绿化。抗有毒气体，适于工矿区绿化。耐盐碱，还可用于盐碱地绿化。可营造防护林，用于防风固沙或固堤护岸。还可以营造大面积的风景林，形成森林之美。

图 30 中黑舫

(6) 中黑舫 *p*. spp. L.

【形态特征】 中黑舫（图 30）以美洲黑杨为母本，青杨为父本，杂交选育出的杨树优良品种。树干通直，圆满，树皮灰绿色，光滑被白粉。皮孔线形，横向不规则排列，叶阔卵形，先端渐尖，叶基部心形，叶片翠绿色，芽褐色，有黏液。萌枝微红色，枝条微棱。系雄性无性系不飞絮新品种。

【产地与分布】 松嫩平原和我国东西部地区。

【生态习性】 最宜在温和半湿润条件下的疏松、通透性好的草甸土、黑土环境生长。本品种抗性强，适应性广，具有耐寒、耐干旱、耐瘠薄，耐盐碱，抗病虫害等特性。

【繁殖方式】 扦插繁殖。

【园林应用】 形态造景：树干通直，树皮灰绿色，宜列植，作行道树。也可片植，形成风景林。还可作庭荫树、园景树。系雄性无性系不飞絮新品种，在近年的园林绿化中应用广泛。

生态造景：宜在温和半湿润条件下生长，适于湿地绿化。

2. 柳属 *Salix* L.

落叶乔木或灌木，小枝细，髓近圆形，无顶芽。芽鳞 1 枚，叶互生，稀对生，狭长，柄短，花序直立，苞片全缘，无杯状花盘，有腺体，雄蕊1～12，花丝长。蒴果，2瓣裂；种子细小，基部围有白色长毛。

本属资源约500种，主产北半球温带及寒带。中国约产200种，遍及全国各地，其中一些资源是重要城乡绿化树种。本属植物易种间杂交，故分类较复杂而困难。

(1) 旱柳（柳树，立柳） *Salix matsudana* Koidz

【形态特征】 旱柳（图31）为乔木，高达18m，胸径80cm；树冠卵圆形至倒卵形。树皮灰黑色，纵裂。枝条直伸或斜展，小枝纤细，淡褐黄色，无毛；幼小枝有时有毛。叶披针形至狭披针形，缘有细锯齿，背面微被白粉；叶柄短；托叶披针形，早落。葇荑花序小，基部具2～3枚小叶片，花序轴有毛；苞片宽卵形，基部常有毛。花期3～4月；果熟期4～5月。

图31 旱柳
1—枝；2—花序；
3—花蕊；4—果皮

【产地与分布】 中国分布甚广，东北、华北、西北及长江流域各省区均有，而黄河流域为其分布中心，是我国北方平原地区最常见的乡土树种之一。

【生态习性】 喜光，不耐庇荫；耐寒性强；喜水湿，亦耐干旱。对土壤要求不严，在干瘠沙地、低湿河滩和弱盐碱地上均能生长，而以肥沃、疏松、潮湿土上最为适宜，在固结、黏重土壤及重盐碱地上生长不良。生长快，寿命50～70年。萌芽力强；根系发达。固土、抗风力强，不怕沙压。旱柳树皮在受到水浸时，能很快长出新根悬浮于水中，这是它不怕水淹和扦插易活的主要原因。

【繁殖方式】 繁殖以扦插为主，柳树扦插极易成活。播种亦可。

【品种资源】 变种与品种，旱柳常见有下列栽培变种：

① 馒头柳（cv. *Umbraculifera*）：分枝密，端梢齐整，形成半圆形树冠，状如馒头。北京园林中常见栽培，其观赏效果较原种好。

② 绦柳（cv. *Pendula*）：枝条细长下垂，华北园林中习见栽培，常被误认为是垂柳。小枝黄色，叶无毛，叶柄长5～8mm，雌花有2腺体。

③ 龙须柳（cv. *Tortuosa*）：枝条扭曲向上，各地时见栽培观赏。生长势较弱，树体较小，易衰老，寿命短。

【园林应用】 形态造景：树姿优美，树冠卵圆形至倒卵形，分枝点高，可做行道树，柔软嫩绿的枝叶，丰满的树冠，还有许多多姿的栽培变种，都给人带来亲切优美之感，可做园景树。又因其冠大荫浓，故可做庭荫树。配植于草坪之上，形成疏林草坪的景观效果，常与龙爪柳、垂柳共同配植应用，产生刚柔并济的景观效果。是报春植物素材，营造早春植物景观，做早春先开花后展叶花灌木的背景素材，形成美丽的春景。

生态造景：喜光，不耐庇荫，植于阳光充足的地区。耐寒性强，亦耐干旱，对土壤要求不严，可也适合北方地区绿化。抗盐碱，可在盐碱地绿化。喜水湿，可做临水绿化植物材料。最宜沿河湖岸边及低湿处、草地上栽植。加之最易成活、生长迅速、发叶早、落叶晚、自古以来为重要的园林及城乡绿化树种。抗性强，可做防护林，防风固沙及沙荒造林、固堤护岸等用。但由于柳絮繁多、飘扬时间又长，故在精密仪器厂、幼儿园及城市街道等地均以种植雄株为宜。

(2) 垂柳 *Salix babylonica* L.

【形态特征】 垂柳（图 32）为乔木，高达 18m；树冠倒广卵形。树皮灰黑色，不规则开裂。小枝细长下垂，淡黄绿色、淡褐色或淡褐黄色。叶狭披针形至线状披针形，缘有细锯齿，表面绿色，背面蓝灰绿色；叶柄长约 1cm；托叶阔镰形，早落。葇荑花序，外面有毛。花期3～4 月；果熟期 4～5 月。

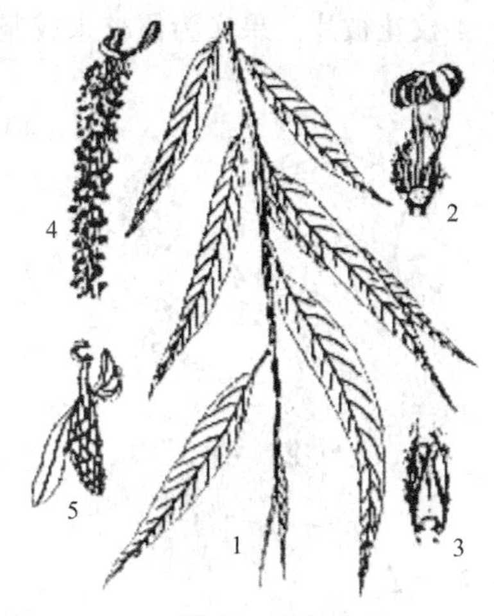

图 32 垂柳

1—枝；2—花蕊；3—果皮；4—花序；5—果序

【产地与分布】 主要分布于我国长江流域及其以南各省区平原地区，华北、东北亦有栽培。垂直分布在海拔 1300m 以下，是平原水边常见树种。亚洲、欧洲及美洲许多国家都有悠久的栽培历史。

【生态习性】 喜光，喜温暖湿润气候及潮湿深厚之酸性及中性土壤。较耐寒，特耐水湿，但亦能生于土层深厚之高燥地区。萌芽力强，根系发达。生长迅速，寿命较短，30 年后渐趋衰老。

【繁殖方式】 扦插繁殖为主，也可用种子繁殖。

【品种资源】 在国外有卷叶‘*Crispa*’、曲枝‘*Tortuosa*’、金枝‘*Aurea*’等栽培变种。

【园林应用】 形态造景：垂柳枝条细长，柔软下垂，树冠倒广卵形，姿态优美潇洒。应用同旱柳，常与旱柳共同配植应用。可作行道树、庭荫树、园景树。在园林中常形成优美的疏林草坪景观或孤植景观。

生态造景：喜光，喜温暖湿润气候及潮湿深厚之酸性及中性土壤，常配植于疏林草坪之处，或在河流、湖泊周围应用更多，是园林中著名的临水造景素材。其萌芽力强，根系发达。生长迅速，可作防护林树种。此外，垂柳对有毒气体抗性较强，能吸收二氧化硫，也适用于工厂区绿化。

图 33 金枝柳

(3) 金枝柳 *Salix* spp.

【形态特征】 金枝柳（图 33）为树体没有柳树高大，金枝柳枝色淡黄、春季叶蕾初绽，为浅绿黄色，其柔软的金色枝条在春风的轻摇下，尤为动人美丽。系雄性无性系不飞絮新品种，在近年的园林绿化中可广泛应用。

【产地与分布】 我国华北以北可以露地应用，但在黑龙江省的园林绿地中应用时，有冻梢现象。

【生态习性】 同柳树的习性一致，但耐寒性弱于柳树。

【繁殖方式】 扦插繁殖。

【园林应用】 形态造景：金枝柳枝色淡黄、春季叶蕾初绽，为浅绿黄色，是最佳的观赏干皮的树种，特别是群植效果，形成一片金黄色的景观，蔚为壮观。其他应用方式同柳树。又系雄性无性系不飞絮新品种，在近年的园林绿化中可广泛应用。

生态造景：同柳树，在北方高寒地区的园林绿地中应用时，注意防寒防冻保护。

二、胡桃科 *Juglandaceae*

落叶乔木，稀常绿或灌木。羽状复叶，互生，无托叶。花单性，雌雄同株；雄花序常为下垂柔荑花序；雌花数朵簇生或形成花序，常呈羽毛状，具 2 小苞片和 2～4 枚花被片贴生于子房，子房由 2 心皮合生；雄花生于 1 枚不分裂或 3 裂的苞片腋内，通常具 2 小苞片或 1～4 枚花被片。果实为假核果或坚果。

图 34　胡桃楸

1—花枝；2—叶；3—核果

本科资源 8 属，50 种，主产北温带，中国产 7 属，25 种，引入 2 种，南北均有分布。

1. 胡桃属（核桃属）　***Juglans* L.**

落叶乔木。小枝粗壮，具片状髓；鳞芽。奇数羽状复叶，互生，有香气。雄蕊 8～40 枚；子房不完全 2～4 室。核果大形，肉质，果核具不规则皱沟。

本属共约 16 种，产北温带；中国产 4 种，引入栽培 2 种。

(1) 胡桃楸（核桃楸）　*Juglans mandshurica* Maxim

【形态特征】 胡桃楸（图 34）为乔木，高达 20m，胸径约 60cm；树冠广卵形。树皮淡灰色，交叉纵裂。小枝幼时密被毛。小叶卵状矩圆形或矩圆形，全缘，锯齿边缘，表面幼时有腺毛，后脱落，仅叶脉有星状毛，背面密被星状毛。雌花序柱头表面暗红色。核果球形至卵球形，先端尖，有腺毛；果核近球形、长卵形至长椭圆形，具 8 条纵脊。花期 4～5 月；果熟期 8～9 月。

【产地与分布】 主产于中国东北东部山区，多散生于沟谷两岸及山麓，与其他树组成混交林；华北、内蒙古有少量分布；俄罗斯、朝鲜、日本亦是产地。

【生态习性】 强阳性，不耐庇荫，耐寒性强。喜湿润、深厚、肥沃而排水良好之土壤，不耐干旱和瘠薄。根系庞大，深根性，能抗风，有萌蘖性。生长速度中等。

【繁殖方式】 种子繁殖。

【园林应用】 形态造景：树干通直，树冠宽卵形，枝叶茂密，树荫浓郁，可栽作庭荫树、园景树。孤植、丛植于草坪、或列植路边均合适。也可形成疏林草坪的景观效果。

生态造景：强阳性，不耐庇荫，耐寒性强。可进行阳面绿化。丰富东北地区的绿化资源。能抗风，可作防风树种。适宜于在山区栽植，并与槭类、椴类等耐荫树种混交种植。

(2) 核桃　*Juglans regia* L.

【形态特征】 核桃（图 35）为落叶乔木，高达 30m，树冠广卵形至扁球形，干皮灰白色，幼时平滑，老时纵裂。一年生枝绿色，无毛或近无毛，小叶椭圆形、卵状椭圆形至倒卵形，全缘，幼树及萌枝叶有不整齐锯齿，侧脉常在 15 对以下，下面脉腋簇生褐色毛。雄花为葇荑花序生于上年生枝侧。雌花顶生，穗状花序，雌花柱头淡黄绿色，有短柔毛。

图 35　核桃

1—雄花枝；2—雌花枝；3—果枝；4—雌花；5，6—雄花侧、背面；7—雄蕊；8—坚果；9—坚果横剖面；10—雌花图式；11—雄花图式核果球形，果核近球形，基部平，先端钝，有不规则浅刻及2纵脊。花期4～5月，果熟期9～11月。

【产地与分布】 原产于中国新疆，伊朗，阿富汗一带，全国均有栽培。

【生态习性】 喜光，喜暖凉气候，耐干冷，不耐湿热，喜肥。适于深厚肥沃、湿润疏松、微酸性至微碱性的沙壤土或壤土条件。深根性，主根发达，生长较快。寿命长。

【繁殖方式】 用播种及嫁接法繁殖。

【品种资源】 有裂叶'*Laciniata*'、垂枝'*Pendula*'等栽培变种。

【园林应用】 形态造景：树冠庞大雄伟，枝叶茂密，绿荫覆地，核果球形，加之灰白洁净的树干，也颇宜人，是良好的庭荫树和园景树。孤植、丛植于草地或园中隙地都很合适。也可成片、成林栽植于风景区，形成风景林。

生态造景：喜光，喜暖凉气候，耐干冷，不耐湿热，适合阳光充足、气候冷凉的地区。喜肥，适于深厚肥沃、湿润疏松、微酸性至微碱性的沙壤土或壤土条件。寿命长，形成的景观不易变化，因其花、果、叶之挥发气味具有杀菌、杀虫的保健功效，在近年的生态园林城市建设中，可作为改善环境的绿化素材应用。由于品种不同，生长特性差异较大，若作行道树用，则应选择干性较强的品种。

2. 枫杨属 *Pterocarya* Kunth

落叶乔木。枝髓片状；冬芽有柄，裸露或具数脱落鳞片。奇数羽状复叶，小叶有锯齿。雄花序单生于上年生枝侧，雄花生于苞腋，萼片1～4枚，雄蕊6～18枚；雌花序单生于新枝顶端，雌花有1苞片和2小苞片。果序下垂，坚果有2小苞片发育而成之翅。子叶2枚，4裂，出土。

本属资源共约9种，分布于北温带；中国约产7种。

枫杨 *P. stenoptera* C. DC.

【形态特征】 枫杨（图36）为落叶乔木，高达30m，胸径约1m。幼树皮光滑，老时深纵裂。枝具片状髓，裸芽密被褐色毛，下有叠生无柄潜芽。奇数羽状复叶，顶生小叶有时不发育而成假偶数羽状复叶，复叶轴具叶质窄翅，小叶长椭圆形，细锯齿边缘。果序下垂，坚果，具2斜上伸展的翅，矩圆形至椭圆状披针形。花期4～5月，果熟期8～9月。

图36 枫杨

1,2—果；3—果序；4—雄果枝

【产地与分布】 广布于我国华北、华中、华南和西南，在长江流域和淮河流域最为常见，吉林、辽宁南部有栽培。朝鲜亦有分布。

【生态习性】 喜光，幼时稍耐阴；耐湿，野生常见于山谷、溪旁或河流两岸；喜温暖湿润气候，较耐寒，喜肥，耐旱，抗有毒气体，叶片有毒。对土壤要求不严，适生于肥沃湿润中性至酸性的土壤上。生长较快。对烟尘和二氧化硫等有毒气体有一定抗性。

【繁殖方式】 用种子繁殖。

【园林应用】 形态造景：树形优美，树冠开展，羽状复叶，枝叶繁茂，分枝点高，在江淮流域多栽为遮荫树及行道树，还可做园景树。惟生长季后期不断落叶，清扫麻烦。秋色叶红色，可作为秋色叶树种，或植成风景林形式应用于园林绿化中。

生态造景：喜光，喜温暖湿润气候，适于阳光充足、湿润的地区，又因枫杨根系发达、较耐水湿，常作水边护岸固堤及防风林树种。抗旱耐贫瘠，可用于岩石园绿化，又可作盆景树。此外，有抗有毒气体、烟尘、二氧化硫的功能，适于工矿区绿化。

三、桦木科 *Betulaceae*

落叶乔木或灌木。单叶互生，羽状脉，托叶早落，花单性同株。雄花下垂，葇荑花序，常先叶开放，生于苞腋，雄蕊 2～14 枚；雌花为球果状、穗状或葇荑状，花萼筒状或无，生于苞腋，雌蕊由 2 心皮合成，子房下位，2 室，每室有 1 倒生胚珠。坚果，有翅或无翅，外具总苞；种子无胚乳。

本科资源有 6 属，约 200 种，主产于北半球温带。6 属资源在中国均有分布，约 96 种。

1. 桦木属 *Betula* L.

落叶乔木，稀灌木。树皮多光滑，常多层纸状剥离，皮孔线形，横扁状。幼枝常具密集树脂点。冬芽无柄，芽鳞多数。雄花序球果状长柱形，于当年秋季形成，翌年春季开放，开放后呈典型葇荑花序特征；雄花有花萼，1～4 齿裂，雄蕊 2 枚，花丝 2 深裂，各具 1 花药；雌花序球果状短圆柱形或长圆柱形；雌花无花被，每 3 朵生于苞腋。果序球果状圆柱形；果苞革质，3 裂，熟后脱落；小坚果扁，两侧具膜质翅。

本属资源约 100 种，主产北半球；中国产 26 种，主要分布于东北、华北至西南高山地区，是中国主要森林树种之一。树形优美，干皮雅致，欧美庭园中常植为观赏树。

白桦 *Betula platyphylla* Suk.

【形态特征】 白桦（图 37）为落叶乔木，高达 25m，胸径约 50cm；树冠卵圆形。树皮白色，光滑，纸状分层剥离，皮孔黄色，内皮红褐色。小枝细，红褐色，多具密集油腺点，无毛，外被白色蜡层。冬芽卵圆形，芽鳞具睫毛。叶三角状卵形或菱状卵形，先端渐尖，基部广楔形，缘有不规则重锯齿，背面疏生油腺点，无毛或脉腋有毛；叶柄无毛。果序单生，下垂，圆柱形。果苞中裂片较侧裂片短；坚果小而扁，两侧具宽翅。花期 5～6 月；8～10 月果熟。

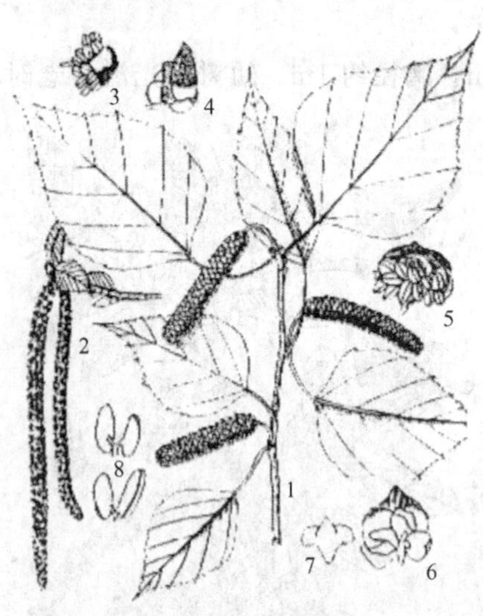

图 37 白桦

1—果枝；2—雄花枝；3，4，5—雄花；6—雌花；7—果苞；8—雄蕊（放大）

【产地与分布】 产于东北大、小兴安岭、长白山及华北高山地区，垂直分布东北在海拔 1000m 以下，华北为 1300～2700m。俄罗斯西伯利亚东部、朝鲜及日本北部亦有分布。

【生态习性】 强阳性，不耐庇荫，常与山杨一起成为采伐或火烧地天然更新的先锋树种；耐严寒，喜酸性土，耐瘠薄。适应性强，沼泽地、干燥阳坡及湿润之阴坡均能生长，但在平原及低海拔地区常生长不良。白桦在东北林区常与红松、落叶松、山杨、蒙古栎、辽东栎等混生，或成纯林。深根性；生长速度中等，寿命较短；萌芽性强，天然更新良好。

【繁殖方式】 播种或萌芽繁殖，以播种繁殖为主。

【品种资源】 据最新资料报道，经研究本种与垂枝桦（*B. pendula Roth.*）可能是同一种。

【园林应用】 形态造景：白桦树冠卵圆形，枝叶扶疏，树皮白色，尤其树干修直，洁白雅致，姿态优美，可作园景树，又是雪地造景的良好材料。还可以观赏干皮，树形优美，冠大荫浓可作庭荫树。在山地或丘陵坡地成片栽植组成美丽的风景林。也可与草坪配植于一起，形成疏林草坪的景观效果。秋色叶黄色，可作为彩色叶树种观美丽的秋色叶。孤植、丛植于庭园、公园之草坪、池畔、湖滨或列植于道旁均颇美观。

生态造景：强阳性，可作阳面绿化材料。适应性强，耐水湿，可在临水湿地进行园林绿化。萌芽性强，枝叶发达，可作为插花材料。

2. 赤杨属 *Alnus* B. Ehrh.

落叶乔木或灌木。树皮鳞状开裂。冬芽有柄；小枝有棱脊。单叶互生，多具单锯齿。雄花具 4 深裂之花萼；雌花无花被，每 2 朵生于苞腋。果序球果状；坚果小而扁，两侧有窄翅；果苞厚，木质，宿存，先端 5 浅裂。

本属约 30 余种，产于北半球寒温带至亚热带。中国约产 10 种，除西北外各省均有分布。

水冬瓜赤杨（辽东桤木） *A. sibirica* Fisch. ex. Turcz.

【形态特征】 水冬瓜赤杨（图 38）为乔木或小乔木，干皮灰褐色或暗灰色，光滑，当年生枝褐色，有毛，冬芽卵形或卵圆形或椭圆状卵形。紫褐色或栗褐色。有毛或近无毛，有柄，具毛。叶近圆形，宽卵形，椭圆状卵形，稀近倒卵形，心形。果序近球形或卵状椭圆形，小坚果倒卵形，有窄而厚的果翅。花期 5 月，果熟期 8～9 月。

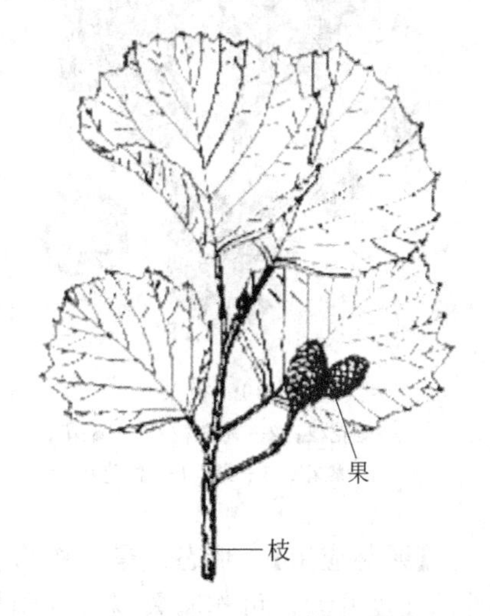

图 38　水冬瓜赤杨

【产地与分布】 我国东北三省均有分布。

【生态习性】 喜光，常生于林区水湿地、溪流和河两岸、湿润谷地或沼泽地上，在土层深厚、肥沃、排水良好的土壤上生长最好，常成块状分布，萌发力强。在积水地虽能生长，但生长不良。

【繁殖方式】 用播种、分蘖法繁殖。

【品种资源】 毛赤杨（var. *hirsuta*（Turcz.）Koidz.）：落叶乔木，冠大，树皮光滑，灰褐色。喜光，生于湿润地带，可作为庭荫树、河岸绿化树种。木材较坚实，可作建筑、家具、器具、农具等用材。

【园林应用】 形态造景：树形优美，分枝点高，作行道树。干皮灰褐色或暗灰色，光滑，可观干皮。冠大荫浓，可作园景树和庭荫树。也可列植或孤植。最适宜营造风景林。目前绿化栽培应用不多见，但是有很好的园林应用前景。

生态造景：常生于林区水湿地、溪流和河两岸、湿润谷地或沼泽地上，在土层深厚、肥沃、排水良好的土壤上生长最好，因此可在湿地进行绿化，在临水岸边营造园林景观。

四、山毛榉科（壳斗科） *Fagaceae*

乔木，稀灌木；落叶或常绿。单叶互生，侧脉羽状；托叶早落。花单性，同株，单被花，雄花序多为葇荑状，稀为头状；雌花与花被片同数或为其倍数，花丝细长；雌花生于总苞中，总苞果熟时木质化，并形成盘状、杯状或球状之“壳斗”，外有刺或鳞片。坚果，种子无胚乳。

本科具有 8 属资源，约 900 种，主产北半球温带、亚热带和热带。中国产 6 属，300 余种；其中落叶树类主产东北、华北及高山地区；常绿树类产秦岭和淮河以南，在华南、西南地区最盛，是亚热带常绿阔叶林的主要树种。

1. 栗属　*Castanea* Mill.

落叶乔木，稀灌木。枝无顶芽，芽鳞 2～3。叶二列，缘有芒状锯齿。雄花序为直立或斜伸之葇荑花序；雌花生于雄花序之基部或单独成花序；总苞球形，密被长针刺，熟时开裂，内含 1～3 粒大形褐色之坚果。

本属约 12 种，分布于北温带；中国产 3 种。

板栗（栗子、毛板栗）　*C. mollissima* Bl.

【形态特征】 板栗（图 39）为落叶乔木，高达 20m，树冠扁球形，干皮灰褐色，交错纵深裂，小枝有灰色绒毛，无顶芽，叶椭圆形至椭圆状披针形，有锯齿，齿端具刺芒，下面被灰白色短柔毛，雄花序直立；雌花序常生于雄花序基部，2～3（5）朵生于总苞内。总苞片球形，密被长针刺，内含坚果。花期 5～6 月，果熟期 9～10 月。

图 39　板栗

1—雄花枝；2—雌花枝；3—雄花；4—雌花；5—果；6—总苞片

【产地与分布】 东北至两广均有栽培。我国北自东北南部，南至两广，西达甘肃、四川、云南等省（区）均有栽培，以华北和长江流域较集中。

【生态习性】 喜光，光照不足会引起冠内部小枝衰枯。北方品种较能耐寒，耐旱；南方品种则喜温暖而不怕炎热，但耐寒性较差。对土壤要求不严，以土层深厚湿润、排水良好、富含有机质的壤土生长良好。喜微酸性或中性土壤。幼年生长较慢，以后加快。深根性树种，根系发达，根萌蘖力强。寿命长。抗有毒气体（二氧化硫、氯气）。

【繁殖方式】 主要用播种、嫁接法繁殖，分蘖也可。

【园林应用】 形态造景：树形优美，树冠扁球形，干皮灰褐色，分枝点高，可作行道树。枝茂叶大，可作园景树或庭园树。也可在公园草坪及坡地孤植或群植均适宜，形成疏林草坪的景观效果。挂果季节，硕果累累，可作观光果园树种。

生态造景：喜光，光照不足会引起冠内部小枝衰枯，因此植于阳光充足的地方进行阳面绿化。对土壤要求不严，适应性强，抗旱耐贫瘠，可在岩石园绿化或作盆景树。深根性树种，根系发达，根萌蘖力强，可保持水土，用于山区造林，固土护坡。抗有毒气体，可在工矿区绿化。

2. 栎属（麻栎属）　***Quercus* L.**

落叶或常绿、半常绿乔木，稀灌木。枝有顶芽，芽鳞多数。叶互生，叶缘有锯齿或波状，稀深裂或全缘。雄花序为下垂葇荑花序，簇生，花被杯状；雌花序穗状，直立，雌花单生于总苞内。总苞盘状或杯状，被鳞片状、线形或锥形苞片，其鳞片离生，不结合成环状。每总苞具 1 枚坚果，坚果单生，坚果当年或翌年成熟。

本属资源共约 350 种，主产北半球温带及亚热带；中国约产 90 种，南北均有分布，多为温带阔叶林的主要成分。木材坚硬耐久，是优良硬木用材。

(1) 麻栎（栎树、柞树、橡树） *Quercus acutissima* Carr.

图 40 麻栎
1—枝；2—雄花序；3—花被；4—雄花

【形态特征】 麻栎（图 40）为落叶乔木，高达 30m，胸径达 1m。幼时有毛，后脱落。叶长椭圆状披针形，长 8～19cm，宽 3～6cm，先端渐尖，基部圆或宽楔形，具芒状锯齿，侧脉直达齿端，叶背无毛或仅脉腋有毛。雄花序长 6～12cm，被柔毛，花被通常 5 裂，雄蕊 4 枚；雌花序有花 1～3 朵。壳斗杯状，包被坚果约 1/2，小苞片钻形，反卷，被灰白色绒毛；果卵形或椭圆形，径 1.5～2cm，高 1.7～2.2cm，顶端圆形。花期 3～4 月；果期翌年9～10 月。

【产地与分布】 分布广，北自我国东北南部、南达两广，西自甘肃、四川、云南等省区，日本、朝鲜亦有。生长于海拔 2200m 以下的山地丘陵之中。

【生态习性】 喜光，喜温湿气候，较耐寒、耐旱，对土壤要求不严，但不耐盐碱土。以深厚、肥沃、湿润而排水良好的中性至微酸性土的山沟、山麓地带生长最为适宜。深根性，萌芽力强。生长速度中等，福建 20 年树高 10m，胸径 21cm，寿命可达 500～600 年。

【繁殖方式】 播种繁殖或萌芽更新。

【园林应用】 形态造景：树干通直，枝条广展，树冠雄伟，浓荫如盖，绿叶鲜亮，秋天变为橙褐色，季相变化明显，是优良绿化观赏树种及秋色叶树种，孤植、丛植或与它树混交成林，均甚适宜。在山区半山区森林公园或风景名胜区应用，宜丛植或小片植，可形成颇具特色的秋色叶景观。

生态造景：喜光，可做阳面绿化，适应能力强，耐旱，可在干旱地绿化，除盐碱和低洼地外均可种植。

(2) 栓皮栎（软木栎、大叶栎） *Quercus variabilis* Blume

图 41 栓皮栎
1—枝；2—叶片放大图；3—花序

【形态特征】 栓皮栎（图 41）为落叶乔木，高达 30m，胸径约 1m，树冠广卵形。树皮灰褐色、深纵裂，树皮栓皮层发达。小枝淡褐黄色，无毛，冬芽圆锥形。叶长椭圆披针形或卵状披针形，长 8～15cm，先端渐尖，基部楔形，具芒状锯齿，背面被灰白色星状毛。雄花序生于当年枝下部，雄花雄蕊通常 5 枚；雌花序生于当年新枝叶腋处。总苞杯状，小苞片钻形反曲，有毛。果近球形或宽卵形，高约 1.5cm，顶端平圆。花期 3～4 月；果期翌年 9～10 月。

【产地与分布】 产区北自我国辽宁、河北、山西、陕西及甘肃东南部，南自广东、广西、云南；东自台湾、福建；西自四川西部等地，以鄂西、秦岭、大别山区为分布中心，朝鲜、日本亦有分布。

【生态习性】 喜光，幼苗耐荫，主根发达，萌芽性强，抗旱、抗火、抗风，能耐－20℃的低温，对土壤的适应性强，在 pH 4～8 的酸性、中性及石灰质土壤中均能生长。

【繁殖方式】 繁殖以播种法为主。

其他参考栎树。

(3) 槲栎 *Quercus aliena* Bl.

【形态特征】 槲栎（图 42）为落叶乔木，高达 25m，树冠广卵形，小枝粗壮，无毛，芽有灰色柔毛，叶倒卵状椭圆形，缘具波状钝齿，背面灰绿色，有星状毛。坚果椭圆状卵形或卵形；总苞碗状，鳞片短小，包被坚果约 1/2，小苞片卵状披针形，排列紧密，被灰白色柔毛。花期 4～5 月，果熟期 10 月。

图 42 槲栎
1—幼枝；2—坚果；
3—枝叶；4—苞片

【产地与分布】 我国辽宁以南有分布。

【生态习性】 喜光，稍耐荫、耐寒、耐干旱瘠薄，对土壤要求不严，在酸性土、钙质土及轻度石灰质土山均能生长，喜酸性至中性的湿润深厚排水良好的土壤，抗烟尘及有害气体，深根性，萌芽力强，是暖温带落叶阔叶林主要树种之一。

【繁殖方式】 播种繁殖。

【品种资源】 锐齿槲栎（var. *acuteserrata* Maxim.）：叶缘波状粗齿，先端尖锐，叶型较小，齿尖内弯。黄河以南均有分布。喜凉爽气候及湿润土壤。

【园林应用】 形态造景：树形优美，树冠广卵形，分枝点高，叶背面灰绿色，风吹动叶片时，叶片正反面可以呈现出不同颜色，可作行道树。树姿优美，树干通直，可作园景树。树冠宽阔，叶大荫浓，可作庭荫树。能与其他树种混交，可营造风景林，用于森林公园和风景区绿化。

生态造景：喜光，稍耐荫，可植于阳光充足处。适应性强，耐寒，耐干旱瘠薄，是南北方均可应用的优良绿化观赏树种，可进行荒山绿化和岩石园绿化，又可作为盆景树。抗有毒气体，适于工矿区绿化。

(4) 槲树（柞栎，波罗栎） *Quercus dentata* Thunb.

【形态特征】 槲树（图 43）为落叶乔木，高达 25m，胸径约 1m；树冠椭圆形。小枝粗壮，有沟棱，密生灰黄色绒毛。叶大，倒卵形或倒卵状琴形，缘有不规则波状裂片，背面灰绿色，密生褐色星状毛；叶柄短，密生柔毛。坚果总苞之鳞片披针形并反曲。花期 5 月，果熟期 10 月。

【产地与分布】 产于我国东北东部及南部、华北、西北、华东、华中及西南各地；朝鲜、日本有分布。

【生态习性】 喜光，耐寒，耐干旱，在酸性土、钙质土及轻度石灰性土上均能生长，抗烟尘及有害气体。深根性，萌芽力强。

【繁殖方式】 播种繁殖。

【园林应用】 形态造景：树形优美，可作行道树、园景树。树冠宽阔，叶大荫浓，可作庭荫树。能与其他树种混交，可营造风景林，用于森林公园和风景区绿化。又是北方地区难得的秋色叶树种，在晚秋，能形成层林尽染的绚丽秋景，美不胜收。

图 43 槲树

生态造景：喜光，稍耐荫，可植于阳光充足处。

适应性强，耐寒，耐干旱，是南北方均可应用的优良绿化观赏树种，可进行荒山绿化和岩石园绿化，又可作为盆景树。抗有毒气体，适于工矿区绿化。是北方荒山造林树种之一。

(5) 蒙古栎 *Quercus mongolica* Fishch.

【形态特征】 蒙古栎（图 44）为落叶乔木，高达 30m。小枝粗壮，栗褐色，无毛。叶常集生枝端，倒卵形或倒卵状长椭圆形，叶缘具深波状缺刻，仅背面脉上有毛；叶柄短，疏生绒毛。坚果卵形或长卵形；总苞浅碗状，包果 1/3～1/2，鳞片呈瘤状。花期5～6 月；果 9～10 月成熟。

图 44 蒙古栎
1—雌花序；2—雄花序

【产地与分布】 主要分布于我国东北、内蒙古、华北、西北各地，华中亦有少量分布；朝鲜、日本、蒙古及俄罗斯均有分布。

【生态习性】 喜光，耐寒性强，喜凉爽气候；耐干旱、瘠薄，喜中性至酸性土壤。通常多生于向阳干燥山坡。生长速度中等偏慢。

【繁殖方式】 播种繁殖。

【园林应用】 形态造景：树形优美，树干通直，树冠宽阔，叶经冬不凋，可作行道树。在夏季，叶大荫浓，可作为庭荫树应用。秋季果实成熟，可观果，冬季叶片不凋落，可观叶，是优良的园景树和营造山区风景林的树种。

生态造景：喜光，耐寒性强，可种植于阳光充足的地区，是东北地区的绿化资源之一，适应性强，耐干旱瘠薄，可在荒山绿化。树皮厚，抗火性强。可作防火树种。

五、榆科 *Ulmaceae*

落叶乔木或灌木。小枝细，无顶芽。单叶互生，常二列状，羽状脉或基部 3（5）出脉，基部常偏斜，具锯齿，稀全缘；托叶早落。花小，单被花，单性或两性；雄蕊 4～8 枚，与萼片同数且对生；雌蕊由 2 心皮合成，子房上位，1～2 室，柱头 2 裂，羽状。翅果、坚果或核果。种子通常无胚乳。

本科资源约 16 属，230 种，主产北半球温带。中国产 8 属，50 余种，广布于全国各地。

1. 榆属 *Ulmus* L.

乔木，稀灌木。芽鳞紫褐色，花芽近球形。单叶互生，在枝上排成 2 列，叶多为重锯齿，羽状脉，基部常偏斜，稀对称。花两性，簇生或成短总状花序，早春先叶开放或花叶同放，稀秋季开花。翅果扁平，翅在果核周围，顶端有缺口，基部有宿存的花萼。

本属资源约 45 种，广布于北半球。中国约 25 种，南北均产；适应性强，多生于石灰岩山地。广泛用做城乡绿化树种。

榆树（白榆，家榆） *Ulmus pumila* L.

【形态特征】 榆树（图 45）为落叶乔木，高达 25m，胸径约 1m；树冠圆球形。树皮暗灰色，纵裂，粗糙。小枝灰色，细长，排成二列状。叶卵状长椭圆形，缘有不规则之单锯齿。早春叶前开花，簇生于去年生枝上。翅果近圆形，种子位于翅果中部。花期 3～4 月；果 2～4 月成熟。

【产地与分布】 产于我国东北、华北、西北及华东等地区，华北及淮北平原地区栽培尤

图 45 榆树

1—花枝；2—果枝；3—花；4—苞片；
5—雌蕊纵剖面；6—子房横剖面；
7,8—雄蕊；9—花图式

为普遍；俄罗斯、蒙古及朝鲜亦有分布。

【生态习性】 喜光，耐寒，抗旱，能适应干凉气候；喜肥沃、湿润而排水良好的土壤，不耐水湿，但能耐干旱瘠薄和盐碱土。生长较快。寿命可长达百年以上。萌芽力强，耐修剪。主根深，侧根发达，抗风、保土力强。对烟尘及氟化氢等有毒气体的抗性较强。

榆树常见虫害有金花虫、天牛、刺蛾、榆天社蛾、榆毒蛾等，应注意及早防治。

【繁殖方式】 繁殖以播种为主，分蘖亦可。

【品种资源】

① 垂枝榆（var. *Pendula*（Kirchn.）Rehd.）：树冠伞形，枝条明显扭曲下垂。以榆树为砧木进行高接繁殖。我国西北和华北地区有栽培。

② 龙爪榆（var. *Tortuosa*）：树冠球形，小枝卷曲下垂。可用榆树为砧木嫁接繁殖。

③ 钻天榆（var. *Pyramidalis*）：树干直，树冠窄。产河南孟县等地。

④ 金叶榆：叶片常年金黄色。

【园林应用】 形态造景：树姿优美，树形高大，树干通直，绿荫较浓，分枝点高，翅果“榆钱”近圆形，颇具观赏性。是城乡绿化的重要树种，栽作行道树、庭荫树、防护林及“四旁”绿化用无不合适。

生态造景：适应性强，耐干旱瘠薄，耐寒，在干瘠、严寒之地能够正常生长。耐盐碱土，可在盐碱地绿化。耐修剪，可用做绿篱和造型树应用。又因其老茎残根萌芽力强，可自野外掘取制作盆景。对烟尘及氟化氢等有毒气体的抗性较强，适于工矿区绿化。生长快，主根深，侧根发达，抗风，保土力强，在林业上也是营造防风林、水土保持林和盐碱地造林、寒地造景的主要树种之一。

2. 朴属 *Celtis* L.

乔木，稀灌木；树皮不裂。冬芽小，卵形，先端贴枝。单叶互生，基部全缘，3 条主脉，侧脉弧曲向上，不伸入齿端，基部全缘，中部以上有锯齿。花杂性同株，与叶同放，雄花簇生于新枝下部，两性花单生或 2～3 朵集生于新枝上部叶腋。核果近球形，单生或 2～3 个生于叶腋，果肉味甜。

本属资源约 70～80 种，产于温带至热带；中国产 21 种，南北各地均有分布。多生长于平原和浅山区，常用做城乡绿化树种。

(1) 大叶朴 *C. koraiensis* Nakai

【形态特征】 大叶朴（图 46）为落叶乔木，高 20m，树皮暗灰色或灰色，微裂；当年生枝红褐色，无毛，皮孔明显；芽卵球形，鳞红褐色，里面鳞片被棕色短毛。叶有

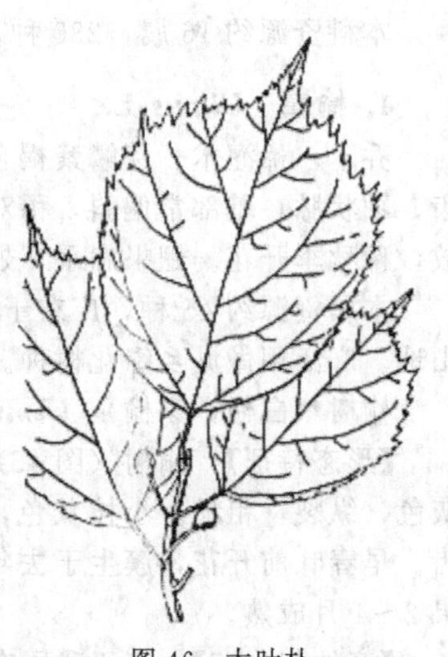
图 46 大叶朴

柄，具灰白色短柔毛；叶广卵形，基部斜截形至微心形，稍不对称至明显不对称，叶缘基部以上具疏尖锯齿，叶端中央伸出尾状长尖，长尖两侧各有数个长短不等的齿尖，齿尖先端内弯，表面绿色，无毛，背面淡绿色，脉明显，无毛或沿中脉有疏毛，脉腋处有簇毛。核果球形，单生于叶腋，近球形，熟时暗红色，果皮肉质；梗有稀疏柔毛。种子卵状椭圆形，暗灰褐色，有凸起的网纹。花期4～5月，果期9～10月。

【产地与分布】 产于我国华北、西北区各省。朝鲜亦有分布。

【生态习性】 喜光，耐寒，喜生向阳山坡及岩石间杂林中。对病虫害抗性较强。

【繁殖方式】 播种繁殖。10月采种，经沙藏处理后第二年春播。

【园林应用】 形态造景：珍贵的绿化观赏树种。可孤植或丛植作绿荫树和园景树，亦可列植作行道树。

生态造景：喜光，可用于阳面绿化。耐寒，是适应北方地区的绿化树种之一。

(2) 小叶朴 *Celtis bungeana* BL.

【形态特征】 小叶朴（图47）为落叶乔木，高20m。树冠倒广卵形至扁球形，干皮灰褐色，光滑，小枝无毛。叶长卵形，基部偏斜，中部以上有浅钝锯齿，有时近全缘，上面无毛，下面仅脉腋有须毛，萌芽枝的叶两面粗糙，先端长尾尖。核果单生，近球形，熟时紫黑色，果核白色、常平滑。花期5～6月，果熟期9～10月。

图47 小叶朴

【产地与分布】 主产于我国华北以南。产于我国东北南部、华北、长江流域及西南、西北各地。

【生态习性】 喜光，稍耐荫。喜温暖，喜肥，对土壤要求不严，喜深厚、湿润的中性黏质土壤。不耐积水，不耐旱，深根性，萌蘖力强。抗有毒气体，耐烟尘，抗虫害，寿命长。

【繁殖方式】 播种繁殖。

【园林应用】 形态造景：树冠宽阔、园整，广卵形至扁球形，干皮灰褐色，光滑，核果球形，熟时暗红色，可作庭荫树，观果树种。因其秋色叶红色，所以可作秋色叶树种，观赏美丽的秋色叶。

生态造景：喜光，稍耐荫，可植于阳光充足的地方。抗有毒气体，耐烟尘，可植于工矿区进行绿化。深根性，萌蘖力强，可保持水土。适应性强，宜作城市绿化树种及行道树。

六、桑科 *Moraceae*

木本，稀草本；乔木、灌木或藤本，常绿或落叶。常有乳汁。单叶互生，稀对生，全缘，具锯齿或缺裂，羽状脉或掌状脉；托叶早落。花小，单性同株或异株，无花瓣，常聚成头状花序、葇荑花序或隐头花序；花单被，通常4片，雄蕊与花被片同数且对生。小瘦果或核果，每瘦果外包有肉质花被，许多瘦果组成聚花果，或瘦果包藏于肉质花序托内，因此叫隐花果。种子通常有胚乳，胚多弯曲。

本科资源约70属，1800种，主产热带和亚热带，少数产温带。中国产17属，160余种，主要分布于长江以南各省区。

构属 *Broussonetia* L'Her. ex Vent.

落叶乔木或灌木。枝无顶芽，有乳汁。单叶互生，有锯齿，不分裂或3裂，稀5裂，羽状脉或基部3出脉；托叶早落。雌雄异株，花序腋生或生于小枝无叶的节上；雄花成葇荑花序，稀成头状花序，雄蕊4；雌花成球形头状花序，花柱线状。聚花果园球形，肉质，熟时橙红色。

本属资源共4种，分布于亚洲东部及太平洋岛屿。我国均产，南北均有。

构树 *B. papyrifera*（L.）L'Her. ex Vent.

【形态特征】 构树（图48）为落叶乔木，高达16m，干皮浅灰色，平滑，不易裂，小枝密被丝状刚毛。叶互生，有时近对生，卵形，基部略偏斜，叶缘具粗锯齿，不裂或不规则2～5裂，两面密生柔毛，叶片下面更密集。聚花果球形，熟时橙红色；小核果扁球形，表面被小瘤。花期4～5月，果熟期8～9月。

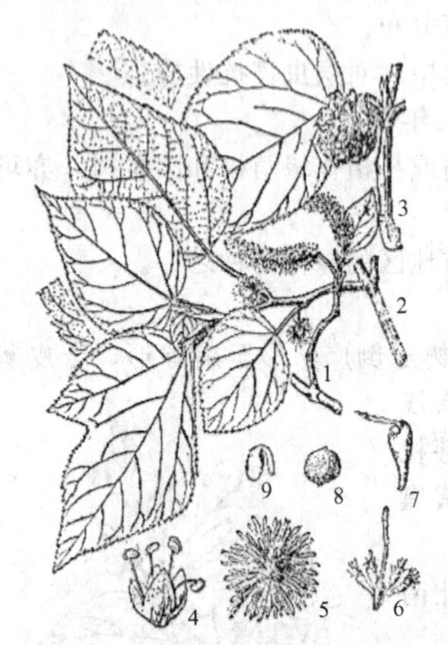

图48 构树

1—雄花序枝；2—雌花序枝；3—果枝；4—雄花；5—雌花序；6—雌花；7—肉质子房柄与小瘦果；8—小瘦果；9—胚

【产地与分布】 北至我国华北，南至华南、西南各省。

【生态习性】 喜光，适应性强，耐寒，耐湿热。耐干旱贫瘠，也能生于水边。浅根性，喜钙质土，也可在酸性、中性土上生长。生长快，萌芽力强，抗毒气及烟尘，病虫害少。

【繁殖方式】 播种、扦插或分蘖繁殖。

【品种资源】 栽培变种：

斑叶构树（cv. *Variegata*）：叶有白斑供观赏。

【园林应用】 形态造景：外貌虽较粗野，但树形优美，冠形圆整，分枝点高，干皮浅灰色，聚花果球形，熟时橙红色，具有观赏性，可做行道树和观果树。枝叶繁茂，花果鲜红艳丽，可做为园景树、庭荫树。秋色叶红色，可做彩叶树种，丰富了绿化资源，是城乡绿化重要树种。

生态造景：耐干旱贫瘠，可作旱地、岩石园绿化资源，生长快，萌芽力强，病虫害少，可营造防护林，保土力强。抗有毒气体，可用于工矿区绿化，是典型的抗污染树种。

七、毛茛科 *Ranunculaceae*

草本，稀为木质藤本或灌木。叶互生或对生，单叶、3出复叶或羽状复叶，无托叶或具刺状托叶。花多两性，辐射或两侧对称，单生或成总状、圆锥状花序；萼片花瓣状；雄蕊、雌蕊常多数，离生，螺旋状排列，中轴胎座、边缘胎座或近基底胎座。聚合蓇葖果或聚合瘦果，稀为浆果或蒴果。种子具油质胚乳，胚小。

本科约48属，2000种，主产北温带。中国约产40属，近600种，全国各地均有分布。

1. 芍药属 *Paeonia* L.

宿根草本或落叶灌木。芽大型，具芽鳞数枚。叶互生，二回羽状复叶或分裂，有叶柄，小叶全缘或分裂，裂片常全缘，羽状脉。花大，单生或数朵聚生于枝顶及上部叶腋，红色、白色或黄色；苞片披针形，叶状，大小不等，常宿存；萼片宽卵形；花瓣倒卵形；雄蕊多数，离心发育，花丝纤细；花盘杯状或盘状，革质或肉质，完全或部分包被心皮；心皮离生。聚合蓇葖果，成熟时沿腹缝线开裂，具数枚大粒种子，种子黑色或深褐色，光亮。

本属约有40种，产于北半球。中国12种，多数花大而美丽，为著名观花植物，兼作药用。

牡丹 *P. suffruticosa* Andr.

【形态特征】 牡丹（图 49）为落叶灌木，高达 2m，枝多而粗壮，叶呈二回羽状复叶，小叶阔卵形至卵状长椭圆形，叶背有白粉，光滑。花型多种，花色丰富。雄蕊多数，5 心皮，花期 4 月下旬至 5 月。果 9 月成熟。

图 49 牡丹

【产地与分布】 原产中国西部及北部，各地有栽培。

【生态习性】 喜温暖而不耐酷热，较耐寒；各品种对光的要求略有差异，大多数品种喜光但忌暴晒，在弱荫下生长最好，尤其在开花季节可延长花期并保持纯正的色泽。深根性，肉质，喜深厚肥沃、排水良好、略带湿润的沙质壤土，最忌黏土及积水之地；较耐碱。长寿。

【繁殖方式】 用播种、分株、嫁接法繁殖。

【品种资源】 变种与品种：

① 矮牡丹（var. *spontanea* Rehd.）：高 0.5～1m，叶片纸质，叶背及叶轴有短柔毛，顶端小叶宽椭圆形，3 深裂，裂片再浅裂。花白色或浅粉色，单瓣型，直径约 11cm。特产于陕西延安一带山坡疏林中。

② 寒牡丹（var. *hiberniflora* Makino.）：叶小，花白色或紫色，小形，直径 8～10cm。本变种的习性是极易促成开花。在日本有栽培。

牡丹的品种十分丰富，在 1031 年欧阳修的《洛阳牡丹记》中已载有 40 余品种，在以后的《群芳谱》中载有 183 个品种，现在有 300 多个品种。

品种分类：牡丹的品种分类有多种方法，常见的有以下几种：

按花色分类：

白花种：'白玉'、'宋白'、'崑山夜光'等。

黄花种：'姚黄'、'御衣黄'、'大叶黄'等。

粉花种：'大金粉'、'瑶池春'、'粉二乔'等。

红花种：'胡红'、'秦红'、'状元红'等。

紫花种：'魏紫'、'葛巾紫'、'墨魁'等。

绿花种：'豆绿'、'娇容三变'等。

按花期分类：

早花种：'大金粉'、'白玉'、'赵粉'等。

中花种：'蓝田玉'、'二乔'、'掌花案'等。

晚花种：'葛巾紫'、'豆绿'、'崑山夜光'等。

按花型分类：各国有许多分法，繁简不一，但基本上均是按照花瓣层数、雌雄蕊的瓣化程度及花朵外形来分类的，现举一繁简居中的例子如下：

① 单瓣类：花瓣 1～3 轮，雌雄蕊无瓣化现象。

② 复瓣类：花瓣在 3 轮以上，雌雄蕊无瓣化现象或仅有少数外围的雄蕊瓣化，有明显花心。

a. 荷花型：内外轮花瓣均较宽大。

b. 葵花型：内层花瓣明显变小，花朵全体较荷花型为扁平。

③ 重瓣类：花瓣多轮，雌雄蕊瓣化程度更为进展。

a. 金环型：在内外轮花瓣之间存有一环未瓣化的雄蕊。

b. 楼子型：外轮花瓣宽大而较平，内轮花瓣狭长紧密而高突，形成一圆球状；全花形似在一个浅碗中托出一个花球状。

c. 绣球型：雌雄蕊大部或全部瓣化，内外轮花瓣大小区别不大，全花形似一个丰满的花球。

【园林应用】 形态造景：牡丹为世界著名观花灌木，花大且美，香色俱佳，易于在早春至盛夏开花，可植于花台、花池观赏，也可自然式孤植或丛植于岩旁、草坪边缘或配植于庭院与山石、松、竹搭配或与芍药混栽。也可盆栽室内观赏或做切花。

生态造景：喜光但忌暴晒，在弱荫下生长最好。在配植时可稍披荫。较耐碱。可在盐碱地绿化。园林绿化时应注意配植在排水通畅良好的地势处。

2. 铁线莲属 *Clematis* L.

多年生草本或木本，攀援或直立。叶对生，单叶或羽状复叶，花常呈聚伞或圆锥花序，稀单生；多为两性花；无花瓣；萼片花瓣状，大而呈各种颜色；雄蕊多数；心皮多数、离生；瘦果，通常有宿存之羽毛状花柱。

(1) 大花铁线莲 *C. macropetala* Ledeb.

【形态特征】 大花铁线莲（图 50）为木质藤本。幼枝微被柔毛，老枝光滑无毛。叶二回羽状三出复叶，小叶 9 枚，纸质，狭卵形。花朵单生于当年生枝顶端，钟状；萼片 4 枚，蓝色或淡紫色，狭卵形或卵状披针形；退化雄蕊呈花瓣状，与萼片近等长。果实为瘦果，倒卵形，被灰白色长柔毛，宿存花柱。花期 7 月，果期 8 月。

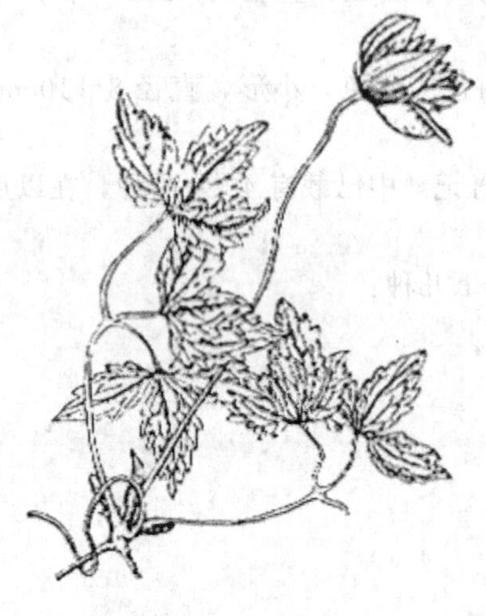
图 50　大花铁线莲

【产地与分布】 分布于我国青海、甘肃、陕西、宁夏、山西、河北等地，生于山坡、草地和林下。俄罗斯、西伯利亚也有分布。黑龙江省各地有分布。

【生态习性】 适应性强，生长旺盛。喜凉爽，耐寒。喜基部半荫、上部较多光照环境。喜肥沃、排水好的黏质壤土；大多数喜微酸性和中性土，少数喜微碱性土。忌积水和夏季干旱。抗性适应性强。

【繁殖方式】 通常用扦插、嫁接、压条繁殖，也可用播种、分株繁殖。

【园林应用】 形态造景：观花藤本，枝叶扶苏，花朵单生，顶生，蓝色，花大色艳，宜于引入园林供观赏。为藤本植物，可进行垂直绿化。还可以在园林中的坡地进行护坡和造景。

生态造景：适应性强，生长旺盛。喜凉爽，耐寒。适于北方地区园林应用，抗性强，可用于工矿区绿化。

(2) 大叶铁线莲 *C. heracleifolia* DC.

【形态特征】 大叶铁线莲（图 51）为直立灌木，茎较粗壮，密生白色绒毛，三出复叶，对生，总状叶柄粗壮，中央小叶具长柄，顶端短尖。花两性，雄花和两性花异株，聚伞花序腋生于枝条顶端，蓝色。茎、叶、花均被不同程度的白色绒毛。瘦果倒卵形，红棕色。花期 7～8 月，果熟期 9～10 月。

【产地与分布】 分布于我国辽宁，山东等省。

【生态习性】 喜肥，常生于山地灌丛或疏林中，较耐阴，有时生于路旁，喜生于湿润肥沃的土壤中。抗性适应性强。

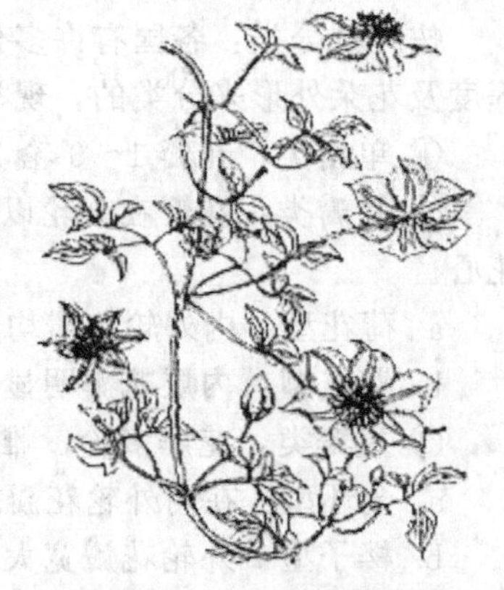
图 51　大叶铁线莲

【繁殖方式】 播种、分株、扦插方法繁殖。

【园林应用】 形态造景：观花灌木，花大色艳，宜于引入园林做花灌木供观赏。在园林中可植于树丛下观赏，丛植或片植栽植。

生态造景：耐阴，可进行阴面绿化。抗性强，可用于工矿区绿化。

八、木通科 *Lardizabalaceae*

木质藤本，稀为灌木，冬芽大。叶互生，掌状或三出复叶，少数为羽状复叶，叶柄基部和小叶柄的两端常膨大为节状。花辐射对称，常排成总状花序；萼片6，花瓣状，排成2轮，有时3，花瓣缺，或为蜜腺状。果实肉质，有时开裂。

共7属，50余种，主产亚洲东部，分布在喜马拉雅区至日本，2属分布于南美智利。中国有5属，39种，8变种，5变型。

木通属 *Akebia* Decne

落叶或半常绿藤木。掌状复叶互生，在短枝上簇生，小叶3或5片，稀6～8片，小叶全缘或浅波状，先端凹陷、圆或钝。花单性同株、同序，腋生总状花序；雌花大，生于花序基部，雄花较小，生于花序上部。肉质蓇葖果，熟时沿腹缝线开裂，内有数列黑色种子。

约5种，分布亚洲东部。中国3种，5变种。

(1) 木通 *Akebia quinata*（Thunb.）Decne.

【形态特征】 木通（图52）为藤本，幼茎带紫色，老茎密布皮孔。掌状复叶互生，常簇生短枝顶端，叶柄细长，小叶5片，倒卵形至长倒卵形，先端微凹，全缘，表面深绿色，背面带白粉。总状花序腋生，下部有1～2雌花，上部有4～10雄花，雄花淡黄色，雌蕊暗紫色。蓇葖果肉质，浆果状，长椭圆形或略呈肾形，暗紫色，纵裂。花期4月，果期8月。

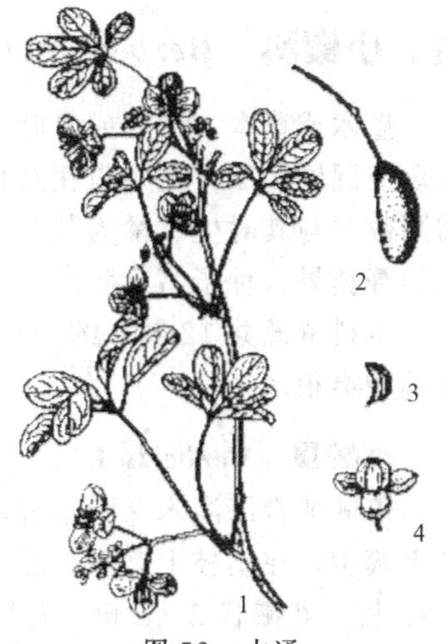

图52 木通
1—枝；2—蓇葖果；3—叶片；4—花序

【产地与分布】 原产于我国。广布于我国长江流域各省，分布于河北、山东、河南、陕西、浙江、安徽、湖北。

【生态习性】 稍耐阴，喜温暖气候及湿润而排水良好的土壤，通常见于山坡、山谷疏林及灌丛，常攀援树上。

【繁殖方式】 播种或压条繁殖。

【园林应用】 形态造景：木通叶展似掌，着枝匀满，状若覆瓦，花肉质色紫，三五成簇，是优良的垂直绿化材料。配植花架、门廊或攀附透空格墙、栅栏之上，或匍匐岩隙之间，青翠潇洒，野趣倍增。亦可作盆栽桩景材料。

生态造景：稍耐阴，可作阴影区垂直绿化素材。

(2) 三叶木通（活血滕） *Akebia trifoliata*（Thunb.）Koidz.

【形态特征】 三叶木通（图53）为落叶藤本，茎蔓常匐地生长。掌状复叶，小叶3片，近革质，卵圆形或宽卵形，先端凹缺，基部圆形，边缘具不规则浅波齿，背面灰绿色。总状花序生于短枝叶丛中。雌花褐红色，生于花序基部，雄花暗紫色，较小，生于花序上端。果肉质，椭圆形，熟时灰白稍淡紫色。花期4月，果期7～8月。

图 53　三叶木通

【产地与分布】 分布于我国河北、山西、山东、河南、甘肃和长江流域以南。

【生态习性】 喜阴湿，较耐寒。常生长在海拔 800～2000m 沟谷、山地阴坡疏林或密林中。在微酸，多腐殖质的黄壤中生长良好，也能适应中性土壤。

【繁殖方式】 播种或压条繁殖。

【品种资源】

白木通（*Akebia trifoliata*（Thunb.）Koidz. var. *australis* Rehd.）：小叶全缘，质地较厚，分布与用途均于原种相似。

【园林应用】 形态造景：三叶木通姿态虽不及木通雅丽，但叶形、叶色别有风趣，可作园林门廊、花架绿化材料，令其缠绕树木、点缀山石都很适合。

生态造景：耐阴湿环境。配植荫木下、岩石间或叠石洞壑之旁，叶蔓纷披，野趣盎然。

九、小檗科　*Berberidaceae*

灌木或草本。单叶或复叶，互生，稀对生，托叶有或无。花两性，整齐，单生或总状，聚伞或圆锥花序；花萼与花瓣相似，离生，2 至多轮，每轮 3 枚，花瓣常具蜜腺；雄蕊与花瓣同数并与其对生，稀为其 2 倍，花丝短，花药瓣裂或纵裂；花柱短或无。浆果或蒴果，少数为蓇葖果。种子富含胚乳。

本科资源共 12 属，约 650 种；中国产 11 属，200 种，各地均有分布，其中可供庭园观赏的种类很多。

小檗属　*Berberis* L.

落叶或常绿灌木，稀小乔木。枝常具针状刺，茎的内皮或木质部常呈黄色。单叶，在短枝上簇生，在幼枝上互生。花黄色，两性，单生、簇生，或成总状、伞形及圆锥花序；萼片 6～9 枚，花瓣状 2～3 轮；花瓣 6 枚，黄色，近基部常有腺体 2；雄蕊 6 枚，离生，花药 2 瓣裂，柱头多为盾状。浆果红色或黑色，种子 1 至多枚。

本属约 500 种，广布于亚、欧、美、非洲。中国约有 200 种，多分布于西部及西南部。本属各种植物的根皮或茎皮中含有小檗碱，可制黄连素；多数种类可供植于庭园观赏。

(1) 大叶小檗　*Berberis amurensis* Rupr

【形态特征】 大叶小檗（图 54）为落叶灌木，高 1.5～2m，干皮暗灰色，枝灰黄色，有纵棱，枝节上生有三叉锐利刺状变态叶，叶簇生刺叶的短枝上，倒披针状椭圆形或倒卵状椭圆形，边缘有小刺锯齿，网状脉显著隆起，秋叶红色，总状花序生于短枝端，花黄绿色，下垂。浆果，长椭圆形，熟后为红色。花期 6 月，果期 8～9 月，落果则 9 月下旬或 10 月上旬。

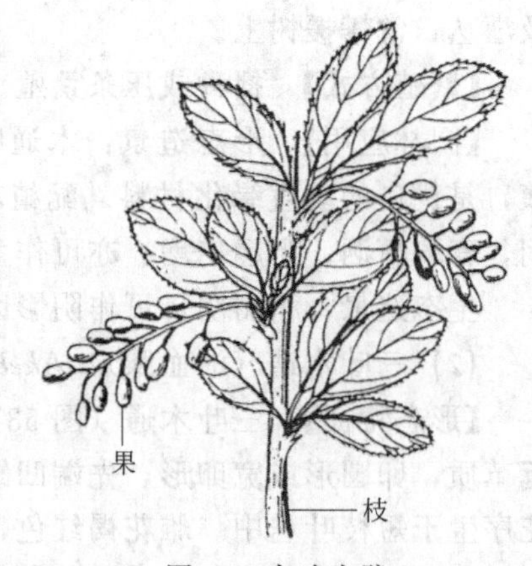

图 54　大叶小檗

【产地与分布】 我国东北三省均有分布。

【生态习性】 耐寒，喜光，喜肥沃土壤，生于山麓或山腹的开阔地或阔叶林的林缘。耐修剪，耐干旱贫瘠土壤。

【繁殖方式】 用种子繁殖。

【园林应用】 形态造景：总状花序生于短枝端，花黄绿色，浆果，长椭圆形，熟后为红色，是优秀的观花、观果灌木。又可观美丽的秋色叶。还可以作为彩叶篱、刺篱应用于园林造景中。

生态造景：喜光，植于阳光充足的地区。耐干旱贫瘠土壤，可做岩石园绿化素材，更适合在园林中的立地环境条件差的地点造景应用。

(2) 小檗（日本小檗） *B. thunbergii* DC.

【形态特征】 小檗（图 55）为落叶灌木，高 2～3m，多分枝，小枝通常红褐色，有沟槽，刺通常不分叉。叶常簇生，倒卵形或匙形，全缘，表面暗绿色，背面灰绿色。花小，浅黄色，伞形花序，浆果椭圆形，熟时亮红色。花期 5 月，果熟期 9 月。

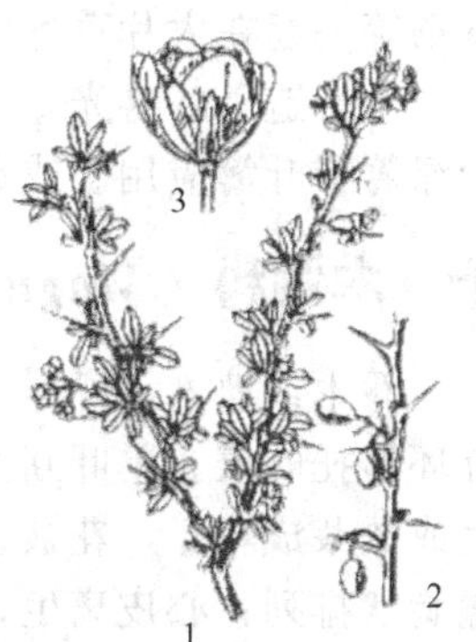

图 55 小檗

1—枝；2—果枝；3—花

【产地与分布】 原产于日本及中国，全国均有栽培。

【生态习性】 喜光，稍耐阴，耐寒，对土壤要求不严，而以在肥沃且排水良好之沙质壤土上生长最好。萌芽力强，耐修剪。惟其植株为小麦锈病之中间寄主，栽培时应注意。

【繁殖方式】 用播种、扦插繁殖。

【品种资源】

① 紫叶小檗（cv. *atropurpurea* Rehd.）：四季叶片呈深紫色。

② 矮紫小檗（cv. *Atropurpurea* Nana）：株高仅 60cm，叶片呈深紫色。

③ 桃叶小檗（cv. *Rose Glow*）：叶桃红色，有时还有黄、红褐等色的斑纹镶嵌。

④ 金边紫叶小檗（cv. *Golden Ring*）：叶紫红并有金黄色的边缘，在阳光下色彩更好。

⑤ 金叶小檗（cv. *Aurea*）：在阳光充足的情况下，叶片常年保持黄色。

【园林应用】 形态造景：本种为观花灌木，枝细密而有刺，枝条红紫色，春季植株开满小黄花，入秋则叶色变红，果熟后亦红艳美丽，花黄果红，又是良好的观花、观果、观叶和刺篱和彩叶篱材料。此外，亦可盆栽观赏或剪取果枝瓶插供室内装饰用。还可作缀花草坪的材料。本种的品种资源均为常色叶种类，在园林中应用，能够形成色彩的图案与色块效果，在园林中被广泛应用，适于与金叶女贞、黄杨等一起在大片草坪中作模纹图案材料。

生态造景：喜光，稍耐荫，耐寒，对土壤要求不严，而以在肥沃而排水良好之沙质壤土上生长最好，可在北方地区种植应用，又是岩石园绿化的素材，萌芽力强，耐修剪，可用做刺篱。

(3) 紫叶小檗 *B. Atropurpurea*

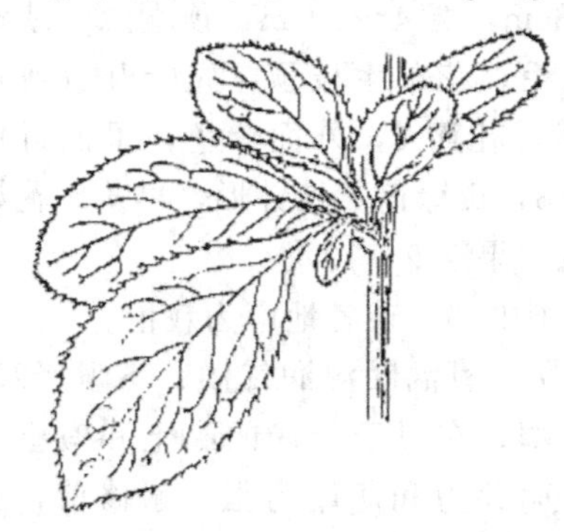
图 56 紫叶小檗

【形态特征】 紫叶小檗（图 56）为本栽培变种在阳光充足的情况下，除落叶外常年叶为紫红色，其它特征同小檗。落叶多枝灌木，高 2～3m。叶深紫色或红色，幼枝紫红色，老枝灰褐色或紫褐色，有槽，具刺。叶全缘，菱形或倒卵形，在短枝上簇生。花单生或 2～5 朵成短总状花序，黄色，下垂，花瓣边缘有红色纹晕。浆果红色，宿存。花期 4 月份，果熟期 9～10 月份。

【产地与分布】 原产于日本，我国秦岭地区也有分布。北京植物园由国外引入，现上海、北京、天津、沈阳、大连、鞍山等地有栽培。

【生态习性】 适应性强，耐寒、耐旱。喜光线充足及凉爽湿润的环境，亦耐半阴。宜栽植在排水良好的沙壤土中，对水分要求不严，苗期土壤过湿会烂根。萌蘖性强，耐修剪，定植时可行强修剪，以促发新枝。病虫害较少，一般有大蓑蛾危害。可用黑光灯或性刺激素诱杀成虫，或用50%辛硫磷乳油1000倍液防治。

【繁殖方式】 播种，扦插繁殖。

【园林应用】 形态造景：本栽培变种是良好的观叶树种，春开黄花，秋缀红果，是叶、花、果俱美的观赏花木，适宜在园林中作花篱或在园路角隅丛植、大型花坛镶边或剪成球形对称状配植。可孤植、丛植或成片栽植，作彩篱或栽植成图案、树坛等。适于与金叶女贞、黄杨等一起在大片草坪中作模纹图案材料。

生态造景：喜光，可用于阳面绿化。较耐寒，可用于北方地区园林绿化。耐修剪，可用做绿篱彩叶篱应用。或点缀在岩石间、池畔。也可制作盆景。

十、木兰科 *Magnoliaceae*

乔木或灌木，稀藤本，常绿或落叶，具油细胞。顶芽大，包被于大型托叶内，枝节上留有环形托叶痕。单叶互生，全缘，稀浅裂或有齿，羽状脉；托叶有或无。花两性或单性，单生或数朵成花序，花被、雄蕊、雌蕊均分离，由下而上依次着生于柱状隆起的花托上；雄蕊螺旋状排列；心皮离生，螺旋状排列，稀轮列；花丝短，花药长条形，纵裂，药隔突起；雌蕊群具多数单心皮雌蕊花柱短，柱头反曲。蓇葖果、蒴果或浆果，稀为带翅坚果；种子常悬垂于丝状珠柄上，胚小，胚乳富含油脂。

本科15属，约300种资源，分布于亚洲和美洲热带至温带。我国11属，约107种资源，主产于长江以南，华南至西南最多。

1. 木兰属 *Magnolia* L.

乔木或灌木，常绿或落叶。单叶互生，全缘，稀叶端2裂；托叶与叶柄相连并包裹嫩芽，脱落后在枝上留下环状托叶痕。花两性，常大而美丽，单生枝顶，萼片常花瓣状，雄蕊、雌蕊均多数，螺旋状着生于伸长之花托上。蓇葖果聚合成球果状，蓇葖果沿背缝线开裂，各具1～2粒种子。种子有红色假种皮，成熟时悬挂于丝状种柄上。

本属资源约90种，分布于东亚和北美中部。我国30余种，主产于长江以南各地。

(1) 紫玉兰 *Magnolia liliflora* Desr

别名：木兰、辛夷、木笔

图57 紫玉兰

1—花枝；2—果枝；3—雄蕊；4—雌雄蕊群；5—外轮花被片和雌蕊群

【形态特征】 紫玉兰（图57）为落叶大灌木，常丛生，高达3～5m。大枝近直伸，小枝紫褐色，无毛。单叶互生，叶倒卵形或椭圆状卵形，长10～18cm，宽4～10cm，顶端急尖或渐尖，基部楔形，背面沿脉有柔毛。花单生枝顶，先叶开放或很少与叶同时开放，大型，钟状，花瓣6，外面紫色，里面近白色，花丝和心皮紫红色；萼片3，黄绿色，披针形，早落，花期3～4月。聚合蓇葖果，淡褐色，果期9～10月。

【产地与分布】 原产于我国中部，现各地广为栽植。

【生态习性】 喜光，稍耐阴，喜温暖湿润气候，不耐严寒，喜肥沃、湿润且排水良好的土壤，在过于干燥的黏土和碱土上生长不良；肉质根，忌积水。萌芽力和萌蘖力强，耐修剪，通常不行短剪，以免剪除花芽，必要时可适当疏剪。

【繁殖方式】 常用分株繁殖，扦插成活率较低，也可压条繁殖。

【品种资源】

二乔玉兰（苏郎木兰、朱砂玉兰）(*Magnolia* x *soulangeana* Soul.-Bod) 是由紫玉兰和玉兰自然杂交得到，花色比紫玉兰要淡，介于两亲本之间，外面粉红色或淡紫色，里面白色，是著名的庭园观赏品种。

【园林应用】

形态造景：紫玉兰是著名的早春观赏花木，早春开花时，满树紫红色花朵，幽姿淑态，别具风情，为庭园珍贵花木之一。可布置香花园、百花园、夜花园，专类园。紫玉兰株形低矮，特别适于庭院之窗前、草地的边缘、池畔丛植、孤植，亦可在阶前、栏旁或自然形花台、花径中配置。可与翠竹、青松配植，以取色彩调和之美，也可取同花期的绣球花、笑靥花、雪铃花等白色花木作背景陪衬，则色形更是鲜丽夺目。

生态造景：萌芽力和萌蘖力强，耐修剪，可植篱。抗－15℃左右的低温，在北方可在背风向阳处露地应用。忌积水，不适宜水边栽植。

人文造景：紫玉兰产于中国中部，久经栽培，供观赏，是过去江南宫廷庭院的名贵观赏花木，栽培历史已有2500多年，紫玉兰每年在早春开花，虽然落叶的枝条上还残留着冬日的痕迹，但枝头却开满了雍容华贵的紫色的花朵，朵朵亭亭玉立，紫色中透着高雅，十分娇艳，芳香诱人，花开约一个月，蔚为壮观。所形成的人文景观与白玉兰有异曲同工之效。

(2) 白玉兰 *Magnolia denudata* Desr

别名：玉兰花、玉树、迎春花、望春、应春花、玉堂春

【形态特征】 白玉兰（图58）为落叶乔木，高15米，树冠卵形或近球形。幼枝及芽均有毛。单叶互生，叶倒卵状长椭圆形，长10～15cm，先端突尖而短钝，基部广楔形或近圆形，幼时背面有毛，羽状脉。花大，单生枝顶，花径12～15cm，纯白色，芳香，花萼、花瓣相似，共9片，肉质，花期3～4月，叶前开放。聚合蓇葖果圆柱形，长8～12cm，果期9～10月。

图58 白玉兰

1—叶枝；2—冬芽；3—花枝；4—雌雄蕊群；5—果

【产地与分布】 产于我国中部，现各地广为栽培。

【生态习性】 白玉兰性喜光，稍耐阴，较耐寒，耐－20℃低温，北京可露地越冬，在北京及其以南各地均正常生长。爱高燥，忌低湿，栽植地渍水易烂根。喜肥沃、排水良好而带微酸性的沙质土壤，在弱碱性（pH值7～8）的土壤上亦可生长，对有害气体的抗性较强。

【繁殖方式】 嫁接、压条、扦插、播种繁殖。

【品种资源】

① 紫花玉兰（cv. *Purpurescens*）又名应春花，花紫红色，花期较晚。

② 重瓣玉兰（cv. *Plena*）花瓣12～18片。

③ 二乔玉兰（*Magnolia* x *soulangeana* Soul.-Bod）是玉兰和木兰的杂交种，栽培品种甚多，性状介于二者之间，国内外庭园中均常见栽培，耐寒性优于二亲本。

【园林应用】

形态造景：白玉兰先花后叶，花洁白、美丽且清香，早春开花时犹如雪涛云海，宛若琼岛，蔚为壮观，亦有“玉树”之称，是我国著名的早春花木，由于开花时无叶，花感甚强，

为优良的观花乔木，可布置香花园、百花园、夜花园、专类园。园林中最适于建筑前列植或在入口处对植，也可在庭园路边、草坪角隅、亭台前后或漏窗内外、洞门两旁等处种植，孤植、对植、丛植或群植均可。或于公园草坪与常绿针叶树混植或孤植。青岛中山公园另辟玉兰园、北京颐和园，碧云寺内均有配植，花时游人云集。白玉兰多为地栽，盆栽时宜培植成桩景，此外玉兰亦可用于室内瓶插观赏。

生态造景：白玉兰能够吸收二氧化硫、氯气等有害气体，可用于污染性工厂厂区及周边绿化。适生于土层深厚的微酸性或中性土壤，不耐盐碱，故不适合栽植于盐碱地城市。喜光稍耐阴，适合阳面绿化。较耐寒，北京等华北地区可露地应用。

人文造景：古时常在住宅的厅前院后配置，名为"玉兰堂"。玉兰花大，洁白而芳香，是我国著名的早春花木，因为开花时无叶，故有"木花树"之称。民间传统的宅院配植中讲究"玉堂春富贵"，其意为吉祥如意、富有如权势。所谓玉即玉兰、棠即海棠、春即迎春、富为牡丹，贵乃桂花。如配植于纪念性建筑之前则有"玉洁冰清"象征着品格的高尚和具有崇高理想脱离世俗之意。如丛植于草坪或针叶树丛之前，则能形成春光明媚的景境，给人以青春、喜悦和充满生气的感染力。玉兰象征着一种开路先锋、朝气蓬勃、积极进取的时代风貌，故上海、威海、东莞等城市先后选择玉兰为市花。江苏省连云港市有全国之最的玉兰花王，南云台山之东磊延福观周围有四株白玉兰，其中有3株树龄已800多年，另一株也有200多年，四者相距不远，恰似一个玉兰王家庭。北京大觉寺每年四月份举办玉兰文化节，游客纷至沓来观赏具有三百多年树龄的玉兰王。

(3) 二乔玉兰　*Magnolia* x *soulangeana* Soul.-Bod

别名：苏郎木兰、朱砂玉兰

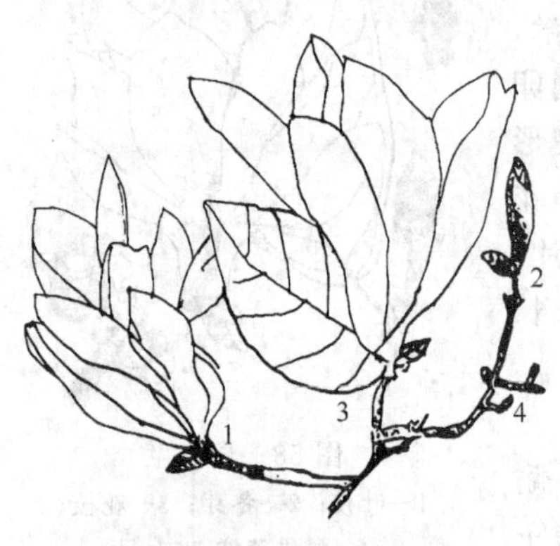

图59　二乔玉兰

1—花；2—花蕾；3—叶；4—芽

【形态特征】二乔玉兰为落叶小乔木或大灌木，高6～10m，为玉兰和紫玉兰的杂交种，形态介于二者之间。小枝紫褐色，无毛。单叶互生，叶倒卵形、宽倒卵形，先端宽圆，1/3以下渐窄成楔形，叶柄多柔毛。花大而芳香，钟状，花瓣6，外面淡紫色，里面白色；萼片3，花瓣状，稍短，叶前开放，花期与玉兰相同。聚合蓇葖果，卵形或倒卵形，熟时黑色，具白色皮孔，果期9月（图59）。

【产地与分布】原产于我国，我国华北、华中及江苏、陕西、四川、云南等均栽培。

【生态习性】二乔玉兰系玉兰和紫玉兰的杂交种，与二亲本相近，但更耐旱，耐寒。移植难，不耐修剪，微碱性土也能生长，寿命可达千年以上。

【繁殖方式】嫁接、压条、扦插或播种繁殖。

【品种资源】

① 大花二乔玉兰（cv. *ennei*）灌木，高2.5m；花外侧紫色或鲜红，内侧淡红色，比原种开花早，栽培较多。

② 美丽二乔玉兰（cv. *Speciosa*）花瓣外面白色，但有紫色条纹，花形较小。

③ 塔形二乔玉兰（var. *niemetzii* Hort）树冠柱状。

【园林应用】

形态造景：二乔玉兰花大色艳，观赏价值很高，是城市绿化的极好花木。广泛用于公园、绿地和庭园等孤植观赏；在园林植物景观的应用上可采用孤植或组团栽植，由于它是先花后叶，在栽植时最好以常绿植物作为衬景，以更好突出它花朵的美丽。还可布置香花园、百花园、夜花园，玉兰专类园。

生态造景：能在－20℃条件下安全越冬，北方也可引种。二乔木兰为肉质根，故不耐积水，低洼地与地下水位高的地区都不宜种植。也可做盆景栽植。

人文造景：二乔玉兰花姿独特美丽，雍容华贵，堪称天下绝品，古时多栽植于江南私家园林中，现代园林中栽植更为广泛。常同白玉兰一起形成优美的观花景观。

(4) 天女木兰 *Magnolia sieboldii* Koch

【形态特征】 天女木兰（图 60）为落叶小乔木，高 10m，小枝及芽有柔毛，叶宽椭圆形或倒卵状长圆形，先端突尖，基部圆形或宽楔形，下面有短柔毛和白粉。花单生，在新枝上与叶对生，花白色，花瓣 6 枚，芳香；花被片 9 枚，外轮 3 片淡粉红色，其余白色。聚合果狭椭圆形，成熟时紫红色；蓇葖果卵形，先端尖。花期 6 月，果熟期 9 月。

图 60 天女木兰

【产地与分布】 产于我国吉林、辽宁等地。为古生树种。

【生态习性】 喜凉爽湿润的环境和深厚肥沃的土壤；不耐热，也不耐干旱和盐碱。

【繁殖方式】 用播种、扦插、嫁接繁殖。

【品种资源】 栽培变种：

重瓣天女花（cv. *Plena*）：花瓣重瓣。

【园林应用】 形态造景：枝叶茂盛，可作庭园观赏树。株形优美，花梗细长，花形美艳，花朵随风飘摆，花色淡雅、芬芳扑鼻，宜作园景树和香花树种，在居民区的组团绿地中应用，花香阵阵，能改善居民区的人居环境。花朵硕大芬芳，是北方园林中难得的观花乔木，可丛植，形成美丽的景观。花朵开放早，初春便开花，是报春植物，形成北方的早春景观，花香馥郁，可作香花园，夜花园的绿化素材。

生态造景：喜凉爽湿润的环境和深厚肥沃的土壤，适于在园林中立地环境条件好的地点应用，绿化中栽植时要配合客土工程和程序。

2. 鹅掌楸属 *Liriodendron* L.

鹅掌楸 *Liriodendron chinense* Sarg.

【形态特征】 鹅掌楸（图 61）为落叶乔木，高 40m，胸径 1m 以上，树冠圆锥状。1 年生枝灰色或灰褐色。叶互生，马褂形，长 4～18cm，宽 5～19cm，各边 1 裂，向中腰部缩入，老叶背部有白色乳状突点。叶柄长 4～8cm。叶形如马褂的叶片的顶部平截，犹如马褂的下摆；叶片的两侧平滑或略微弯曲，好像马褂的两腰；叶片的两侧端向外突出，仿佛是马褂伸出的两只袖子，故鹅掌楸又叫马褂木。花黄绿色，单生枝顶，花被片 9 枚，外轮 3 片萼状，绿色，内二轮花瓣状黄绿色，基部有黄色条纹，形似郁金香。它的英文名称是“Chinese Tulip Tree”，译成中文是“中国的郁金香树”。雄蕊、多数。花期 5～6 月，聚合果纺锤形，长 6～8cm，直径 1.5～2cm。外面翅状小坚果，先端钝或钝尖。翅长 2.5～3.5cm，果 10 月成熟。

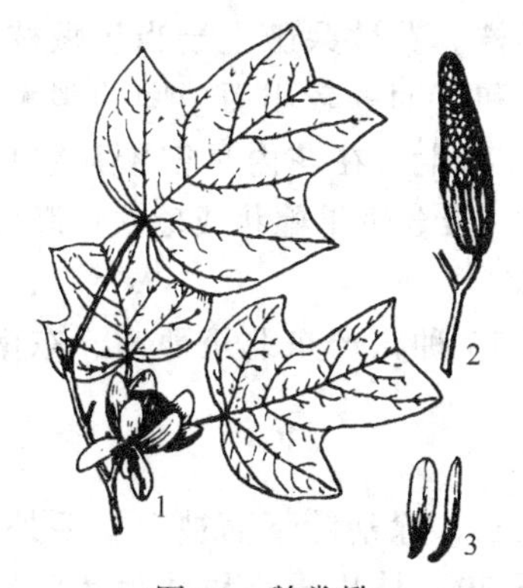

图 61 鹅掌楸
1—花枝；2—果序；3—具翅小坚果

【产地与分布】 广泛分布于浙江、江苏、安徽、江西、湖南、湖北、四川、贵州、广西、云南等省；近年华北地区引种成功并在园林中有所应用；越南北部也有分布。

【生态习性】 自然分布于长江以南各省山区，大体在海拔500～1700m间与各种阔叶落叶或阔叶常绿树混生。性喜光，及温和湿润气候，有一定的耐寒性，可经受－15℃低温而完全不受伤害。在北京地区小气候良好的条件下可露地过冬。喜深厚肥沃、适湿而排水良好的酸性或微酸性土壤，在干旱土地上生长不良，亦忌低湿水涝。生长速度快，在长江流域适宜地点1年生苗可达40cm，10～15年可开花结实。20年生者高达20m左右，胸径约30cm。对空气中的二氧化硫气体有中等的抗性。

【繁殖方式】 多用种子繁殖，也可扦插繁殖及压条法繁殖。

【品种资源】

金边鹅掌楸：（cv. *Liriodendron tuulipifera* Linn.）大乔木，高25～35m，冠圆锥形，花郁金香形，浅黄色花瓣有橙黄色的底座，花期6月。金色的花边叶，独特的三瓣马褂形，9月呈金黄或黄棕色，可作行道树、公园、草坪、运动场、广场、风景区绿化树种。

杂交鹅掌楸：（cv. *Liriodendron chinense*×*tulipifera*）中国鹅掌楸为母本，与北美鹅掌楸杂交后选育而成。落叶大乔木，高可达40m。树皮灰色，一年生枝灰色或灰褐色，具环状托叶痕。杂交鹅掌楸树姿雄伟，树干挺拔，树冠开阔，枝叶浓密，春天花大而美丽，入秋后叶色变黄，宜作庭园树和行道树，或栽植于草坪及建筑物前。

【园林应用】

形态造景：因鹅掌楸树干端直，树姿雄伟，叶形奇特，花朵美丽，秋叶金黄，是优美的庭荫树、园景树和行道树种，花淡黄绿色，美而不艳，最宜植于园林中的安静休息区的草坪上，可孤植或群植。尤其适合营造秋色叶秋季景观，在北京植物园的绚秋园内广泛应用。在江南自然风景区中可与木荷、山核桃、板栗行混交林式种植，鹅掌楸还是一种非常珍贵的盆景观赏植物。

生态造景：因鹅掌楸对二氧化硫有一定抗性，可作工厂、工矿区和一些污染比较严重的地区的绿化树种，也可作新兴工业城市的行道树。

人文造景：本种为世界珍贵的庭园观赏树种，是世界五大行道树种之一，因其花形酷似郁金香，故称为“中国的郁金香树”。鹅掌楸又是孑遗植物，具有科考价值，能营造园林中古朴沧桑的珍稀古生植物景观。

3. 北五味子属 *Schisandra* Michx.

落叶或常绿藤本。芽有数枚覆瓦状鳞片。单叶互生，常有腺点；叶柄细长，无托叶。花单性，通常单生叶腋，有时数朵集生于叶腋或短枝上，雌雄异株。花数朵腋生于当年嫩枝；萼片及花瓣不易区分；雄蕊略联合；花被片大小相似，或外面和里面的较小而中间的稍大；雄蕊多数，离生或部分至全部合生，花丝短至无；心皮多数，离生，在花内呈密覆瓦状排列，发育成浆果而排列于伸长之肉质花托上，形成下垂的穗状。聚合浆果穗状或球状；胚乳丰富，种胚小。

本属资源约25种，产于亚洲东南部和美国东南部。我国19种，产东北至西南、东南各地。

北五味子 *Schisandra chinensis* Baill

【形态特征】北五味子（图62）为落叶木质藤本，长达8m，除幼叶下面被短柔毛外，余部无毛。幼枝皮红褐色，老枝灰褐色，皮部有类似咸涩的异味，枝皮成小块状薄片状剥裂；单叶互生，叶膜质，倒卵形或椭圆形，疏生短腺齿，基部全缘，网脉纤细而不明显。花单性，芳香，雌雄异株，乳白色；花被片长圆形或椭圆状长圆形。聚合浆果，近球形，红色。花期5月，果期8～9月。

【产地与分布】 我国东北三省均有自然分布。朝鲜、日本也有分布。

【生态习性】 喜光、耐半阴，耐寒性强，喜适当湿润而排水良好的土壤，在自然界常缠绕他树而生，多生于山之阴坡。

【繁殖方式】 用种子、压条、扦插繁殖。

【园林应用】 形态造景：皮红褐色，花数朵腋生于当年嫩枝，乳白色，果形漂亮，鲜红而美丽，可观花，观果，观干皮，是良好的园林观果藤本植物，作庭园树种，也可盆栽供观赏。更是良好的垂直绿化资源，可作篱垣、棚架、门厅绿化材料或缠绕大树、点缀山石。

图 62　北五味子

1—雄花枝；2—雌花枝；3—雄花（云被）；4—聚合果

生态造景：喜光、耐半阴，耐寒性强，可阴面绿化，可用于北方地区园林绿化。

十一、蜡梅科　*Calycanthaceae*

落叶或常绿灌木，具油细胞。小枝皮孔明显，有纵棱。鳞芽或叶柄内芽。单叶对生，羽状脉，全缘或具不明显细锯齿；具短柄；无托叶。花两性，单生，具短柄，芳香；花被片多数，未明显地分化成花萼和花瓣，螺旋状排列；雄蕊4至多数，有退化雄蕊，花药外向，2室，倒生胚珠1～2枚，仅1枚发育。聚合瘦果包于肉质果托内，熟时果托先端撕裂，外被柔毛。种子无胚乳或微具内胚乳，胚大，子叶席卷状排列。

全球共2属，9种，1变种，分布于东亚及北美。我国2属7种，分布于山东、江苏、安徽、浙江、江西、福建、湖北、湖南、广东、广西、云南、贵州、四川、陕西等省区。

本科植物供观赏及药用。

蜡梅属　*Chimonanthus* Lindl.

常绿或落叶灌木。枝有棱，皮孔明显。叶革质或纸质，叶面粗糙；鳞芽裸露。花腋生，芳香，直径0.7～4cm；花被片15～27片，黄色或淡黄色；雄蕊4～7枚；心皮6～14个，离生。果托坛状，被短柔毛；瘦果长圆形，内有种子1个。花期10月至翌年2月；果期5～6月。

图 63　蜡梅

1—花枝；2—果枝；3—果托；4—果皮

本属共6种，我国特产，分布于亚热带。日本、朝鲜及欧洲、北美等均有引种栽培。

蜡梅（黄梅花、香梅）　*Chimonanthus Praecox*（Linn.）Link

【形态特征】 蜡梅（图63）为落叶灌木，高达4m。幼枝四方形，老枝近圆形。叶纸质至近革质，椭圆形、卵圆形、椭圆状卵形至卵状披针形，长5～20cm，宽2～8cm，先端渐尖，基部楔形、宽楔形或圆形，近全缘，上表面有硬毛，粗糙，叶背光滑。花单生叶腋处，芳香，径2～2.5cm，花被片约16片，蜡黄色，无毛，有光泽，外轮花被片椭圆形，先端圆，内花被片小，椭圆状卵形，先端钝，基部有爪，具有褐色斑纹；雄蕊5～7枚；心皮

7～14 枚。果托卵状长椭圆形，长 3～5cm。花期 11 月至翌年 2 月，果期 6 月。

【产地与分布】 产于我国浙江、湖北、陕西等省，现各地多有栽培。河南鄢陵培育蜡梅历史悠久。

【生态习性】 喜光亦略耐阴，较耐寒，耐干旱，忌水湿，素有"旱不死的蜡梅"之说，但仍以湿润土壤为好，最宜选深厚肥沃排水良好的沙质壤土，如植于黏性土及碱土上均生长不良。蜡梅的生长势强、发枝力强、耐修剪，修剪不当则常易发出徒长枝，宜在栽培上注意控制徒长以促进花芽的分化。蜡梅花期长且开花早，故应植于背风向阳地点。寿命长，可达百年。

【繁殖方式】 主要用嫁接、分株繁殖。

【品种资源】

① 狗牙蜡梅（var. *intermedius* Makino）：又名狗蝇梅，叶比原种狭长而尖。花较小，花瓣长尖，中心花瓣呈紫色，香气弱。

② 磬口蜡梅（var. *grandiflora* Makino）：叶较宽大，长达 20cm。花亦较大，径 3～3.5cm，外轮花被片淡黄色，内轮花被片有浓红紫色边缘和条纹。

③ 素心蜡梅（var. *concolor* Makino）：内外轮花被片均为纯黄色，香味浓。

④ 小花蜡梅（var. *parviflorus* Turrill）：花小，直径约 0.9cm，外轮花被片黄白色，内轮有浓红紫色条纹，栽培较少。

【园林应用】 形态造景：蜡梅枝叶扶疏，风姿殊胜，凌寒怒放，繁花满枝，冻蕊吐香，为冬季最好的香花观赏树种。宜配植于室前、墙隅；群植于斜坡、水边；作为盆花、桩景和瓶花亦独具特色。我国传统上喜用天竺与蜡梅相搭配，可谓色、香、形三者相得益彰，极得造化之妙。

生态造景：喜光，可用作阳面绿化，较耐阴，宜可用作阴面绿化材料。耐寒，因此可用于寒冷地区的绿化，耐干旱，可用作干旱地区绿化。适肥沃湿润的酸性黄壤和钙质土。在玉兰、荷花玉兰、松柏类、竹类林缘、林下种植比较适宜。蜡梅的生长势强、发枝力强、耐修剪，因此可用作造型树种。

人文景观：蜡梅是"岁寒三友"之一，被民间特别是文人所喜爱，也是制作插花和盆景的常见素材。

十二、虎耳草科 *Saxifrgaceae*

草本、灌木或小乔木，有时攀缘状。叶互生或对生，稀轮生，单叶，稀复叶；通常无托叶。花两性，稀单性，整齐，稀不整齐，伞房状或圆锥状聚伞花序，有时花序周边具花萼扩大的不孕花；雄蕊与花瓣同数并与其互生，或为其倍数；心皮 2～5，全部或部分合生，稀离生；子房上位至下位，中轴胎座或侧膜胎座。蒴果或浆果，顶部开裂；种子小，有翅，具胚乳。

本科资源共 80 属，约 1500 种；中国产 27 属，约 400 种（近年多数学者把本科再分为虎耳草科、八仙花科和茶藨子科，有人甚至又进一步从八仙花科中再分出一个山梅花科。）

1. 山梅花属 *Philadelphus*

落叶灌木。枝具白色髓心；茎皮通常剥落。单叶对生，基部 3～5 主脉，全缘或有齿；无托叶。花白色，常成总状花序，或聚伞状，稀为圆锥状；萼片、花瓣各 4。蒴果，4 瓣裂。种子细小而多。

本属资源约 100 种，产于北温带；中国约产 15 种，多为美丽芳香之观赏花木。

(1) 东北山梅花　*Philadelphus schrenkii*

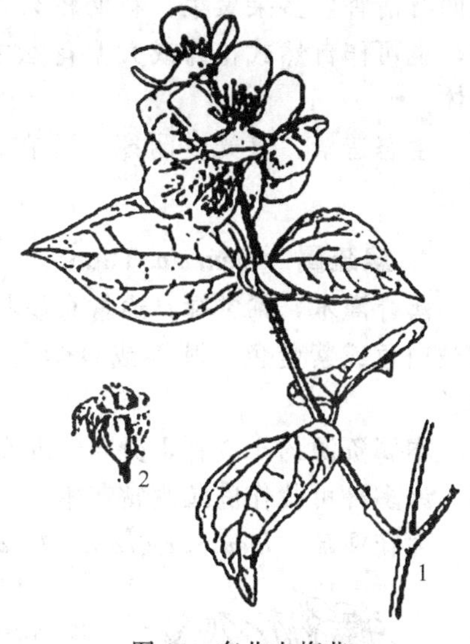

图 64　东北山梅花
1—花枝；2—果序

【形态特征】 东北山梅花（图 64）为灌木，高 2～3 米。枝条对生，一年生枝上有短毛或后变无毛。叶对生，有短柄；叶片卵形或狭卵形，先端渐尖，基部圆形或宽楔形；边缘疏生小锯齿，上面通常无毛，下面沿脉疏生柔毛。总状花序，花序轴和花梗有短柔毛；萼筒疏被柔毛，宿存，三角状卵形，外面无毛或近无毛；花瓣 4，白色，大似梅花略有香味，倒卵形；花盘无毛，雄蕊多数，花柱下部被毛，上部 4 裂，蒴果近椭圆形，成熟开裂后桨杯状。花期 6 月，果期 9 月。

【产地与分布】 产于小兴安岭、完达山脉、长白山及辽宁东部。朝鲜、俄罗斯也有分布。各地有栽培。

【生态习性】 中性近阳性树种。耐寒，可耐绝对低温－45℃，耐旱，喜空气湿润以及土壤肥沃、湿润、排水良好的环境。通常生于红松阔叶林林内及林缘、河岸、山坡、灌丛。

【繁殖方式】 种子繁殖。

【品种资源】 堇叶山梅花（*P. tenuifolius* Rupr. Et Maxim）：与东北山梅花相近似，分布也相同。主要不同点是：花柱无毛；叶较狭而薄，叶柄常带红晕。

【园林应用】 形态造景：东北山梅花是红松阔叶混交林中典型代表性灌木。花白，密集芳香，适于作城市观赏绿化树种。山梅花开花时，满树白花，芳香四溢。在城市绿化中可栽植在大型花坛中心，或路边、建筑物附近，或作花篱材料。还可在风景区配植，作林下配植灌木，形成美丽的风景林景观。丛植于草坪上，形成缀花草坪，可作百花园、夜花园的绿化素材。

生态造景：中性近阳性树种，可在阳面进行绿化。耐寒，耐旱，是东北地区优良绿化树种。

(2) 京山梅花（太平花）　*Philadelphus pekinensis* Rupr.

【形态特征】 京山梅花（图 65）为丛生灌木，高约 2m，树皮栗褐色。枝条对生，小枝红褐色，光滑无毛。叶对生，卵形或长卵形，基部广楔形或近圆形，3 出脉，叶缘疏生小齿，两面无毛，有时背面脉腋具簇毛，叶柄带紫色。总状花序，萼筒钟状，花白色，微有香气。蒴果，球状倒圆锥形，种子多数，花期 6 月，果熟期 9～10 月。

图 65　京山梅花
1—花枝；2—花序剖面；3—果序

【产地与分布】 哈尔滨市有栽培，辽宁南部地区及华北地区有分布。

【生态习性】 喜光，耐寒，对土壤要求不严，不耐积水。生于低山山坡阔叶林或灌木丛中。

【繁殖方式】 用种子、分根、扦插繁殖。

【品种资源】

① 毛太平花（var. *brachybotrys* Koehne）：小枝及叶两面均有硬毛，叶柄通常绿色，花序通常具 5 朵花。

② 毛萼太平花（var. *dascalyx* Rehd.）：花托及萼片外有斜展毛。

【园林应用】 形态造景：花白色，素雅美丽，是优美的观赏灌木。本种枝叶茂盛，花乳白而有清香，多朵聚集，花期较久，颇为美丽。宜丛植于草地、林缘、园路拐角和建筑物前，也可作自然式花篱或大型花坛之中必栽植材料。在古典园林中于假山石旁点缀，尤为得体。

生态造景：喜光，耐寒，可在北方地区种植。耐旱耐贫瘠，可山石点缀，应用于岩石园。

2. 溲疏属 *Deutzia* Thunb.

落叶灌木，稀常绿；通常有星状毛。小枝中空。单叶对生，有锯齿；无托叶。花两性，花被白色或紫蓝色，圆锥或聚伞花序；萼片、花瓣各为5。蒴果3～5瓣裂，具多数细小种子。

本属资源约100种，分布于北温带。中国约有50种，各省均有分布，而以西部各省最多。许多种可栽作庭园观赏花木。

大花溲疏 *Deutzia grandiflora* Bunge.

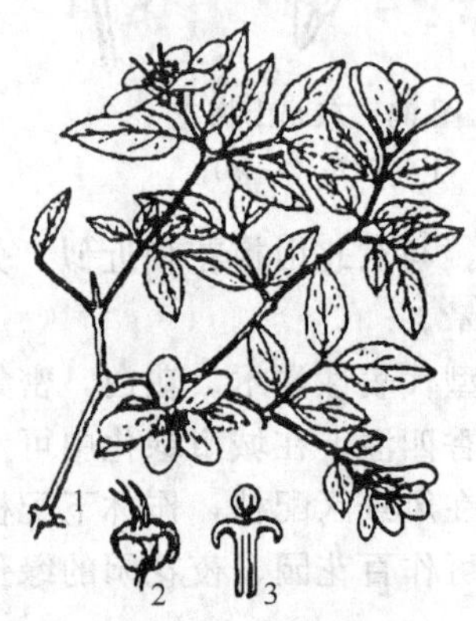

图66 大花溲疏
1—花枝；2—花托；3—花柱

【形态特征】 大花溲疏（图66）为灌木，高2～3m，小枝褐色或灰褐色。叶对生，叶卵状椭圆形或卵状披针形，先端急尖或短渐尖，基部圆形，叶缘有小齿，表面散生星状毛，背面密被白色星状毛。聚伞花序生于侧枝顶端，花白色，较大；花丝端部两侧具勾状齿牙；花柱长于雄蕊。蒴果扁球形。花期6～7月，果期9月。

【产地与分布】 哈尔滨市有栽培，辽宁以南亦有分布。

【生态习性】 喜光，稍耐阴，耐寒，耐旱，对土壤要求不严。

【繁殖方式】 用种子繁殖或分株繁殖。

【园林应用】 形态造景：花朵大而开花早，花白色，蒴果扁球形，作为观花灌木。可片植发挥群体美。常配植于林下或林缘、灌丛中形成风景林景观。

生态造景：适应性强，喜光，稍耐阴，耐寒，耐旱，对土壤要求不严。故应用范围比较广。可做山坡水土保护树种。

3. 茶藨子属 *Ribes* L.

落叶灌木，稀常绿。枝无刺或有刺。单叶互生或簇生，常掌状裂，具长柄；无托叶。花两性或单性异株，总状花序或簇生，稀单生；花4～5基数，花萼管状，4～5裂，花瓣小或无；雄蕊与萼片同数且与其对生。浆果球形，常有宿存之花萼；种子多数，有胚乳。

本属资源约150种，分布于北温带和南美洲。我国约50种，产西南、西北至东北。春季着花满枝，夏季结果累累，可观赏，有些种果可食用。

东北茶藨子 *Ribes mandshuricum* Kom.

【形态特征】 东北茶藨子（图67）为落叶灌木，高1～2m，干皮灰褐色，无毛。芽卵形，有纤毛及数枚鳞片。叶较大，掌状，表面散生细毛，背面密生白色绒毛。花两

图67 东北茶藨子
1—花枝；2—花

性，总状花序初直立，后下垂，花多至40枚；萼裂片5枚，反卷，黄绿色，花瓣短小，花托短。浆果红色，种子多数而小，坚硬，花期5～6月，果熟期8～9月。

【产地与分布】 我国东北三省均有分布。

【生态习性】 喜光，稍耐阴，耐寒性强，怕热。多生于山坡或山谷林下。

【繁殖方式】 用播种、分株、压条繁殖。

【园林应用】 形态造景：总状花序，花黄绿色，可作观花灌木。夏秋红果颇为美观，可用作观果灌木，宜在北方自然风景区或森林公园中配植，饶有野趣，也可植于庭园观赏。

生态造景：喜光，稍耐阴，可在阴面绿化。耐寒性强，怕热。是北方地区优良绿化树种。

十三、悬铃木科 *Platanaceae*

落叶乔木，树干皮呈片状剥落。嫩枝和叶常被星状茸毛。单叶互生，掌状分裂，叶柄下芽；有托叶，早落。花单性，雌雄同株，花密集成球形头状花序，下垂。萼片3～8枚，花瓣与萼片同数；雄花有3～8雄蕊，花丝近无，药隔顶部扩大呈盾形；雌花有3～8分离心皮，花柱伸长。聚合果呈球形，小坚果有棱角，基部有褐色长毛，内有种子1粒。

在第三世纪时广泛分布于北美、欧洲及亚洲。现仅1属，约11种，分布于北美、东南亚、西亚及越南北部。我国引入3种，多作行道树。

悬铃木属 *Platanus* L.

落叶乔木，树干皮呈片状剥落。嫩枝和叶常被星状茸毛。单叶互生，掌状分裂，叶柄下芽；有托叶，早落。花单性，雌雄同株，花密集成球形头状花序，下垂。萼片3～8枚，花瓣与萼片同数；雄花有3～8雄蕊，花丝近无，药隔顶部扩大呈盾形。聚合果呈球形，小坚果有棱角，基部有褐色长毛，内有种子1粒。

图68 法桐

(1) 法桐 *P. orientalis* L.

【形态特征】 法桐（图68）为大乔木，高20～30m。树冠阔钟形。干皮灰褐绿色至灰白色，呈薄片状剥落，幼枝，幼叶密生褐色星状毛。叶掌状5～7裂，深达中部；裂片长大于宽，叶基阔楔形或截形，叶缘有齿，掌状脉，托叶圆领状。头状花序，黄绿色。多数坚果聚合成球形，3～6球生于1个果序轴上；宿存花柱长，呈刺毛状；果柄长而下垂。花期4～5月，果熟期9～10月。

【产地与分布】 原产欧洲、印度，我国有栽培。相传为晋代时由印度僧人带入我国，今陕西户县还存在古树。

【生态习性】 喜阳光充足，喜温暖湿润的气候，略耐寒。较能耐湿及耐干旱。生长迅速，寿命长，萌芽力强，耐修剪，对城市环境适应性强。

【繁殖方式】 用播种、扦插法繁殖。

【品种资源】

① 契叶法桐（var. *cuneata* Loud.）：叶片2～5裂。

② 掌叶法桐（cv. *digitata*）：叶片5深裂。

【园林应用】 形态造景：大乔木，冠形优美，干皮灰褐绿色至灰白色，分枝点高，花序黄绿色，多数坚果聚合成球形，为世界著名行道树种。冠幅宽大，遮荫性强，可作庭荫树，园景树，也可营造风景林。

生态造景：喜阳光充足，可用于阳面绿化。适应性强，抗性强，可用于工矿区绿化。萌芽力强，耐修剪，可作造型。对城市环境适应性强。是城市不可多得的绿化树种。

(2) 美桐 *P. occidentalis* L.

【形态特征】 美桐（图 69）为大乔木，高 40～50m。树冠圆形或卵圆形，叶 3～5 浅裂，宽度大于长度，裂片呈广三角形。球果多数单生，宿存的花柱短，故球面较平滑；小坚果之间无突伸毛。

【产地与分布】 原产于北美东南部，我国有少量栽培。

【生态习性】 同法桐。喜阳光充足，喜温暖湿润的气候，耐寒性比法桐稍差。较能耐湿及耐干旱。生长迅速，寿命长，萌芽力强，耐修剪，对城市环境适应性强。

【繁殖方式】 同法桐。用播种、扦插法繁殖。

【品种资源】

光叶美桐（var. *glabrata* Sarg.）：叶背无毛，叶形较小，深裂，叶基截形。

【园林应用】 同法桐。

枝

果

图 69 美桐

形态造景：大乔木，冠形优美，树冠圆形或卵圆形，分枝点高，球果多数单生，为世界著名行道树种。冠幅宽大，遮荫性强，可作庭荫树，园景树，也可营造风景林。

生态造景：喜阳光充足，可用于阳面绿化。适应性强，抗性强，可用于工矿区绿化。萌芽力强，耐修剪，可作造型。对城市环境适应性强。是城市不可多得的绿化树种。

(3) 英桐 *P. acerifolia* Willd.

【形态特征】 英桐（图 70）是前二种的杂交，大乔木，树高 35m。枝条开展，幼枝生褐色绒毛，干皮片状剥落，叶裂形状似美桐，叶片广卵形至三角状广卵形，3～5 裂，裂片三角形、卵形或宽三角形，叶裂深度约达全叶的 1/3。球果通常为 2 球生于 1 个果序轴上，亦偶有单球或 3 球的，有由宿存花柱形成的刺毛。花期 4～5 月，果熟期 9～10 月。

【产地与分布】 我国栽培以本种为多。

【生态习性】 喜阳，喜温暖气候；有一定的抗寒性。对土壤的适应能力极强，耐旱，耐瘠薄、无论酸性或碱性土、垃圾地、工厂内的沙质地或富含石灰质、潮湿的沼泽地等均能生长。萌芽性强，很耐重剪；抗烟性强，对二氧化硫及氯气等有毒气体有较强抗性。生长迅速，是速生树种之一。

【繁殖方式】 用播种、扦插法繁殖。

【品种资源】 本种栽培历史较长，在应用过程中形成了较多的品种，主要品种有：

① 银斑英桐（cv. *Argento Variegata*）：叶片有白斑。

② 金斑英桐（cv. *Kelseyana*）：叶片有黄色斑。

③ 塔型英桐（cv. *Pyramidalis*）：树冠呈狭圆锥形，叶通常 3 裂，长度常大于宽度，叶基圆形。

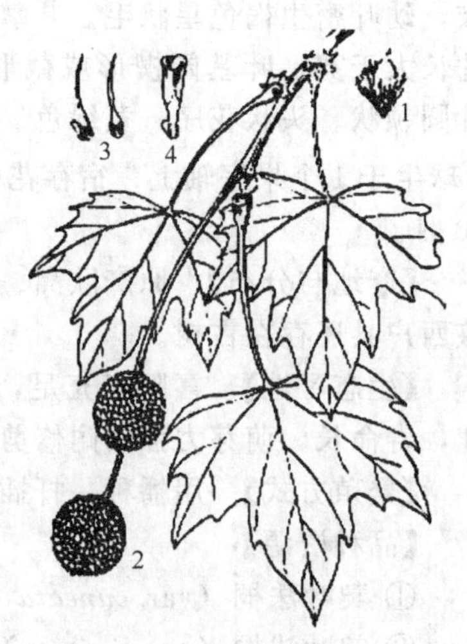

图 70 英桐

1—果；2—球果枝；3—刺毛；4—果

【园林应用】 形态造景：树形雄伟端正，树冠广阔，枝条开展，冠大荫浓，干皮光洁，球果通常2球1串，具有观赏性，可用作行道树，故世界各国广为应用，有“行道树之王”之美称。也可用作园景树、庭荫树。

生态造景：喜阳，喜温暖气候；有一定的抗寒性。耐旱，耐瘠薄，可在立地环境条件差的地点应用与绿化，对二氧化硫及氯气等有毒气体有较强抗性，可在工矿区绿化。繁殖容易，生长迅速，具有极强的抗烟、抗尘能力，对城市环境的适应能力极强。但是在其喜光，可用于阳面绿化，不宜在林下种植，枝叶稀疏影响观赏效果。分枝力强，耐修剪，可做绿篱材料。

十四、 蔷薇科 *Rosaceae*

落叶或常绿，草本或木本，有刺或无刺。单叶或复叶，多互生；通常有托叶。花两性，稀单性，整齐，单生或排成伞房、圆锥花序；花萼基部多少与花托愈合成碟状或坛状萼管，萼片和花瓣常5枚；雄蕊多数（常为5之倍数），花丝分离，着生于花托（或萼管）的边缘。蓇葖果、瘦果、核果、或梨果。种子一般无胚乳，子叶出土。

本科有4亚科，约120属，3300余种；广布于世界各地，尤以北温带较多。包括许多著名的花木及果树，是园艺上特别重要的一科。中国约产48属，1056种。

(一) 绣线菊亚科 *Spiraeoideae*

灌木，稀草本。单叶，稀复叶，常无托叶。心皮1～5，个别为12，离生或基部合生，子房上位，蓇葖果，稀蒴果。

本亚科含木本树木的属约22属；我国有8属，黑龙江省有3属，20种，4变种，其中有6种为栽培种。

1. 绣线菊属 *Spiraea* L.

落叶灌木。单叶互生，缘有齿或裂；无托叶。花小，成伞形、伞形总状、复伞房或圆锥花序；雄蕊15～16枚；心皮5，离生。蓇葖果；种子细小，无翅。

本属约100种，广布于北温带。中国50余种。多数种类具美丽的花朵及细致的叶片，可栽于庭园观赏。

(1) 李叶绣线菊 *Spiraea prunifolia* Sieb. et Zucc

别名：笑靥花

【形态特征】 李叶绣线菊（图71）为落叶灌木，高1.5～3m。小枝细长，微具棱，幼枝密被柔毛，后渐无毛。单叶互生，叶卵形至椭圆状披针形，长2.5～5cm，叶缘中部以上有锐锯齿，叶背有细短柔毛或光滑。3～6朵花组成伞形花序无总梗，着生于短枝枝顶，基部具少量叶状苞片；花白色、重瓣，中心微凹如笑靥，花径约1cm，花梗细长；花萼杯状，先端5裂；花期3～5月，花叶同放。蓇葖果，果期7～8月。

图71 李叶绣线菊

1—花枝；2—花

【产地与分布】 产于我国长江流域及陕西、山东等地，现各地广泛栽培。

【生态习性】 喜光，稍耐阴，耐寒，耐旱，亦耐湿，对土壤要求不严，性强健。在肥沃湿润土壤中生长最为茂盛。萌蘖性、萌芽力强，耐修剪。

【繁殖方式】 播种、扦插，分株繁殖。

【品种资源】

变种：单瓣李叶绣线菊（var. *simpliciflora* Nakai）花单瓣，径约6mm。园林中极少栽培。

【园林应用】 形态造景：春天展花，花色洁白，繁密似雪，是优美的花灌木，可于庭院中丛植或孤植，亦可成片群植于草坪及建筑物角隅作基础栽植；秋叶橙黄色，是优美的观花及秋叶树种，可作绿篱、花篱或彩叶篱，亦可丛植池畔、山坡、路旁、崖边或树丛之边缘。老桩是制作树桩盆景的优良材料。

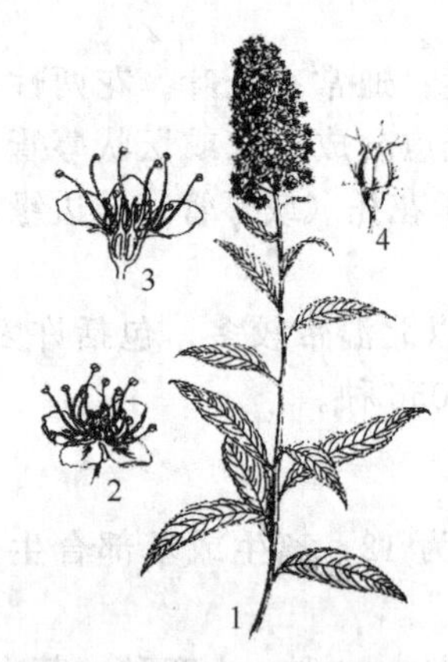

图72 柳叶绣线菊

1—花枝；2—花；3—花纵剖；4—蓇葖果

生态造景：喜光，可应用于阳面绿化；稍耐阴，可栽植于林下、林缘。较耐湿，适宜水边绿化。性强健，适宜作荒山绿化及风景林绿化树种。抗旱耐贫瘠，可应用于干旱贫瘠地和岩石园绿化。较耐寒，可丰富寒冷地区的绿化树种资源。耐修剪，可进行不同的造型应用，亦可作绿篱。

(2) 柳叶绣线菊 *Spiraea Salicifolia* L

别名：珍珠花、雪柳、喷雪花

【形态特征】 柳叶绣线菊（图72）为落叶直立灌木，株高1～2m，丛生。小枝稍有棱角，黄褐色。单叶互生，叶长圆状披针形至披针形，长4～8cm、宽1～2.5cm，先端突尖或渐尖，边缘具锐锯齿，两面无毛。圆锥花序，生于当年生长枝顶端，长圆形或金字塔形，长6～13cm；花密生，粉红色，花期6～8月。蓇葖果，果期8～9月。

【产地与分布】 产于我国东北、内蒙古及河北等地，多生于海拔200～900m的河流沿岸、湿草地和林缘。现分布广泛。

【生态习性】 喜光，耐旱，耐寒，极耐湿，喜肥沃土壤，在干瘠土地上生长不良。

【繁殖方式】 播种、扦插，分株繁殖。

【园林应用】 形态造景：枝叶纤细，花朵繁茂，盛开时枝条全部被细密的花朵覆盖，是优美的花灌木，宜在林缘、庭院、池旁、路旁、花坛、草地、水边等处丛植或孤植，也可列植路边，形成花篱。柳叶绣线菊是夏、秋季开花树种，可弥补大部分观赏树种秋季有叶无花的缺陷，是北方优良的秋季观赏绿化树种。

生态造景：耐修剪，作整形树颇优美，亦可作花篱和绿篱；喜光，可用于阳面绿化；耐寒，稍耐旱，对土壤要求不严，适合寒冷北方绿化使用，是花灌木中极耐湿的树种，可用于湿地及水边、城市防浪堤等绿化。

(3) 粉花绣线菊（日本绣线菊） *Spiraea japonica* L. f.

【形态特征】 粉花绣线菊（图73）为直立灌木，高可达1.5m；枝光滑，细长，开展，或幼时具细毛。叶卵形至卵状长椭圆形，先端渐尖或急尖，叶缘有缺刻状重锯齿，叶背灰蓝色，脉上常有短柔毛；花淡粉红至深

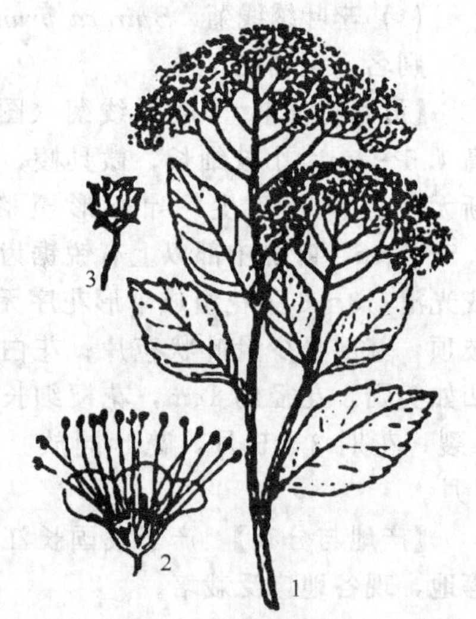

图73 粉花绣线菊

1—花枝；2—花剖面图；3—花序

粉红色，偶有白色者，合聚于有短柔毛的复伞房花序上；雄蕊较花瓣为长。花期6～7月。果期8～9月。

【产地与分布】 原产于日本，我国华东有栽培。

【生态习性】 喜光，亦略耐阴，抗寒、耐旱。耐修剪。喜水湿。

【繁殖方式】 播种、扦插及分株繁殖。

【品种资源】 品种及杂交种甚多，主要有：

光叶粉花绣线菊：植株较原种为高。叶长椭圆状披针形，先端渐尖，边缘重锯齿，尖锐而齿尖硬化并内曲，表面有皱纹，背面带白霜层，无毛。花粉红色。主产江西、湖北、贵州等地，庐山有大量野生。

变种：

① 狭叶绣线菊（var. *acuminata* Franch）：叶长卵形或披针形，先端渐尖，具尖锐重锯齿。复伞房花序，粉红色。

② 大粉花绣线菊（var. *fortunei* Rehd.）：植株较高大；叶较长且大，椭圆状披针形至狭披针形，表面较皱，背面灰白色，两面无毛。产华东、华中及西南地区。花密集艳丽，植于园林可构成夏季美景。

国外有白花（*Albiflora*）、矮生（*Nana*）、斑叶（*Variegata*）等栽培变种。

【园林应用】 形态造景：直立灌木，枝光滑，叶背灰蓝色夏秋花，花色娇艳，花朵繁多，可用作观花灌木，应用于百花园，与其他花灌木配植，是北方园林中难得的夏秋花灌木，也可在花坛、花境、草坪及园路角隅等处构成夏秋日佳景，也可作基础种植之用。

生态造景：喜光，亦略耐阴，可用作阴面绿化。抗寒、性强健、耐旱。适于北方地区的园林绿化，也可点缀山石，绿化岩石园。喜水湿，可用于湿地绿化。可作为切花。耐修剪，可做绿篱和花篱应用。

(4) 珍珠绣线菊 *Spiraea thunbergii* Sieb

【形态特征】 珍珠绣线菊（图74）为灌木，高1.5m，枝条褐色，细长，弓形。羽状复叶，叶条状披针形，先端长渐尖，基部窄楔形，叶缘自中部以上具尖锯齿，无毛；冬芽甚小，卵形。伞形花序无总梗，花3～7朵聚生，白色，基部簇生小叶。蓇葖果宿存。花期4～5月，果期7月。

【产地与分布】 原产于我国华东地区，哈尔滨市有引种栽培。

【生态习性】 喜光，不耐庇荫，较耐寒，喜湿润、排水良好的土壤。耐修剪，发枝力强。

【繁殖方式】 用种子、分根、扦插繁殖。

【园林应用】 形态造景：枝叶繁茂，叶形似柳，早春开花，花白如雪，可作为观花灌木。通常多丛植于草坪角隅或作基础种植，与草坪配植形成缀花草坪，颇为美观。秋叶红色期长达20天左右，是彩色叶树种。丰富园林植物景观的色彩。还可以作为插花的素材。可片植或列植，应用于百花园和夜花园。

生态造景：喜光，不耐庇荫，用于阳面绿化。较耐寒，是北方地区的彩叶绿化树种之一。耐旱，耐贫瘠，可应用于干旱贫瘠地绿化和岩石园绿化。枝叶繁茂，耐修剪，也是东北地区的主要绿篱树种和花篱、彩叶篱素材。

图74 珍珠绣线菊

1—枝；2—花枝；3—花

(5) 华北绣线菊 *Spiraea fritschiana* Schneid

图 75　华北绣线菊
1—果枝；2—花；3—果

【形态特征】 华北绣线菊（图 75）为灌木，高 1～2m，枝条粗壮，小枝具明显棱角，有光泽，浅褐色；冬芽卵形。叶卵形、椭圆形或椭圆状长圆形。复伞房花序顶生于当年生新枝上，多花，花白色，无毛；蓇葖果，宿存。花期 5～7 月，果期 7～8 月。

【产地与分布】 原产于华北及江浙地区，哈尔滨市有栽培。

【生态习性】 喜光，耐寒性差，耐干燥气候，抗虫力强。耐修剪。多生于海拔高 100～1000m 的石坡地、山谷林间。

【繁殖方式】 用种子、分根繁殖。

【园林应用】 形态造景：观花灌木，小枝有光泽且为浅褐色，花白色，可作为基础种植。花朵密集，本树种与草坪配植，形成缀花草坪颇为美观。在花坛、花境、草坪及园路角隅等处构成夏日佳景。可片植或列植，应用于百花园和夜花园。

生态造景：喜光用于阳面绿化。耐旱，耐贫瘠，可应用于岩石园绿化；耐修剪作绿篱者。

(6) 毛果绣线菊 *Spiraea trichocarpa* Nakai

【形态特征】 毛果绣线菊（图 76）为灌木，高 2m，小枝灰褐色至暗红色，具棱；冬芽长卵形，叶长圆形或倒卵状长圆形，基部楔形，先端钝或稍尖，两面无毛；花枝上的叶全缘，营养枝上的叶先端有齿。萼片三角形，复伞房花序，有黄色柔毛，沿枝条密集分布，形成线性花相，花白色，开花枝弯曲。蓇葖果直立。花期 5～6 月，果熟期 7～9 月。

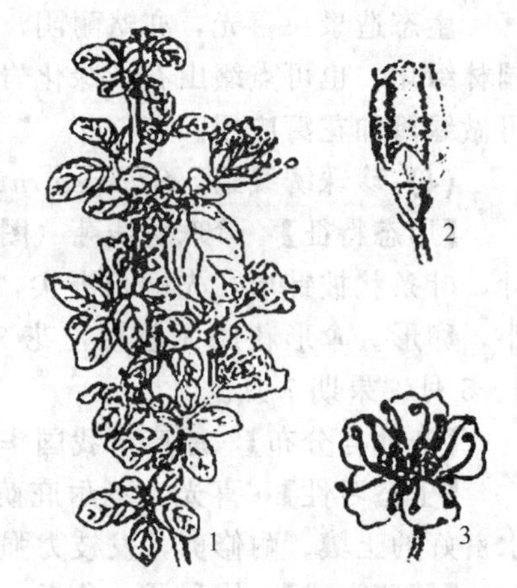

图 76　毛果绣线菊
1—果枝；2—果；3—花

【产地与分布】 哈尔滨市有引种栽培，辽宁、内蒙古也有分布。朝鲜也有分布。

【生态习性】 耐干燥气候，耐旱，耐贫瘠，喜水湿，常生于河岸及溪流旁的杂木林中。

【繁殖方式】 用种子、分根繁殖。

【园林应用】 形态造景：观花灌木，小枝灰褐色至暗红色，花白色，枝条密被白花，形成美丽的线性花相，可观春花。与草坪配植，形成缀花草坪景观效果。在花坛、花境、草坪及园路角隅等处构成夏日佳景。可应用于百花园和夜花园。

生态造景：喜光，稍耐庇荫，可应用于阴面绿化。耐旱，耐贫瘠，可与点缀山石，应用于岩石园。耐修剪，分蘖力强。有作绿篱者用。喜水湿，常生于河岸及溪流旁的杂木林中，可以湿地绿化。

(7) 金山绣线菊　*S.×bunmalba* cv. Goldmound

【形态特征】 金山绣线菊（图 77）是由粉花绣线菊与其白花品种‘Albiflora’杂交育成。北京植物园首先引种栽培，是较受欢迎的常年观叶植物，现已推广应用。小灌木，高 0.4～0.6m，叶卵形至卵状椭圆形，叶片金黄色，伞房花序，小花密集，粉红色，花期 6～

图 77　金山绣线菊

图 78　金焰绣线菊

9 月。在北方有结实能力，蓇葖果，果期 9～10 月。

【产地与分布】 原产于北美，哈尔滨市现有栽培。

【生态习性】 喜光，耐干燥气候，耐旱，耐贫瘠，耐盐碱，忌水涝。抗虫，耐修剪。

【繁殖方式】 播种繁殖。

【园林应用】 形态造景：观花灌木，叶金黄色，小花密集，粉红色，可观夏秋花，植于草坪之中，株型叶色花朵均可观赏，可作缀花草坪。从展叶至落叶，叶色都为金黄色，尤其春季叶色最为鲜明，可形成美丽的彩色叶景观和园林中的色彩图案效果。由于叶色金黄，故可与黄杨、龙柏、紫叶小檗配植，形成模纹图案。植株低矮，可做地被植物应用于园林空间中。

生态造景：耐旱，耐贫瘠，可点缀山石且生长低矮，应用于岩石园。耐盐碱，可用于盐碱地绿化。耐修剪，有作绿篱者用。

(8) 金焰绣线菊　*S.* ×*bunmalba* cv. Goldflame

【形态特征】 金焰绣线菊（图 78）为小灌木，株高 0.4～0.6m，冠幅不足 0.5m，树冠上部叶片红色，下部叶片黄绿色，叶卵形至卵状椭圆形，缘有细尖齿，两面无毛。伞房花序，小花密集，花粉红色。花期在 6～9 月。在北方有结实能力，蓇葖果，果期 9～10 月。

【产地与分布】 原产于北美，后引入北京，1994 年引入沈阳栽培。

【生态习性】 喜光，稍耐庇荫，耐旱、耐寒、耐盐碱、抗病虫害及抗污染能力强，忌水涝。浅根系，耐修剪。

【繁殖方式】 播种、扦插繁殖。

【园林应用】 形态造景：观花灌木，小花密集，粉红色，可观夏秋花，植于草坪之，株型叶色花朵均可观赏，可作缀花草坪。从展叶至落叶，叶色都为彩色，可形成美丽的彩色叶景观和园林中的色彩图案效果。由于叶色金黄，故可与黄杨、龙柏、紫叶小檗配植，形成模纹图案。更宜栽植地草坪边缘或开阔地。丛植或片植。植株低矮，可做地被植物应用于园林空间中。

生态造景：喜光，稍耐庇荫，可用于阳面绿化。耐旱、耐寒、耐盐碱、可用于贫土地绿化或是盐碱地绿化，可点缀山石且生长低矮，应用于岩石园。是北方地区的绿化树种之一。耐修剪，可作绿篱。

2. 珍珠梅属　*Sorbaria* A. Br

落叶灌木；小枝圆筒形；芽卵圆形，叶互生，奇数羽状复叶，具托叶；小叶边缘有锯齿；花小、白色，成顶生的大圆锥花序。萼片 5 枚，反卷；花瓣 5 枚，卵圆形至圆形，白色；雄蕊 20～50 枚，与花瓣等长或长过之；心皮 5 枚，与萼片对生，基部相连；蓇葖果沿腹缝线开裂。种子数枚。

本属约 7 种，原产于东亚，中国产有 5 种；多数为林下灌木，少数种类已广泛作观赏用。

(1) 珍珠梅（华北珍珠梅，吉氏珍珠梅） *Sorbaria kirilowii*（Reg.）Maxim.

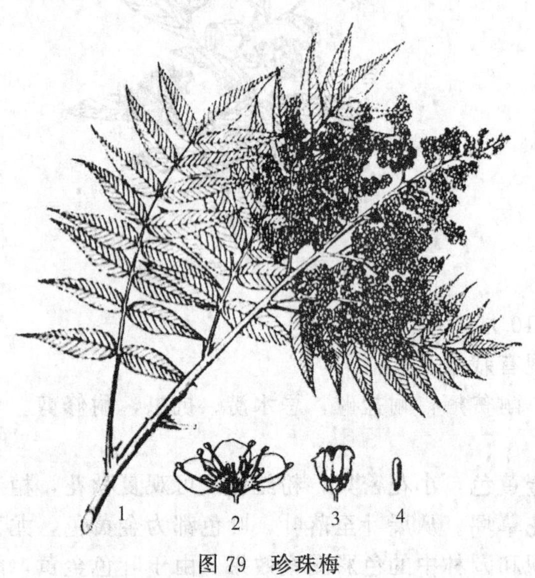

图 79　珍珠梅

1—花枝；2—花纵剖；3—果实；4—种子

【形态特征】 珍珠梅（图 79）为落叶灌木，丛生，高 2～3m。枝条开展，小枝褐色。奇数羽状复叶互生，小叶 13～21 枚，对生，披针形至卵状披针形，长 4～7cm，具尖重锯齿，无毛，羽状脉下陷。圆锥花序顶生，有异味，长 15～20cm，径 7～11cm；花小，白色；萼片长圆形；雄蕊 20，与花瓣近等长，花期 6～7 月。果序圆锥状；蓇葖果长圆形，沿腹缝线开裂，果期 9～10 月。

【产地与分布】 产于我国内蒙古、河北、山西、山东、河南、陕西、甘肃、青海，华北各地习见栽培。

【生态习性】 喜光，耐阴，较耐寒，性强健，发枝力强，耐修剪，对土壤要求不严格。

【繁殖方式】 播种、扦插及分株繁殖。

【品种资源】 东北珍珠梅（*Sorbaria sorbifolia*（L.）A. Br.）：属内同种资源，灌木，高达 2m。奇数羽状复叶，圆锥花序顶生，白色，有异味。蓇葖果长圆形。花期 7～8 月，果期 9 月。东北地区常见园林应用。

【园林应用】 形态造景：珍珠梅生长茂盛，花叶秀丽，花蕾如珠，花期长达两个月，且正值夏季少花季节开放，是优美的花灌木，可用于庭园绿化。可丛植于草坪边缘、林缘、墙边、窗前、房后、街头绿地、水体旁等稍庇荫之处或和假山、石块配置在一起，相得益彰，为初夏园林中别致的一个景观，亦可作绿篱、花篱。花序亦可作切花。

生态造景：喜光，可用于阳面绿化；具有耐阴的特性，因而是北方城市高楼大厦及各类建筑物北侧阴面绿化的花灌木树种，亦可用于林下、林缘栽植。性强健，可用于荒山及风景林绿化。耐贫瘠，对土壤要求不严，可应用于干旱贫瘠地和岩石园绿化。亦较耐寒，可丰富寒冷地区的绿化景观。

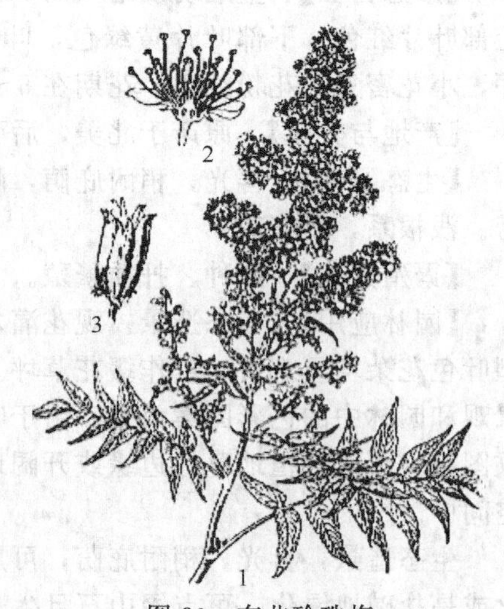

图 80　东北珍珠梅

1—花枝；2—花；3—果

(2) 东北珍珠梅　*Sorbaria Sorbifolia* A. Br

【形态特征】 东北珍珠梅（图 80）为直立落叶灌

木，高达2m。奇数羽状复叶，披针形或卵状披针形，先端渐尖，基部稍圆或宽楔形，具尖锐重锯齿，叶背光滑，无毛，近无柄。圆锥花序顶生，花小，白色；雄蕊长约为花瓣长度的2倍；蓇葖果长圆形，光滑，顶具下弯花柱。花期6月中旬至7月上旬最盛，但仍可陆续开至10月中旬，全部花期共长达130余天（北京地区）；果期9月。

【产地与分布】 原产于亚洲北部，由乌拉尔至日本均有之。我国黑龙江、吉林、辽宁及内蒙古有分布。北京及华北等地多栽培。

【生态习性】 性强健，喜光，耐寒，也耐阴，对土壤要求不严，但喜肥厚湿润土，生长迅速。花期长，萌蘖性强，耐修剪。

【繁殖方式】 以分株、扦插为主，成活率高，生长快。种子小，可盆播。

【品种资源】 变种：

星毛珍珠梅（var. *stellipila* Maxim.）：叶背、叶柄、花萼和果均有星状毛。产亚洲东部。

【园林应用】 形态造景：绿叶白花，枝叶秀美，观花观叶均很美丽，通常丛栽植在草坪边缘，形成缀花草坪，或植于水边、房前、路旁，也可单行栽成自然式绿篱，夏秋开花，花期长且正值夏季少花季节，故园林中多喜应用。也可进行林下和林缘配植。花叶清丽，可作插花。

生态造景：喜光，也耐阴，是适合庭园背阴处绿化的重要观赏花木之一，适合阴面绿化，生长迅速、萌蘖性强，耐修剪，可做绿篱。性强健，不择土壤。萌蘖性强，生长迅速，可以护坡和改良土壤。

（二）苹果亚科 *Maloideae*

灌木或乔木。单叶或复叶，有托叶。心皮2～5，子房下位或半下位，2～5室，每室2胚珠。梨果，稀浆果状或小核果状。

亚科资源20属。我国有16属资源。

1. 栒子属 *Cotoneaster* Medik

常绿、半常绿或落叶，灌木或匍匐状，稀小乔木。无刺。单叶互生，有时排成2列，全缘；托叶小，多针形，早落。花两性；单生，聚伞或伞房状花序，具花2至多数，腋生或生于短枝顶端；萼筒钟状或陀螺状。小梨果红色或黑色，内含2～5骨质小核，具宿存萼片。

本属资源90余种，分布于亚洲、欧洲及北非。我国50余种，主产于西南地区。

(1) 平枝栒子（铺地蜈蚣） *C. horizontalis* Decne.

【形态特征】 平枝栒子（图81）为落叶或半常绿匍匐灌木，高不及0.5m。枝水平展开成两列，宛如蜈蚣。叶圆形至倒卵形，先端急尖，基部楔形，全缘，表面暗绿色，下面被平伏柔毛。花单生或2朵并生，粉红色，近无梗。果近球形，鲜红色。花期5～6月，果熟期9～10月。

图81 平枝栒子

1—枝；2—叶片；3—花；4—果

【产地与分布】 我国陕西、甘肃以南均有栽培应用。

【生态习性】 喜光，耐干旱、瘠薄土壤，性强健，耐寒，可生长于石灰岩中。

【繁殖方式】 用扦插、播种法繁殖。

【品种资源】 有微型‘*Minor*’（植株及叶、果均变小）、斑叶‘*Variegatus*’（叶片中有黄白色斑纹）等栽培变种。

【园林应用】形态造景：枝水平展开成两列，宛如蜈蚣。可观树形和做木本地被应用，适于植于坡地绿化。花粉红色，果近球形，鲜红色，是观花观果的优良灌木。本种较匍匐栒子略小而结实较多，最宜作基础种植材料，红果平铺墙壁，绿叶红果经冬至春不落，甚为夺目，是园林中著名的观果树种，花枝与果枝可插花用。

生态造景：喜光，是阳面绿化材料。耐旱，耐贫瘠，可植于斜坡及岩石园中或作为盆景树。是园林中著名的岩石园绿化素材。

(2) 水栒子 *C. multiflora* Bunge

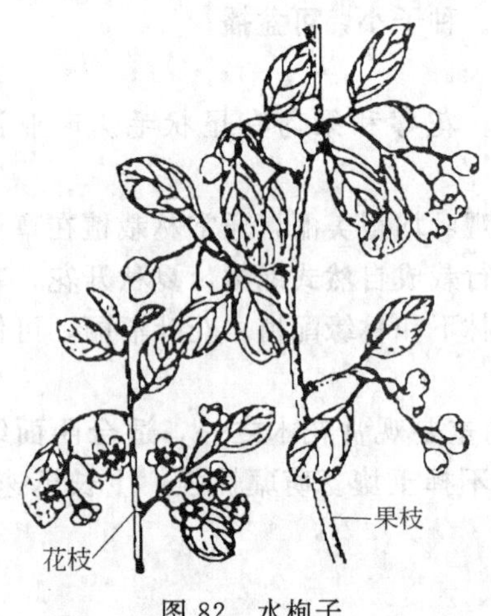

图 82 水栒子

【形态特征】水栒子（图 82）为落叶灌木，高 2～4m，小枝细长拱形，紫色。叶卵形，先端急尖或圆钝，基部圆或宽楔性，幼时背面有茸毛。花白色，复聚伞花序，花瓣开展，近圆形，无毛；花期 5 月。果近球形或倒卵形，红色。果熟期 9 月。

【产地与分布】东北、华北、西北及西南各地有分布。

【生态习性】性强健，耐寒，喜光，耐阴，对土壤要求不严。极耐干旱、贫瘠。耐修剪。

【繁殖方式】播种、扦插、压条繁殖。

【园林应用】形态造景：树形优美小枝拱形紫色，可观赏树形，或点缀山石，微地形中，花繁，花白色，观花灌木，果近球形或倒卵形，红色。可观花、观果。夏季白花朵朵，秋季红果累累，可与草坪配植，形成缀花草坪景观效果。宜丛植于草坪边缘及园路转角处观赏。花枝与果枝可以插花用。

生态造景：喜光，耐阴，可用于阴面绿化。极耐干旱贫瘠，对土壤要求不严，可作岩石园、盆景园绿化材料。也可用于水土保持。耐修剪，可作绿篱、花篱应用。

(3) 匍匐栒子 *Cotoneaster adpressus* Bois

【形态特征】匍匐栒子（图 83）为落叶匍匐灌木，茎不规则分枝，分枝密集，平铺地面；小枝红褐至暗褐色，幼时有粗伏毛，后脱落。叶广卵形至倒卵状椭圆形，先端圆或稍急尖，基部广楔形，全缘而波状，表面暗绿色，背面疏生短柔毛或无毛；叶柄无毛。花 1～2 朵，粉红色；5～6 月开花。果近球形，鲜红色，果核常为 2，果熟期 9 月。

【产地与分布】产于我国西部山地；印度、缅甸、尼泊尔也有分布。

【生态习性】喜光、耐寒、耐干旱瘠薄。性强健，喜排水良好之壤土，可在石灰土壤中生长。

【繁殖方式】播种、扦插、压条繁殖。

【园林应用】形态造景：树形优美，小枝红褐至暗褐色，匍匐生长，可做木本地被应用和坡地、微地形造景应用，花粉红色，观花灌木，果鲜红色，可观花、观果，有春花秋实的景观效果。夏季粉花朵朵，秋季红果累累，可与草坪配植，形成缀花草坪。花枝与果枝可以插花用。

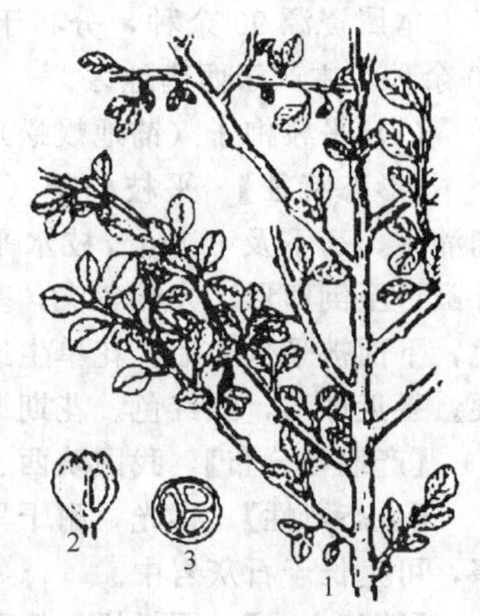

图 83 匍匐栒子
1—枝；2—果立面图；3—果平面图

生态造景：耐旱，耐贫瘠，可作干旱贫瘠地绿化，也是岩石园、盆景园绿化材料。性强健，也可用于水土保持和防风固沙的材料。

2. 山楂属　*Crataegus* L.

落叶小乔木或灌木，通常有枝刺。叶互生，有齿或裂；托叶较大。花白色，少有红色；成顶生伞房花序。萼片、花瓣各5枚，雄蕊5～25枚，心皮1～5片，子房下位或半下位。果实梨果状，内含1～5粒骨质小核，萼片宿存。

本属资源约1000种，广泛分布于北半球温带，尤以北美东部为多；中国约产17种。

山楂（山里红）　*Crataegus pinnatifida* Bunge

【形态特征】 山楂（图84）为落叶小乔木，高达6m。具枝刺或无刺。叶三角状卵形至菱状卵形，短渐尖，基部平截或宽楔形，羽状5～9裂，裂缘有不规则尖锐锯齿，侧脉直伸至裂片先端或分裂处，两面沿脉疏生短柔毛，叶柄细；托叶大而有齿。花白色，伞房花序有长柔毛。果近球形或梨形，红色，有白色皮孔。花期5～6月；果10月成熟。

图84　山楂
1—枝；2—果

【产地与分布】 产于我国东北、华北等地；朝鲜及俄罗斯西伯利亚地区也有分布。

【生态习性】 性喜光，稍耐阴，耐寒，耐干燥、贫瘠土壤，但以在湿润而排水良好之沙质壤土上生长最好。根系发达，萌蘖性强。

【繁殖方式】 繁殖可用播种和分株法，播前必需沙藏层积处理。

【品种资源】 变种：

山里红（var. *major* N. E. Br.）：又名大山楂。树形较原种大而健壮；叶较大而厚，羽状3～5浅裂；果较大，深红色。在东北南部、华北，南至江苏一带普遍作为果树栽培。树性强健，结果多，产量稳定，山区、平地均可栽培。繁殖以嫁接为主，砧木用普通的山楂。

【园林应用】 形态造景：原种及其变种均树冠整齐，花朵白色清新，果实鲜红可爱，可谓花繁叶茂，春花秋果，且分枝点高，是观花、观果和园林结合生产的良好绿化树种。也可丛植列植草坪上，形成疏林草坪的景观效果。近年的绿化中，尝试用做行道树、园景树。

生态造景：性喜光，稍耐阴，应用范围比较广。耐旱耐贫瘠，可在旱地造景，或在贫土地绿化。根系发达，萌蘖性强，可用于保持水土。由于良好的生态习性，近年的绿化中，尝试用做行道树和广场绿化。

图85　白花花楸
1—花枝；2—花剖面图；
3—果；4—果枝

3. 花楸属　*Sorbus* L.

落叶乔木或灌木。叶互生，有托叶，单叶或奇数羽状复叶，叶有锯齿。花白色，罕为粉红色，成顶生复伞房花序，萼片、花瓣各为5枚；萼筒钟状或杯状。果实为2～5室的梨果，形小，子房壁成软骨质，每室有1～2粒种子，果皮常有斑状皮孔。

本属约有80余种，广布于北半球温带；中国约60种。

白花花楸（花楸树、臭山槐）　*Sorbus pohuashanensis* Hedl.

【形态特征】 白花花楸（图85）为小乔木，高达8m。

小枝及芽均具绒毛，托叶大，近卵形，有齿缺；奇数羽状复叶，长椭圆形至长椭圆状披针形先端尖，通常中部以上有锯齿，背面灰绿色，常有柔毛。花序伞房状，具绒毛；花白色。果红色，近球形。花期5月；果熟期10月。

【产地与分布】 产于我国东北、华北至甘肃一带。

【生态习性】 耐湿，喜湿润之酸性或微酸性土壤，较耐荫。

【繁殖方式】 播种繁殖，种子采后须先沙藏层积，春天播种。

【园林应用】 形态造景：小乔木，可作二层乔木配植。本种树形优美，花叶美丽，入秋红果累累，果实由黄色转为红色，有色彩的变化，能观花、观果，是优美的庭园风景树。风景林中配植若干，使山林增色。红果经冬不落，是冬季观果和雪地造景树种。

生态造景：较耐阴，可作阴面绿化。耐湿，喜湿润之酸性或微酸性土壤，可用于湿地绿化。

4. 木瓜属 *Chaenomeles* Lindl.

落叶或半常绿灌木或小乔木，有时具枝刺。单叶互生，缘有锯齿；托叶大。花单生或簇生；萼片5枚，花瓣5枚。果为具多数褐色种子的大型梨果，种皮革质。

本属资源5种，分布于亚洲东部。我国产4种。

贴梗海棠 *C. speciosa* Nakai C.

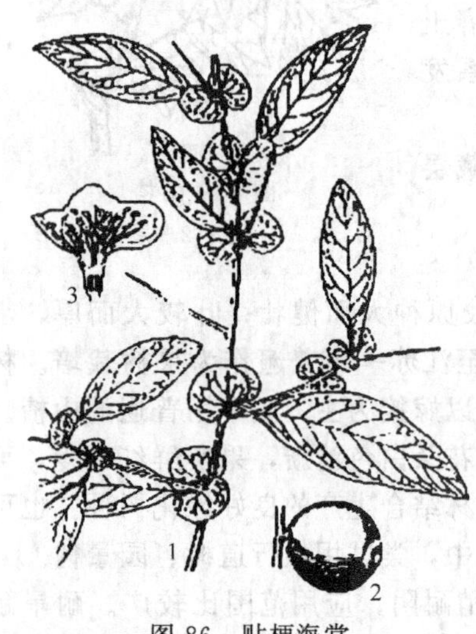

图86 贴梗海棠

1—枝；2—果；3—花

【形态特征】 贴梗海棠（图86）为落叶灌木，高达2m，枝开展，无毛，有刺。叶卵形至椭圆形，先端急尖，基部楔形，具尖锐锯齿缘，表面无毛，有光泽。背面无毛或脉上稍有毛，托叶大，肾形或半圆形。花簇生于二年生老枝上，朱红、粉红或白色，芳香，花梗粗短。果卵形或球形，黄色或黄绿色。花期3～4月，先叶开放，果熟期9～10月。

【产地与分布】 分布于我国陕西、甘肃以南。

【生态习性】 喜光，有一定的耐寒能力，耐旱，耐瘠薄，喜排水良好的深厚土壤。喜肥，不耐积水，不宜在低洼积水处栽植。

【繁殖方式】 用分株、扦插、压条、播种法繁殖。

【品种资源】 有白花、红花‘*Rubra*’、红白二色‘*Toyonishik*’（‘东洋锦’）、重瓣‘*Rosea Plena*’、曲枝‘*Tortuosa*’、矮生‘*Pygmaea*’等栽培品种。

【园林应用】 形态造景：灌木，枝开展，叶表面有光泽。花朱红、粉红或白色，果黄色或黄绿色且具有芳香。可作观花、观果树种。花美果香，常作观赏树。早春花先叶开放花色鲜艳，秋季硕果累累，与草坪配植，形成缀花草坪颇为美观。还是盆景和插花的素材资源。

生态造景：耐旱，耐贫瘠，可用于岩石园，或盆景园绿化，可在园林中立地环境差的地点应用，由于栽培管理粗放，有用作绿篱式栽培应用的形式。

5. 苹果属 *Malus* Mill

落叶乔木或灌木。单叶互生，叶有锯齿或缺裂，有托叶。花白色、粉红色至紫红色，成伞形总状花序；花药通常黄色。梨果，无或稍有石细胞，内果皮软骨质，种子褐色。

本属约35种，广泛分布于北半球温带；中国23种。多数为重要果树及砧木或观赏树种。

(1) 花红 *M. asiatica* Nakai

图 87 花红
1—花枝；2—果

【形态特征】 花红（图 87）为小乔木，高 4～6m，小枝粗壮，幼时被绒毛，老枝暗紫色，无毛。叶椭圆形至卵形，锯齿细尖，背面有短柔毛。花粉红色，开后变白色，花柱常为 4。果卵形或近球形，黄色或带红色，顶端无棱脊。花期 4 月，果熟期 9 月。

【产地与分布】 我国北部及西南部均有分布。

【生态习性】 喜光，耐寒，耐干旱，要求土壤排水良好。管理栽培较粗放。

【繁殖方式】 用嫁接、分株法繁殖。

【品种资源】

钻石海棠（*M. asiatica* var. *diamond*）：树形较原种矮小，叶片常年玫瑰红色，花粉红色，果实红色，被白粉。

王族海棠（*M. asiatica* var. *royal*）：树形较原种矮小，叶片常年深紫红色，花粉红色，果实红色，被白粉。

【园林应用】 形态造景：观花乔木，老枝暗紫色，花粉红色，果黄色或带红色，可用于观花、观果。也可丛植列植草坪上，形成缀花草坪，达到春花秋果的景观效果。

生态造景：喜光，耐寒，耐干旱，适于北方地区绿化。耐贫瘠，可应用于岩石园或盆景园绿化，或干旱贫瘠地绿化，由于良好的生态适应性，近年来，在园林绿化中，已经尝试作为行道树应用。

(2) 西府海棠（小果海棠） *M. micromalus* Mak.

图 88 西府海棠

【形态特征】 西府海棠（图 88）为小乔木，高 3～5m，为山荆子与海棠花杂交种。树形峭立，枝条直立，小枝紫褐色或暗褐色，幼时有短柔毛。叶长椭圆形，叶质硬实，顶端急尖或渐尖，基部广楔形，叶缘有尖锐锯齿，表面有光泽。花淡红色，伞形总状花序。果红色，近球形。花期 4 月，果熟期 8～9 月。

【产地与分布】 原产于中国北部，现全国各地均栽培。

【生态习性】 耐干旱、盐碱、水涝。

【繁殖方式】 播种繁殖。

【园林应用】 形态造景：观花灌木，小枝紫褐色或暗褐色，花淡红色，果红色，春天开花粉红美丽，秋有红果缀满枝头。可供观花、观果，可作为庭园树应用。或丛植列植草坪上，形成缀花草坪，达到春花秋果的景观效果。西府海棠树形俏丽，植于草坪上，可以观赏树形。或与造型直峭的山石配植，形成优美的山石植物景观。

生态造景：耐干旱，可作岩石园或盆景园绿化素材。耐盐碱、可用于盐碱地绿化。耐干旱和水涝，可以在干旱贫瘠地绿化，也可在湿地绿化，由于良好的生态适应性，在园林中有广泛的应用价值。

(3) 垂丝海棠 *M. halliana* Koehne

【形态特征】 垂丝海棠（图 89）为小乔木，高 5m。树冠疏散，枝开展，小枝细，幼时

图 89　垂丝海棠

紫色，被毛。叶卵形至长卵形，先端渐尖，基部楔形或稍圆，具细钝锯齿，叶柄及中肋常带紫红色。伞房花序，花生于小枝顶端，鲜玫瑰红色，花梗细长下垂，紫色；萼片先端钝；花柱基部被茸毛。果倒卵形，紫色，萼片脱落。花期 4 月，果熟期 9～10 月。

【产地与分布】 分布于我国江浙一带及安徽等省。

【生态习性】 喜温暖湿润气候，耐寒性不强。耐干旱贫瘠。

【繁殖方式】 嫁接繁殖。

【品种资源】

① 白花垂丝海棠（var. *spontanea* Rehd.）：花白色，花梗细长下垂。

② 重瓣垂丝海棠（cv. *parkmanii* Rehd.）：花重瓣性。

③ 垂枝垂丝海棠（cv. *Pendula*）：小枝明显下垂。

④ 斑叶垂丝海棠（cv. *Variegata*）：叶面有白斑。

【园林应用】 形态造景：观花小乔木，树冠疏散，枝开展，幼时紫色，花鲜玫瑰红色，花梗细长下垂，紫色，果紫色，可供观花、观果，是著名的庭园观赏花木。在江南庭园中尤为常见，在北方常盆栽观赏。花繁如锦，朵朵下垂，浪漫可爱，色泽艳丽，能形成缀花草坪美丽的景观。

生态造景：耐旱，耐贫瘠，可用作岩石园绿化或盆景园绿化。

(4) 海棠花 *M. spectabilis*（Ait.）Borkh.

【形态特征】 海棠花（图 90）为小乔木，高达 9m。树态峭立；枝条红褐色。叶椭圆形至卵状长椭圆形，先端尖，基部广楔形或圆形，缘具细锯齿。花在蕾时深粉红色，开放后淡粉红至近白色；萼片较萼筒短或等长，三角状卵形，宿存。果黄色，基部无凹陷，果梗端肥厚。花期 4～5 月，果熟期 8～9 月。

图 90　海棠花
1—果枝；2—花枝

【产地与分布】 原产于我国北部地区，华北、华东各地庭园习见栽培。

【生态习性】 喜光，耐寒，耐旱，忌水湿。

【繁殖方式】 播种繁殖。

【品种资源】 常见栽培变种有：

① 重瓣粉海棠（var. *riversii*）：又叫西府海棠。花较大，重瓣，粉红色；叶也较宽。北京园林绿地中更多栽培。

② 重瓣白海棠（var. *albiplena*）：花白色，重瓣。

【园林应用】 形态造景：观花小乔木，树冠疏散，枝开展，幼时紫色，花鲜玫瑰红色，花梗细长下垂，紫色，果紫色，可供观花、观果，是著名的庭园观赏花木。在江南庭园中尤为常见，在北方常盆栽观赏。花繁如锦，朵朵下垂，色泽艳丽，能形成缀花草坪的美丽景观。

生态造景：耐旱，耐贫瘠，可用作岩石园绿化或盆景园绿化。

6. 梨属 *Pyrus* L.

落叶或半常绿乔木，具枝刺，单叶互生，有锯齿，幼叶在芽内席卷，有托叶。花叶同放或先叶开放，伞形或总状，花白色，粉红色，花瓣具爪，近圆形，花药常红色。梨果显具皮孔，果肉多汁，富含石细胞，子房壁软骨质。种子黑色或黑褐色。

本属约 25 种，产欧亚及北非温带；中国产 14 种。许多种为重要果树。

图 91　秋子梨
1—果枝；2—花枝

(1) 秋子梨（花盖梨）*Pyrus ussuriensis* Maxim

【形态特征】 秋子梨（图 91）为落叶乔木，高达 15m，树冠宽广。小枝粗壮，老时灰褐色，光滑无毛；冬芽饱满，卵形，芽鳞边缘微具毛或近无毛。叶卵形至广卵形，先端锐尖，基部圆形或近心形，缘具长刺芒状尖锯齿，上下两面无毛或在幼时被绒毛，后脱落；叶柄无毛。花白色，密集，伞形总状花序；花柱基部有毛；总花梗和花梗在幼时被绒毛；萼片宽三角状披针形，先端渐尖，边缘有腺齿；花瓣倒卵形或广卵形，先端圆钝，基部具短爪，无毛，白色；雄蕊短于花瓣，花药紫色；花柱离生，近基部有稀疏柔毛。果近球形，黄色或黄绿色，萼宿存，基部微下陷，果柄短。花期 4～5 月；果期 8～10 月。

【产地与分布】 产于我国东北、内蒙古、华北、西北各地，朝鲜也有分布。

【生态习性】 喜光，稍耐荫；抗寒力很强，能耐－37℃的低温；喜湿润，耐干旱、瘠薄和碱土。深根性，生长较慢，抗病力较强。常生于低海拔寒冷而干燥的山区。

【繁殖方式】 野生种用播种繁殖，栽培种嫁接繁殖，品种较多，形成秋子梨系统。

【品种资源】 常见品种有：京白梨、鸭广梨、子母梨、香水梨、沙果梨等。

【园林应用】 形态造景：树形美丽，树冠宽广，冠大荫浓，花白色，果近球形，黄色或黄绿色，可谓春花秋果，在园林中作为行道树、园景树、庭荫树应用。也可可丛植于草坪上，形成疏林草坪景观效果。早春满树繁花，也可营造风景林。由于良好的生态适应性，在园林中有广泛的应用价值。由于良好的生态适应性，近年来，在北方园林绿化中，已尝试作为行道树应用。

生态造景：喜光，稍耐阴；可用于阴面绿化。耐干旱、瘠薄，可在贫土旱地绿化、或岩石园绿化，抗盐碱，可在盐碱地绿化，抗有毒气体，可在工矿区绿化，适应性强，深根性，生长较慢，抗病力较强，可用于荒山绿化。

图 92　杜梨
1—果枝；2—果；3—花；4—花枝；
5—种子；6—花纵剖面

(2) 杜梨（棠梨） *Pyrus betulaefolia* Bunge

【形态特征】 杜梨（图 92）为落叶乔木，高达 10m。小枝常棘刺状，幼时密生灰白色绒毛。叶菱状卵形或长卵形，缘有粗尖齿，幼叶两面具灰白色绒毛，老则仅背面有毛。花白色，花柱 2～3。果实小，近球形，褐色；萼片脱落。花期 4 月下旬至 5 月上旬；果熟期 8～9 月。

【产地与分布】 主产于中国北部，长城流域也有分布。

【生态习性】 喜光，稍耐阴，耐寒，极耐干旱、瘠薄及碱土、深根性，抗病虫害能力强，生长较慢。寿命很长。

【繁殖方式】 以播种为主，压条、分株也可。

【园林应用】 形态造景：树形美丽，冠大荫浓，花白色，果实小，近球形，褐色，可谓春花秋果，可用作行道树、园景树、庭荫树。可丛植于草坪上，早春满树繁花，可营造风景林。也可以与草坪配植，形成疏林草坪的景观效果。

生态造景：喜光，稍耐阴，可用于阴面绿化。耐干旱、瘠薄，可用于贫土旱地绿化，或应用于岩石园，抗盐碱，可在盐碱地绿化。适应性强，深根性，生长较慢，抗病力较强，用于荒山绿化。由于良好的生态适应性，在园林中有广泛的应用价值。

(三) 蔷薇亚科 *Rosoideae*

灌木或藤本。复叶，稀单叶，有托叶。花托（萼筒）坛状（凹陷）或隆起为头状。聚合瘦果，果托肉质或干硬。

亚科资源 34 属。我国产 19 属，其中木本资源 6 属。

1. 蔷薇属 *Rosa* L.

落叶或常绿灌木，茎直立或攀援，通常有皮刺或刺毛。叶互生，奇数羽状复叶，稀单叶，具托叶，罕为单叶而无托叶，托叶常与叶柄连合。花两性、单生或成伞房花序，生于新梢顶端；萼片及花瓣各 5 枚，罕为 4 枚；雄蕊多数，生于蕊筒的口部；离生单雌蕊通常多数，包藏于壶状花托内；柱头头状，露出于花托口或伸出。花托老熟即变为肉质之浆果状假果，特称蔷薇果，内含少数或多数骨质瘦果。

本属资源约 150 种，主产于北半球温带及亚热带；中国产 60 余种。

(1) 玫瑰 *Rosa rugosa* Thunb.

图 93　玫瑰

【形态特征】 玫瑰（图 93）为落叶直立丛生灌木，高达 2m，茎枝灰褐色，密生刚毛与倒刺。奇数羽状复叶，椭圆形至椭圆状倒卵形，缘有钝齿，质厚；表面亮绿色，质厚，多皱，无毛，背面有柔毛及刺毛；托叶大部附着于叶柄上。花单生或数朵聚生，常为紫色，芳香；花梗密被茸毛、腺毛和刺毛。果扁球形，砖红色，具宿存萼片。花期 5～6 月，7～8 月零星开放，果 9～10 月成熟。

【产地与分布】 原产于中国北部，现各地有栽培，沈阳、佛山等市作为市花。

【生态习性】 玫瑰生长健壮，适应性很强，抗病性强，耐寒、耐旱，对土壤要求不严，在微碱性土上也能生长。喜阳光充足、凉爽而通风及排水良好之处，在肥沃的中性或微酸性沙壤土中生长或开花最好。在荫处生长不良，开花稀少。不耐积水，遇涝则下部叶片黄落，甚至全株死亡。萌蘖力很强，生长迅速。

玫瑰病虫害不多，主要有锈病、天鹅绒金龟子等，须及早防治。

【繁殖方式】 玫瑰繁殖方法较多，一般以分株、扦插为主。

【品种资源】

① 紫玫瑰（var. *typical* Reg.）：花玫瑰紫色。

② 红玫瑰（var. *rosea* Reha.）：花玫瑰红色。

③ 白玫瑰（var. *alba* W. Robins.）：花白色。

④ 重瓣紫玫瑰（var. *plena* Reg.）：花玫瑰紫色，重瓣，香气馥郁，品质优良，多不结实或种子瘦小，各地栽培最广。

⑤ 重瓣白玫瑰（var. *albo-plena* Rehd.）：花白色，重瓣。

此外，还有一类杂种玫瑰（*Hybrid Rugosa*），包括玫瑰与杂种长春月季、法国蔷薇、野蔷薇及小花月季之杂交种，品种相当丰富，抗性也较强，是玫瑰的著名品种。分布各地的生态类型与品种，在形态、产量、品质等方面皆有相当差异。

【园林应用】 形态造景：其花色鲜艳具有花香，适应性强，最宜作花篱、花境、花坛及坡地栽植，也可以自然式栽植于草坪上形成缀花草坪。与常绿树配植。广泛应用于百花园、夜花园，赏其花姿、花香。或作切花材料。

生态造景：耐寒、耐旱，耐贫瘠，可应用于北方地区园林绿化，尤其适合在干旱贫瘠地进行园林绿化。也可应用于岩石园。有皮刺，花色丰富，耐修剪，可作为刺篱和花篱应用。

(2) 刺玫蔷薇 *Rosa davurica* Pall.

【形态特征】 刺玫蔷薇（图 94）为直立灌木，高 1.5m，多分枝；枝暗紫色，无毛，叶柄基部小枝上有成对的刺，刺弯曲，基部扩大，黄色或灰色。奇数羽状复叶，长圆形、长椭圆形致宽披针形，先端尖、钝或圆形，基部宽楔形或近圆形，边缘有锯齿，上面深绿色，无白粉，下面淡绿色，有白霜，有粒状腺点或短柔毛；叶柄有腺体；托叶窄，大部附着于叶柄上，宿存，常为红色，边近全缘。花单生或 2～3 朵并生，花梗无毛，光滑或有刺腺；花托深红色，光滑；萼片窄披针形，边全缘，有绒毛，先端窄，与花瓣等长；花瓣艳红色或深玫瑰色，全缘；柱头短、圆形，略伸出花托口部，有密毛。果球形或卵形，形状常多变化，红色，光滑；萼无刺，宿存。花期 6～7 月，果期 8～9 月。

图 94　刺玫蔷薇

【产地与分布】 我国东北三省均有分布。朝鲜北部、蒙古、俄罗斯的东西伯利亚及远东地区也有分布。

【生态习性】 喜阳，耐阴，喜湿润，耐干旱贫瘠，耐寒。抗多种有毒气体。常生于开旷地、河岸、阔叶疏林内或林缘、灌丛内。

【繁殖方式】 用种子或分根繁殖。发芽力可保持 1～2 年。

【园林应用】 形态造景：树形美丽，树冠顶端枝条经常发生弧线形生长状态，冠形优美，适于植于坡地、配植于山岩与山石旁，形成极其自然的山野园林景观。花艳红色或深玫瑰色，可观花，观蔷薇果，果冬季不落，也可作缀花草坪，形成美丽景观。

生态造景：喜阳，耐阴，可作阴面绿化。抗旱耐贫瘠，可应用于干旱贫瘠地或岩石园绿化，或是作盆景树。耐水湿，可用于水边绿化，湿地绿化。抗有毒气体，适于工矿区和污染地绿化。

(3) 黄刺玫 *Rosa xanthina* Lindl

【形态特征】 黄刺玫（图 95）为落叶灌木，高可达 3m。直立，枝密集；小枝细长，紫褐色或深褐色，有大而直的皮刺，皮刺基部扩大成三角形，无刺毛；芽卵形，红色，无毛，奇数羽状复叶，常簇生于侧枝端，小叶片卵形或近圆形，先端钝，基部近圆，具钝锯齿，上

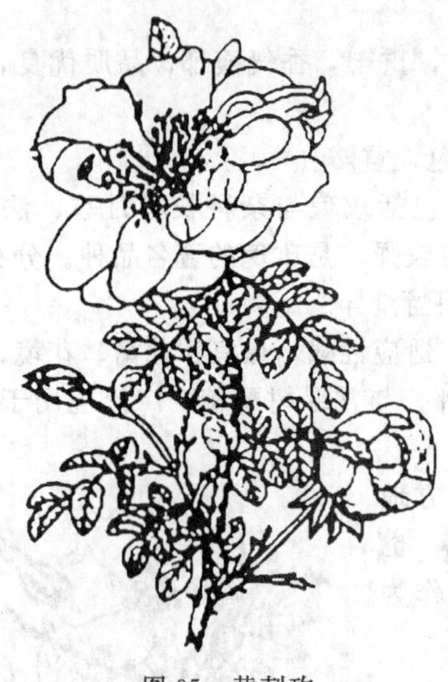

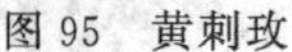
图 95　黄刺玫

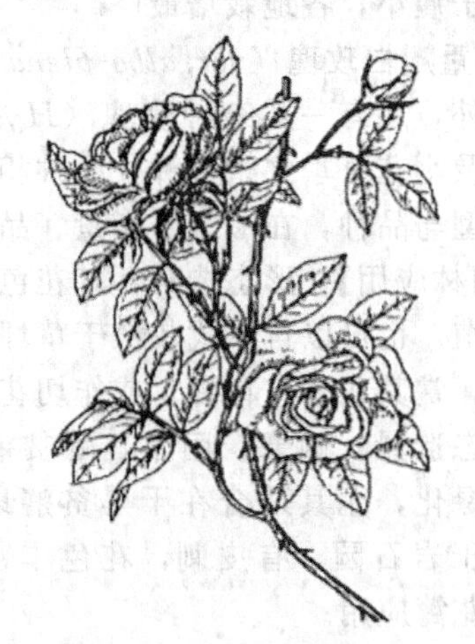

图 96　丰花月季

面无毛，下面有疏柔毛或仅在叶脉上有疏毛，或无毛；叶轴、叶柄有稀疏柔毛和小皮刺，托叶披针形或线状披针形，全缘，被疏毛，中部以下与叶柄连合。花单生于叶腋，重瓣或半重瓣，花梗光滑无毛；花托球形，无毛；萼裂片披针形，全缘，外面无毛，无刺，里面被短柔毛；花瓣黄色，倒卵形，先端微凹；雄蕊黄色；花柱被柔毛，柱头稍突出。果球形，红褐色，光滑，但往往不结实；萼裂片反折，宿存。花期 5～6 月，果期 7～8 月。

【产地与分布】 我国东北三省均有栽培。华北、西北也有栽培。

【生态习性】 性强健，喜光，但耐庇阴，耐寒，耐干旱瘠薄。抗病虫害。抗有毒气体。

【繁殖方式】 用种子繁殖。

【园林应用】 形态造景：树形美丽，花色金黄，果球形，红褐色。可作缀花草坪观花、观果。枝形优美细长，可以配合山石山岩造景，是北方园林中著名的花灌木。

生态造景：喜光，但耐庇阴，可用于阴面绿化。抗旱耐贫瘠，可作岩石园绿化或作盆景树。适合在园林中的干旱贫瘠地绿化。具皮刺，花金黄，分枝多，耐修剪，可作刺篱或花篱。抗有毒气体，适于工矿区和污染地绿化。在北方园林中可以作为街道的分车带绿化树种。

(4) 丰花月季　*R. hybrida* cv. *Floribunda*

【形态特征】 丰花月季（图 96）为由香水月季与小姐妹月季（*Polyantha Roses*）杂交改良的一个近代强健多花品种群。奇数羽状复叶，叶缘有锯齿，花单瓣性强，色彩丰富，花形优美，花朵成束而集中开放，花期长，多无香味。

【产地与分布】 我国辽宁以南有分布。

【生态习性】 抗病力强，适应性强，喜光，耐干旱贫瘠，耐寒。

【繁殖方式】 扦插繁殖。

【品种资源】 品种如：杏花村（Betty Prior）、小红帽（Red Cap）、独立（Independence）、冰山（Iceberg）、冬梅（Winter Plum）、金玛丽（Gold Marry）、无忧女（Carefree Beauty）、绿袖（Green Sleeves）、伦巴（Rumba）、曼海姆等。

① 杏花村：花粉红色，似杏花的色彩和花型。

② 小红帽：花红色，花径小，花多聚生。

③ 红杜鹃：花红色，似红色杜鹃花的色彩。

④ 嬉女：花粉红色，花径比杏花春大。

⑤ 尼克尔：花红色，花形半重瓣。

⑥ 梅朗胭脂：花白色，花形半重瓣。

⑦ 黄金万两：花黄色，花形半重瓣。

⑧ 红眼圈：花红色，花径中心有一轮深红色的色晕。

【园林应用】 形态造景：观色彩丰富的花，花大而美丽，花期长，是北方园林中有广泛应用价值的花灌木，可作缀花草坪和配植素材。丛植，可作花境应用。大面积散植，能形成色彩斑斓的园林色块效果与图案效果。适于植于坡地、配植于山岩与山石旁，形成极其自然的山野园林景观。

生态造景：抗旱耐贫瘠，可应用于干旱贫瘠地和岩石园绿化，或作盆景树。抗病力强，适应性强，具有广泛的园林应用价值。

图 97 白玉棠

1—花枝；2—果

(5) 白玉棠 *R. multiflora* cv. *Albo-plena*

【形态特征】 白玉堂（图 97）为野蔷薇的栽培变种，落叶灌木，高达 3m；枝细长，上升或攀援状，皮刺常生于托叶下。小叶倒广卵形，缘有尖锯齿，背面有柔毛；托叶篦齿状，附着于叶柄上，边缘有腺毛。花白色，重瓣，芳香，多聚生，有时带红晕；花柱靠合，伸出甚长，无毛；多朵密集成圆锥状伞房花序。果近球形，红褐色，萼脱落。花期 5 月。

【产地与分布】 全国各地均有栽培和分布。

【生态习性】 喜光，稍耐阴，耐旱，耐寒，对土壤要求不严。

【繁殖方式】 扦插、分株、压条繁殖。

【园林应用】 形态造景：植株优美，可观赏美丽的花。因此可作缀花草坪。也可栽作花篱。最适合在园林中的微地形处应用。或配合山石绿化。

生态造景：喜光，稍耐阴，可作阴面绿化。抗旱耐贫瘠，应用于岩石园或作盆景树。耐水湿，可在水边绿化、或湿地绿化。

(6) 七姐妹（十姐妹）

Rosa multiflora f. *platyphylla* Tory.

【形态特征】 七姐妹（图 98）为野蔷薇的变种，落叶灌木或半蔓性藤木，枝细长，有皮刺。奇数羽状复叶，互生，小叶倒卵形至椭圆形，缘有锯齿，托叶大部与叶柄合生，边缘篦齿状分裂。花重瓣，红色，成圆锥状伞房花序。蔷薇果暗红色，球形至卵形，内含瘦果多颗。花期 5 月，果期 9～10 月。

图 98 七姐妹

【产地与分布】 我国的华北、华东、华中、华南及西南地区有分布。

【生态习性】 喜阳和适宜在土质疏松、深厚、肥沃和排水良好地生长，积水易烂根。耐干旱贫瘠。生长健壮，少病虫害。

【繁殖方式】 常用扦插法，尚有压条、分株法。

【园林应用】 形态造景：七姐妹花繁茂艳丽，是富装饰和适应性强的优良攀缘树种，园林中用于绿垣、花架、花柱、绿门、绿廊、绿亭和绿墙作垂直绿化。更适于植于坡地、配植于山岩与山石旁，形成极其自然的山野园林景观。

生态造景：喜阳，可用于阳面绿化。但积水易烂根，不适易在洼地种植。耐干旱贫瘠。生长健壮，少病虫害。应用时不择土壤和环境，在园林中具有广泛的应用价值。

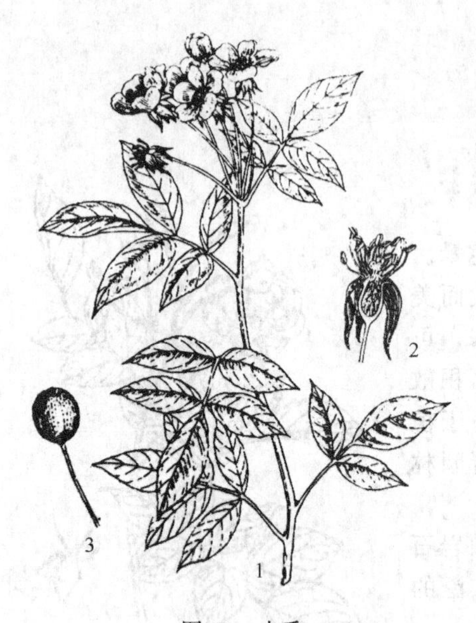

图 99 木香

1—花枝；2—花（不带花瓣）纵剖；3—蔷薇果

(7) 木香（木香藤、七里香） *Rosa banksiae* Ait.

【形态特征】 木香（图 99）为落叶或半常绿攀缘灌木，高达 6m。枝细长绿色，光滑而具刺。小叶 3～5 枚，稀 7 枚互生，卵状长椭圆形至披针形，长 2.5～5cm，先端急尖或微钝，缘有细锯齿，表面无毛，背面沿中脉基部被柔毛，托叶条形，与叶柄离生。早落。花 3～15 朵排成伞形花序，花白色或黄色，径约 2.5cm，芳香；萼片长卵形，全缘；花柱玫瑰紫色，花期 4～5 月。蔷薇果球形，红色，果期 9～10 月。

【产地与分布】 木香为亚热带树种，原产我国西南部，陕、甘、鲁等地，野生较多，现华北各地普遍栽植。

【生态习性】 喜阳光，耐寒性不强，不耐积水和盐碱，要求排水良好、肥沃的中性沙质壤土。抗旱耐贫瘠，萌芽力强，耐修剪。具较强的降温增湿、碳氧平衡、滞尘及吸收二氧化硫的能力。

【繁殖方式】 扦插、压条和嫁接法繁殖。

【品种资源】

① 重瓣白木香（var. *albo-plena* Rehd.）：花白色，小叶常 3，重瓣，香味浓烈。

② 重瓣黄木香（var. *lutea* Lindl.）：花淡黄色，重瓣，香味甚淡，小叶常 5 枚。

③ 单瓣白木香（var. *normalis* Reg）：花白色，味香，小叶 3～5（为木香野生原始类型）。

④ 单瓣黄木香（f. *lutescens* Voss）：花黄色，单瓣，罕见。

⑤ 金樱木香（R. *fortuneana* Lindl.）：藤本，小叶 3～5，有光泽，花单生，大形，重瓣，白色，香味极淡，花梗有刚毛。

【园林应用】 形态造景：木香枝叶纷披，晚春至初夏开花，芳香宜人，开白花时如素缎披垂，开黄花时灿烂如锦绣，极为美丽，是优美的观花树种，可与景石相配植，创造具有自然特色的优美景观。也可丰富斜坡等微地形景观。多用于庭院花架，或攀援篱垣，或制成鲜花拱门，均是极佳的立体绿化植物，木香亭造景形式即是其一。花香浓郁，可应用于夜花园、香花园、百花园及专类园等。果实红色，秋季可观果。在北方也常盆栽等观赏。

生态造景：阳性树，可应用于阳面绿化，适应性强，可应用于荒山及风景林绿化。抗旱耐贫瘠，是干旱贫瘠地和岩石园绿化的优良树种。具有滞尘及吸收二氧化硫的能力，适于工矿区及污染性工厂厂区和周边绿化。

人文造景：木香在藤本花卉中占有一定位置，我国栽培历史已久，是重要的乡土花木品种，尤其适合花架、花格、绿门或长廊等垂直绿化，公园内，道路旁，庭前室后，均可种植。

2. 棣棠属 *Kerria* DC.

落叶丛生灌木，高 1～2m；小枝绿色，细长而有棱。单叶互生，卵形或三角状卵形，先端长渐尖，基近圆形或楔形，叶缘有不规则重锯齿，背面略被短柔毛；有托叶，钻形，早落；花单生于侧枝顶端，黄色，两性；萼筒碟形，萼片 5 枚，短小而全缘；花瓣 5 枚。瘦果干而小，黑褐色，萼宿存。

本属仅 1 种，产于中国及日本。

棣棠 *K. japonica* DC.

图 100 棣棠
1—花枝；2—花

【形态特征】 棣棠（图 100）为落叶丛生无刺灌木，高 1.5～2m，小枝绿色，光滑，有棱。单叶互生，叶卵形至卵状椭圆形，先端长渐尖，基近圆形或楔形，叶缘有不规则重锯齿，背面略被短柔毛；有托叶，钻形，早落。花单生于侧枝顶端，金黄色，两性；萼筒碟形，萼片 5 枚，短小而全缘；花瓣 5 枚，雄蕊多数。瘦果黑褐色，生于盘状花托上，萼片宿存。花期 4 月下旬至 5 月底。

【产地与分布】 我国河南以南分布。

【生态习性】 喜温暖，喜湿润，耐半阴。

【繁殖方式】 分株繁殖。

【品种资源】

① 重瓣棣棠（var. *pleniflora* Witte.）：花金黄色，重瓣性强。观赏价值高。

② 菊花棣棠（cv. *Stellata*）：花瓣 6～8 枚，细长，形似菊花。

③ 白花棣棠（cv. *Albescens*）：花变为白色。

④ 银边棣棠（cv. *Argenteo-variegata*）：叶边缘白色。

⑤ 金边棣棠（cv. *Aureo-variegata*）：叶边缘黄色。

⑥ 斑枝棣棠（cv. *Aureo-vittata*）：小枝有黄色和绿色相间的条纹。

【园林应用】 形态造景：树形优美，花金黄色，叶青翠，小枝绿色，光滑，花、叶、枝俱美，可作缀花草坪或花境，也可丛植。植株低矮，可植于草坪和绿地的边缘、坡地和微地形处，形成优美的园林植物景观。

生态造景：喜湿润，可在水边绿化、或湿地绿化。耐阴，可做阴面绿化。

3. 金露梅属 *Dasiphora*

落叶小灌木。复叶，托叶连于叶柄并成鞘状。花单生或顶生聚伞花序；萼片 5 枚，基具 5 互生苞片；花瓣 5 枚，圆形；雄蕊 10～30 枚；雌蕊多数，生在较低的圆锥形花托上，后各变为干化瘦果；花柱脱落。

本属资源共数十种，广布于北温带及亚寒带。

本属过去曾与草本植物合称为 *Potentilla* L.（委陵菜或翻白草属），现在将木本与草本分开。

金露梅（金老梅、金蜡梅） *Dasiphora fruticosa* Rydb

【形态特征】 金露梅（图 101）为落叶灌木，高达 1.5m，树皮纵向剥落，灰色或褐色，分枝多，小枝红褐色或褐色，幼枝有丝状毛。奇数羽状复叶，小叶长椭圆形至线状长圆形，

图 101 金露梅

1—花枝；2—花瓣、雄蕊展开；3—叶；4—雌蕊；5—雄蕊

先端锐尖，基部楔形，全缘，两面微有毛；叶柄短，有柔毛；托叶膜质，卵形或卵状披针形，下部与叶柄愈合，有疏毛。花单生于叶腋或数朵成伞房状，花梗有长柔毛；花黄色，罕白色，花托有疏长柔毛或丝状长柔毛；副萼片披针形，先端尖或偶2裂，短于、等于或稍长于萼片，绿色有柔毛；萼片卵形，淡褐黄色，有柔毛；花瓣圆形，比萼片约长3倍。瘦果卵圆形，密生长柔毛。花期7～8月，果期9～10月。

【产地与分布】 原种产于中国北部及西部，西伯利亚、日本亦有分布。

【生态习性】 喜光树种，性强健，耐寒，耐干旱，对土壤要求不苛，常分布于高山。栽培粗放。

【繁殖方式】 用种子繁殖。

【品种资源】 变种：

银老梅（var. *davurica* Ser.）：又叫达乌里金老梅。灌木，高1m。小叶叶表疏生丝状毛；托叶褐色，具膜质缘，顶具丛毛。花单生，白色；萼片广卵形；副萼小，倒卵形；总苞常椭圆形。花期7～8月，果期9～10月。

国外有许多栽培变种，如花色就有白花‘*Mandschurica*’、橙红‘*Red Ace*’、橙黄‘*Tangerine*’、象牙白‘*Vilmoriniana*’等。

【园林应用】 形态造景：植株紧密、花色鲜丽、夏秋花，为良好的观花灌木。与银老梅配植，花期相遇，黄花白花搭配，色彩对比，十分美丽。植于草坪上，形成缀花草坪。

生态造景：性强健、耐寒耐干旱，可配植于高山园或岩石园。最适于干旱贫瘠地绿化和造景，植株低矮，耐修剪，可作花篱和花境。

4. 悬钩子属 *Rubus* Linn.

落叶或常绿灌木或草本状灌木，直立或蔓性，有刺或刺毛，一年生枝上只生叶，二年生枝始成为花枝。叶互生，羽状或掌状复叶，稀单叶；有叶柄；有托叶，稀无托叶。花单一，但常为聚伞状、伞状、总状或圆锥花序，花两性，稀单性异株；花托平或漏斗状；萼裂片5枚，稀6～8枚，披针形，在果期宿存；花瓣5枚，稀6～8枚，脱落；雌蕊离生，着生于隆起的花托上，花柱较短，线形，侧生，柱头单一。小核果有浆汁，聚合在肥厚的花托上形成浆果状的聚合果，很少分离。

本属资源400余种，主要分布于北温带。我国约150种，南北均有。

蓬垒悬钩子 *R. crataegifolius* Bge.

【形态特征】 蓬垒悬钩子（图102）为落叶灌木，高1～2m，干皮紫红色或紫绿色，光滑，无毛。枝条紫红色，有钩刺，幼时有短柔毛和紫红色的腺体。单叶互生，宽卵形，长卵形或近圆形，3～5掌状分裂，花枝的

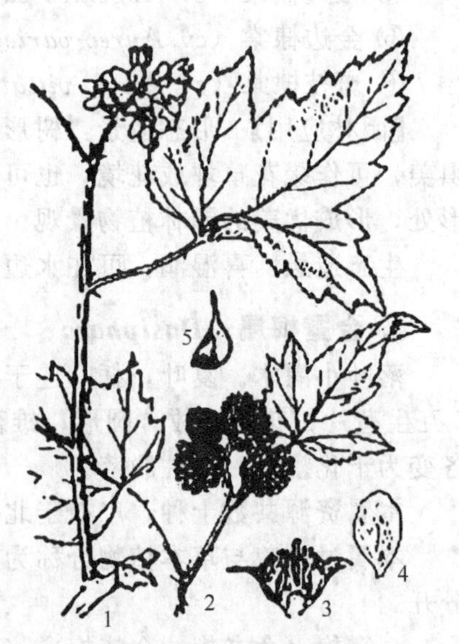

图 102 蓬垒悬钩子

1—花枝；2—果枝；3—花序；4—核果；5—萼片

叶较小，3裂，先端锐尖，稀渐尖或钝，基部阔心形或截形，有不规整粗锯齿，上面近无毛，下面叶脉上有短毛和腺体，中脉有小钩状刺；叶柄和叶背有刺，托叶线形。花数朵簇生，或成短伞房花序，花梗有微毛和腺体；花白色；萼片外面近无毛，里面有白毛和腺体，先端锐尖，果期常向外弯曲；花瓣卵形；雄蕊直立，花后弯曲。聚合果近球形，暗红色，有光泽，微酸甜；小核果小。花期6月，果熟期7～9月。

【产地与分布】 我国东北三省均有分布。

【生态习性】 喜光，不耐庇阴，多生于较干的阳坡灌丛或林缘。

【繁殖方式】 用种子或分根法繁殖。

【园林应用】 形态造景：干皮紫红色或紫绿色，夏花白色，果近球形，暗红色，有光泽，故可作观花，观果灌木。也可丛植，作成花境。或在林缘配植造景。

生态造景：喜光，不耐庇阴，可在阳面地区进行绿化。耐水湿，可作水边绿化、湿地绿化材料。

(四) 李亚科 *Prunoideae*

乔木或灌木。单叶互生，有托叶。萼筒杯状，雄蕊多数；单心皮雌蕊，子房上位，1室，胚珠2。核果。

本亚科资源有10属，主要分布于北半球。我国产9属。

李属 *Prunus* L.

落叶乔木或灌木。顶芽缺失，腋芽单生，幼叶在芽内席卷状。花单生或2～3朵簇生，有花梗。核果有沟，无毛，常被蜡粉。

本属资源30余种，分布于北温带。我国产7种。

(1) 李 *Prunus salicina* Lindl.

【形态特征】 李（图103）为乔木，高达12m。树冠广球形；树皮灰褐色，起伏不平；小枝平滑无毛或被短柔毛，紫褐色、灰褐色或灰绿色，有光泽；冬芽卵圆形，芽鳞边缘被稀疏柔毛。叶多呈倒卵状椭圆形，叶端突渐尖，叶基楔形，叶缘有细钝重锯齿，叶背脉腋处有簇毛；叶柄近端处有2～3腺体；托叶早落。花白色，常3朵簇生；花梗无毛；萼筒钟状，无毛，裂片有细齿。果卵球形，黄绿色至紫色，无毛，外被蜡粉，缝合线明显；核卵形，有皱纹。花期3～4月；果熟期7月。

图103 李

1—花枝；2—果枝；3—种子；4—果序

【产地与分布】 我国东北、华北、华东、华中均有分布。

【生态习性】 喜光，也能耐半阴。耐寒，喜肥沃湿润之黏质壤土，在酸性土、钙质土中均能生长，不耐干旱和瘠薄，也不宜在长期积水处栽种。浅根性吸收根主要分布在20～40cm深处，但根系水平发展较广。

【繁殖方式】 繁殖多用嫁接、分株、播种等法。

【园林应用】 形态造景：早春花木，花洁白而繁密，可作观花乔木。枝干如桃，花繁叶茂，可行基础种植。果丰产，在庭院、宅旁、村旁或风景区栽植都很合适。作为观果树种，在园林绿化中有很好的应用价值，在名胜风景区与农业观光游览区的植物景观规划中，开始启用本种。

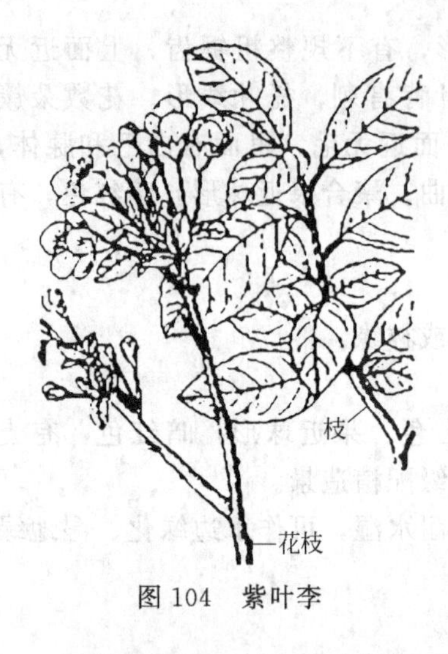

图 104　紫叶李

生态造景：耐寒，耐半阴，可用于阴面绿化。可应用于“四旁绿化”。

(2) 紫叶李　*P. cerasifera* Ehrh. cv. *Atropurpurea* Jacq.

【形态特征】 紫叶李（图 104）为落叶小乔木，高达 8m，主干紫红色，小枝光滑，暗红色。叶卵形至倒卵形，端尖。基圆形，重锯齿尖细，紫红色，背面中脉基部有柔毛。花淡粉红色，常沿枝条单生。果球形，暗紫红色。花期 4～5 月。果期 8～9 月。

【产地与分布】 亚洲南部地区有分。

【生态习性】 喜温暖湿润气候，喜肥沃湿润之黏质壤土，不耐涝，不宜在长期积水处栽种。抗有毒气体。

【繁殖方式】 嫁接繁殖，砧木常使用耐寒性强的毛樱桃、李树。

【品种资源】 原种欧洲樱李（*P. cerasifera*），还有黑紫叶李‘*Nigra*’（枝叶黑紫色）和红叶李‘*Newportii*’（叶艳红色，花白色）等观叶品种。

另有杂交品种：

紫叶矮樱（*P. pumila* × *P. cerasifera*）：落叶灌木，高 2～2.5m；小枝和叶均紫红色；花粉红色。生长慢，耐修剪。北京植物园有引种栽培。

【园林应用】 形态造景：粉花、红叶、红果，是很好的观花、观果与彩色叶树种。此树在生长季叶都为紫红色，宜于建筑物前及园路旁或草坪角隅处栽植，唯须慎选背景之色泽，方可充分衬托出它的色彩美。

生态造景：抗有毒气体，可用于工矿区绿化。

(3) 山桃　*P. davidiana*（Carr.）Franch

图 105　山桃

1—花枝；2—果；3—枝

【形态特征】 山桃（图 105）为落叶小乔木，高达 10m，树皮光滑，干皮紫褐色，有光泽。小枝细而无毛，冬芽卵形，几无毛，紫色。叶狭卵状披针形，先端渐尖，基部楔形或宽楔形，叶缘有锐锯齿，两面无毛；叶柄纤细；托叶带状披针形，早落。花单生，白色或淡粉红色，萼筒淡紫色，无毛，萼片椭圆状卵形，与萼筒近等长；花瓣倒卵状圆形，白色或淡红色，花柱基部有柔毛。果球形，离核，先端圆形，有沟纹及小穴孔。先花后叶，花期 4～5 月，果熟期 7～8 月。

【产地与分布】 分布于我国黄河流域各省，黑龙江省已有栽培和园林应用。

【生态习性】 耐旱，耐寒，喜光，不耐积水，根系不发达，浅根性。

【繁殖方式】 用播种法繁殖。

【品种资源】

① 白花山桃（f. *albiflora* Schnied.）：花白色。

② 曲枝山桃（cv. *tortuosa*）：枝条曲折生长。

③ 红花山桃［f. *rubra*（*Bean*）Rehd.］：花粉红色或红色。

④ 白花曲枝山桃（f. *alba Tortuosa*）：花白色，单瓣；枝近直立而自然扭曲。北京林业大学校园有栽培。

⑤ 白花山碧桃（f. *albo-plena*）：树体较大而开展，树皮光滑，似山桃；花白色，重瓣，颇似白碧桃，但萼外近无毛，而且花期较白碧桃早半月左右。北京园林绿地中有栽培，是桃花和山桃的天然杂交种，也有学者将其归入桃花（*P. persica*）类。

【园林应用】 形态造景：桃花烂漫芳菲，早春观花并秋季可观果，可用作缀花草坪树种。品种多，桃花艳丽芬芳，园林中可在风景区大片栽种或在园林中游人多到处辟专类园。以苍松翠柏为背景，显示“桃之夭夭”，故与常绿树搭配，尤其与柳树搭配，形成早春的明媚艳丽景观，南北园林皆多应用。冬季还可观紫红色干皮，又可雪地造景。我国园林中习惯以桃、柳间植水滨，以形成“桃红柳绿”之景色。

生态造景：耐旱，耐寒，适应性强，在北方园林中已经广泛应用。

(4) 桃 *Amygddalus persica* L. ［*Prunus persica* (L.) Batsch］

【形态特征】 桃（图 106）为落叶小乔木，高达 8m，树冠圆形。树皮灰褐色，粗糙而有皮孔。小枝红褐色或褐绿色，无毛，芽密被灰色绒毛，3 芽并生，中间为叶芽，两侧为花芽。叶椭圆状披针形，先端渐尖，基部宽楔形，具细锯齿，叶柄有时具腺体。花单生，粉红色，梗极短；核果近球形，表面密被绒毛。先花后叶，花期 4～5 月，果熟期 7～9 月。

图 106 桃

1—花枝；2—果枝；3—花纵剖面；4—雄蕊；5—果核

【产地与分布】 原产于我国，华北、华中、西南等地均有分布。

【生态习性】 适应性强，喜光，耐旱，喜排水良好的沙质壤土。耐寒，喜肥，不耐水湿。碱性土及黏重土均不适宜。开花时节怕晚霜，忌大风。根系较浅，寿命一般 30～50 年。

【繁殖方式】 以嫁接繁殖为主。

【品种资源】

① 白桃（f. *alba* Schneid）：花白色，单瓣。

② 白碧桃（f. *albo-plena* Schneid）：花白色，复瓣或重瓣。

③ 碧桃（f. *duplex* Rehd.）：花淡红，重瓣。

④ 绛桃［f. *camelliaeflora* (Van Houtte) Dipp.］：花深红色，复瓣。

⑤ 红碧桃（f. *magnifica* Dipp.）：花红色，复瓣，萼片常为 10 枚。

⑥ 复瓣碧桃［f. *dianthiflora* (Van Houtte) Dipp.］：又叫‘人面’桃。花淡红色，复瓣。

⑦ 绯桃（f. *magnifica* Schneid.）：花鲜红色，重瓣。

⑧ 洒金碧桃（f. *versicolor* (Sieb.) Voss）：又叫花碧桃。花复瓣或近重瓣，白色或粉红色，同一株上花有两色，或同朵花上有两色，或同一花瓣上有粉、白两色。

⑨ 紫叶桃（f. *atropurpurea* Schneid）：叶片终年为紫红色，花为单瓣或重瓣，淡红色。

⑩ 垂枝桃（f. *pendula* Dipp.）：枝下垂。

⑪ 寿星桃（f. *densa* Mak.）：树形矮小紧密，节间短，花常重瓣。

⑫ 塔形桃（f. *pyramidalis* Dipp.）：树形窄塔状，较罕见。

⑬ 粉花桃（f. *rosea*）：花粉红色，单瓣。

⑭ 红花桃（f. *rubra*）：花红色，单瓣。

⑮ 菊花桃（f. *stellata*）：花鲜桃红色，花瓣细而多，形似菊花。

【园林应用】 形态造景：同前文山桃。

生态造景：喜光，注意选阳光充足处，适应性强，耐旱，喜排水良好的沙质壤土。耐寒，在北方园林中可以广泛应用。

(5) 榆叶梅 *Amygdalus triloba*（Lindl.）Ricker［*Prunus triloba* Lindl.］

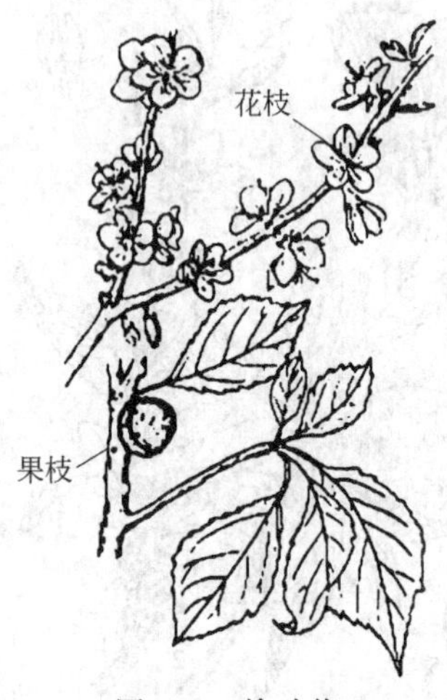

图 107　榆叶梅

【形态特征】 榆叶梅（图 107）为落叶灌木，高 3～5m；小枝细，无毛或幼时稍有柔毛。叶椭圆形至倒卵形，先端尖或有时 3 浅裂，基部阔楔形，缘具粗重锯齿，两面多少有毛；叶柄被短柔毛。花粉红色，重瓣或半重瓣，沿枝条开放，花朵密集，花感强烈；萼筒钟状，萼片卵形，有细小锯齿；花瓣倒卵形或近卵形，先端微凹或圆钝；雄蕊短于花瓣；子房有短柔毛，花柱长于雄蕊。有果，核果球形，红色，被毛；果肉薄，成熟时开裂；核具厚壳，表面有皱纹。花期 5 月，先叶或与叶同放；8 月成熟。

【产地与分布】 原产于中国北部，黑龙江、河北、山西、山东、江苏、浙江等地均有分布、华北、东北多有栽培。

【生态习性】 性喜光，耐寒，耐旱，对轻碱土也能适应，不耐水涝，适应性强，易成活。

【繁殖方式】 用嫁接或播种法，砧木用山桃、杏或榆叶梅实生苗，芽接或枝接均可。为了养成乔木状单干观赏树，可用方块芽接法在山桃干上高接。栽植宜在早春进行，花后应短剪。榆叶梅栽培管理简易。

【品种资源】 变种、变型有：

① 鸾枝（var. *atropurpurea* Hort.）：小枝紫红色；花 1～2 朵，罕 3 朵并生，单瓣或重瓣，紫红色，萼片 5～10 枚；雄蕊 25～35 枚，北京多栽培，尤以重瓣者为多。

② 单瓣榆叶梅（f. *simplex* Rehd.）：花单瓣，萼瓣各 5 枚，近野生种，少栽培。

③ 复瓣榆叶梅（f. *multiplex* Rehd.）：花复瓣，粉红色；萼片多为 10 枚，有时 5 枚；花瓣 10 枚或更多。

④ 重瓣榆叶梅（f. *plena* Dipp）：花大，径达 3cm 或更大，深粉红色，雌蕊 1～3，萼片通常 10 枚，花瓣很多，花梗与花萼皆带红晕。花朵密集艳丽，观赏价值很高，北京常见栽培。

⑤ 红花重瓣榆叶梅（f. *roseo-plena*）：花玫瑰红色，重瓣，花期最晚。

⑥ 截叶榆叶梅（var. *truncatum* Kom.）：叶端近截形，3 裂；花粉红色，花梗短于花萼筒。我国东北地区常有栽培。

榆叶梅品种极为丰富，据初步调查，北京即有 40 余个品种，且有花瓣多达 100 枚以上者，还有长梗等类型。

【园林应用】 形态造景：属报春植物，与柳树搭配，早春观花，与常绿树搭配，以苍松翠柏为背景，显示花朵的娇艳美丽。与连翘搭配，色彩艳丽，花团锦簇。枝繁叶茂，可作分车带绿化树种。作为早春的花灌木，北方园林中最宜大量应用，以反映春光明媚、欣欣向荣的景象。花繁叶茂，又可作切花材料。

生态造景：抗旱耐贫，可用作贫地旱地绿化材料，抗盐碱，可用于盐碱地绿化。

(6) 毛樱桃（山豆子） *Prunus tomentosa* Thunb

【形态特征】 毛樱桃（图 108）为落叶灌木或小乔木，高 2～3m；枝条开展，树冠广卵形；树皮灰褐色，鳞片状开裂；枝条灰褐色，幼枝密生绒毛；冬芽尖卵形，褐色，外被绒毛。叶密集，倒卵形至椭圆状卵形，先端尖，锯齿常不整齐，表面皱，有柔毛，背面密生绒毛，秋季变成黄色或红色，毛也脱落；托叶线形，有不均匀锯齿，与叶柄近等长。花白色或略带粉色，单瓣，无梗或近无梗；萼筒管状，外被短柔毛，萼片披针状长圆形，有锯齿；花瓣5枚，矩圆形，白色，初时淡粉色；子房有毛；花柱长于雄蕊。核果近球形，红色，稍有毛；核球形或椭圆形，先端急尖，表面光滑或浅沟。花期5月，花先叶开放；果6～7月成熟。

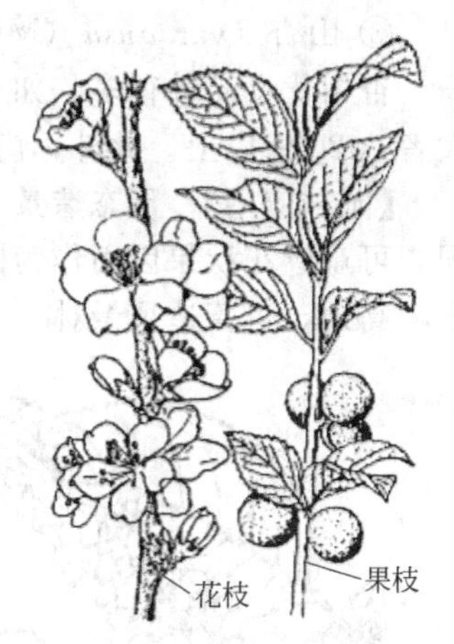

图108　毛樱桃

【产地与分布】 主产我国华北、东北、西南也有；日本有分布。

【生态习性】 性喜光，稍耐庇阴，耐寒，喜湿润肥沃土壤，但耐干旱、瘠薄及轻碱土。

【繁殖方式】 播种或分株繁殖。

【品种资源】 白果毛樱桃（f. *leucocarpa*）：果较大而色彩浅白色。

【园林应用】 形态造景：花白色或略带粉色，果近球形红色，早春先花后叶后有红果可观，故可用作观花乔木，由于果实艳丽，又可赏果，故常作园景树。可片植，从而营造风景林。开花时节，满枝花朵，可作切花材料。

生态造景：适应性强，抗旱耐贫，可作贫地、旱地绿化材料。抗盐碱，盐碱地绿化。萌蘖强，生长迅速，可迅速形成园林绿化景观。

(7) 东北杏 *Prunus mandshurica* L.

图109　东北杏

【形态特征】 东北杏（图109）为乔木，高达15m。树皮暗灰色或灰黑色，干茎常具木栓皮；小枝淡绿色，无毛；冬芽卵圆形或椭圆状卵形，无毛。叶卵状椭圆形或长圆状卵形，先端渐尖或短尾尖，基部宽楔形，叶缘有粗而深的重锯齿，上面被疏柔毛或无毛，下面中脉两侧或仅脉腋有簇生毛；叶柄被短柔毛；托叶早落。花单生或2朵；花梗被短柔毛；萼筒短筒形，无毛，萼片长圆状形，先端钝，无毛，花瓣倒卵状圆形，粉红色或白色；花柱基部有柔毛。果球形，有短茸毛，黄色，有时带红晕或腺点，基部稍倾斜。花期4～5月，果期7月。

【产地与分布】 在我国东北、华北、西北、西南及长江中下游各省均有分布。

【生态习性】 喜光，耐寒，能耐－40℃的低温，也能耐高温，耐旱，对土壤要求不严，可在轻盐碱地上栽种。极不耐涝，也不喜空气湿度过高。春季寒潮侵袭会对开花结实产生不利的影响。杏树最宜在土层深厚、排水良好的沙壤土或砾沙壤土中生长。杏是核果类果树中寿命较长的一种。实生苗3～4年即开花结果。萌芽力及发枝力皆较桃树等为弱，故不宜过分重剪，一般多采用自然形整枝。病虫害主要有天幕毛虫，杏仁蜂，杏疔病等。

【繁殖方式】 繁殖用播种、嫁接均可。

【品种资源】 变种、变型和品种：

① 垂枝杏（var. *pendula* Jager.）：枝条下垂，供观赏用。

② 斑叶杏（var. *variegata* West.）：叶有斑纹，观叶及观花用。

③ 山杏（var. *ansu*（Maxim）Yv et Lu）：叶阔卵形，花粉红色。

杏树优良品种很多，如“兰州大接杏”，1980年生大树株产200～350kg以上，果实最大者达200g以上。此外，尚有“仁用杏”与“鲜食用杏”之分。

【园林应用】 形态造景：树形开展、树冠圆整。小枝红褐色或褐色。早春开花，繁茂美观，可观春花秋果因而作为园景树。以因其冠大荫浓，可作庭荫树。宜群植、林植于山坡、水畔高地，可营造风景林。

图110 稠李
1—花枝；2—花；3—果

生态造景：喜光，可用于阳面绿化。抗旱耐贫，可用于贫地、旱地绿化，又宜作大面积沙荒及荒山造林树种。抗盐碱，可应用于盐碱地绿化。由于良好的生态适应性，近年的园林绿化中，已经开始作为行道树应用，绿化城市广场。

(8) 稠李（木稠梨） *Prunus padus* L.

【形态特征】 稠李（图110）为落叶乔木，高达15m。树皮灰褐色或黑褐色；小枝紫褐色；嫩枝有毛或无毛；冬芽长卵形，芽鳞外面无毛，边缘有疏柔毛。叶卵状长椭圆形至倒卵形，叶端突渐尖，叶基圆形或近心形，叶缘有细锐锯齿，叶表深绿色，叶背灰绿色，无毛或仅背面脉腋有丛毛；叶柄紫红色，无毛，近端部常有2腺体；托叶长带形，与叶柄近等长，有齿，花后脱落。花小，白色，芳香，花瓣长为雄蕊2倍以上；数朵排成下垂之总状花序，基部有1～4叶，较正常叶小；花轴被短柔毛或几无毛；花梗被短柔毛或几无毛；苞片早落。雄蕊短于花瓣之半。核果近球形，黑色，有光泽；核有明显皱纹。花期5月，与叶同时开放；果9月成熟。

【产地与分布】 分布于我国东北、内蒙古、河北、河南、山西、陕西、甘肃等地。欧洲、亚洲西北部、朝鲜、日本也有分布。

【生态习性】 性喜光、尚耐荫，耐寒性较强，喜湿润土壤，在河岸沙壤土上生长良好。

【繁殖方式】 用播种法繁殖。

【品种资源】 变种：

毛叶稠李（var. *pubescens* Reggel. et Tiling）：小枝、叶背、叶柄均有柔毛。

紫叶稠李（*P. virginiana* Canada Red）：树形灌木状，叶片常年紫红色或深紫色。

【园林应用】 形态造景：落叶乔木，高达15m。可作二层乔木丰富园林景观层次。花序长而美丽，秋叶变黄红色果成熟时亮黑色，故可作园景树。丛植草坪上观花、观秋叶。形成疏林草坪的景观效果。秋叶黄红色，到秋季可观美丽的秋色叶。

生态造景：性喜光、尚耐阴，可作阴面绿化材料。耐寒性较强，可在东北地区进行绿化。耐水湿，可用于湿地绿化。

(9) 紫叶稠李 *Prunus. Virginiana* Canada Red

【形态特征】 紫叶稠李（图111）为落叶小乔木，高达7m。小枝褐色。新叶绿色，后变紫色，叶背发灰。花

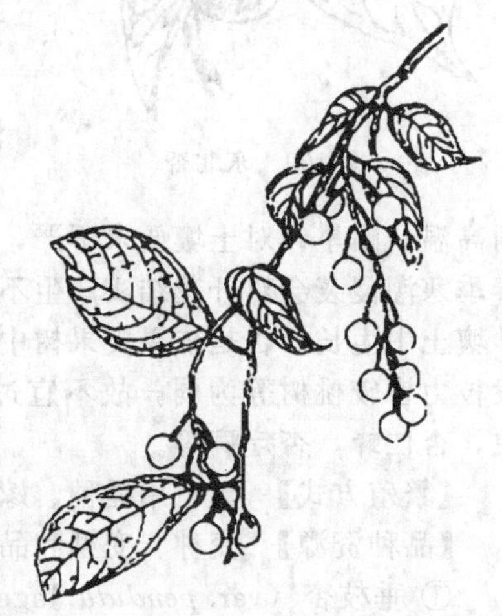
图111 紫叶稠李

白色；成下垂的总状花序。果红色，后变紫黑色。花期5月，果熟期7月。

【产地与分布】 我国北京植物园有引种栽培。

【生态习性】 较一般阔叶树稍耐阴，喜湿润土壤，常生于林内、林缘或河岸等处。

【繁殖方式】 播种、扦插繁殖。

【园林应用】 形态造景：落叶小乔木，可作二层乔木丰富园林景观层次。其叶终年紫色，在园林中广泛作为常色叶应用，在近年的园林绿化中已经开始应用，还可作背景墙使用，可作园景树。丛植草坪上观花、观叶。形成疏林草坪的景观效果。

生态造景：性喜光、尚耐荫，可作阴面绿化材料，在阴影区绿化。耐寒性较强，可在东北地区进行绿化。耐水湿，可用于湿地绿化。

(10) 樱花 *P. serrulata* Lindl.

【形态特征】 樱花（图112）为乔木，高15～25m，干皮暗栗褐色，光滑，小枝无毛或有柔毛，赤褐色。冬芽在枝端丛生或密生，芽鳞密生，黑褐色，有光泽。叶卵形至卵状椭圆形，先端长尖，边缘有单或重锯齿，齿尖常尖锐具芒，下面无毛，嫩叶常带绿褐色；叶柄有2～4腺体，有毛。花白色或淡红色，很少为黄绿色，无香味，苞片呈篦形至圆形，短伞房总状花序；萼筒近钟状，无毛，萼片卵圆形，先端锐尖。核果球形，黑色。花叶同放，花期5月，果熟期7～8月。

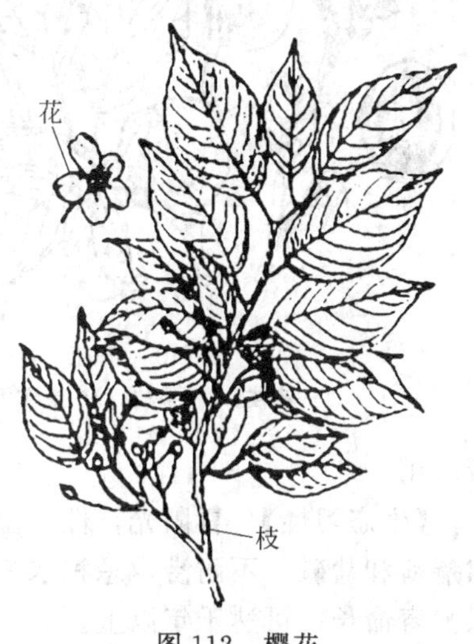

图112 樱花

【产地与分布】 我国东北南部以南有分布。

【生态习性】 喜光，喜深厚肥沃排水良好的土壤；有一定的耐寒力，忌烟尘、海潮风、有毒气体。根系较浅。

【繁殖方式】 嫁接繁殖。

【品种资源】

① 重瓣白樱花（f. *albo-plena* Schneid.）：花白色，重瓣。

② 垂枝樱花（f. *pendula* Bean.）：枝开展而下垂，花粉红色。

③ 重瓣红樱花（f. *rosea* Wils.）：花粉红色，重瓣性强。

④ 山樱花（var. *spontanea* Wils.）：花单瓣而小，径约2cm，花瓣白色或浅粉红色，先端凹；花梗和花萼无毛或近无毛。

⑤ 红白樱花（f. *albo-rosea* Wils.）：花重瓣，花由淡红色变白色。

⑥ 毛樱花（f. *pubescens* Wils.）：与山樱花相似，区别在于叶两面、叶柄、花梗及萼片常有毛。

⑦ 瑰丽樱花（f. *superba* Wils.）：花大，淡红色，重瓣；花梗较长。

【园林应用】 形态造景：干皮暗栗褐色，花白色或淡红色，枝繁叶茂，绿荫如盖，故可作庭荫树。花期绚丽多姿。故可作园景树。春季开花，花朵妩媚多姿，繁花似锦，可应用于缀花草坪。形成疏林草坪景观，也可丛植，营造美丽的风景林或是用于林中花境。

生态造景：喜光，可用于阳面绿化。耐盐碱，可在盐碱地进行绿化造景功能。

(11) 梅花（干支梅、春梅、红绿梅） *Armeniaca mume* Sieb.（*Prunus mume* Sieb. et Zucc.）

【形态特征】 梅花（图113）为落叶乔木或大灌木，高达4～15m；树形开展，树冠圆

图 113 梅花

1—花枝；2—果枝；3—果实纵剖

球形，树皮灰褐色，有长短枝之分，小枝绿色，有枝刺，无毛。叶广卵形至卵形，长4～10cm，先端长渐尖或尾尖，基部广楔形或近圆形，具尖锯齿，多仅叶背脉上有毛。花单生或2朵并生，具短梗，先叶开放，白色，淡粉或红色，径2～2.5cm，有淡香味；花萼常呈绿色，花期12月至翌年4月。核果近球形，有缝合线，黄绿色，径2～3cm，表面密被细毛；果核具蜂窝状凹穴，果熟期5～6月。

【产地与分布】 野生于我国西南地区，现长江流域为中心产区，黄河以南均可露地栽培，华北地区引种栽培并在园林小环境有所应用。

【生态习性】 喜阳光，性喜温暖而略潮湿的气候，有一定耐寒力。对土壤要求不严格，耐瘠薄和盐碱，不耐涝，忌积水，忌在风口栽植。对有毒气体，如硫化物、氟化物等特别敏感。寿命长，可达千年以上。

【繁殖方式】 常用嫁接繁殖，也可用扦插、压条或播种繁殖。山桃、杏、山杏及梅的实生苗均可作砧木。

【品种资源】 梅花家族资源丰富，具有三系五类群分述如下：

A. 真梅种系（Ture Mume Branch）具梅的典型枝、叶；开典型梅花花型。包括以下三类：

Ⅰ. 直枝梅类（Upright Mei Group）为梅花的典型变种，枝条直伸或斜出。

代表种：①“北京玉蝶”梅——枝内新生木质部绿白色，花复瓣至重瓣，纯白或近白色。

②“复瓣跳枝”梅、“晚跳枝”梅——枝内新生木质部绿白色，一树开具斑点、条纹之两色花，单瓣或复瓣。

③“粉红朱砂”梅、“银边飞朱砂”梅——枝内新生木质部浅暗紫；萼酱紫；花紫红，单瓣、复瓣至重瓣。

④“洒金”梅——花单瓣、复瓣或重瓣，花色以白色为主，每朵白花上必洒红条或红斑，有时一束白花枝具有几片红瓣，甚至一树可具有几枝红花。

Ⅱ. 垂枝梅类（Pendulous Mei Group）枝条下垂，开花时花朵向下。

代表种：“残雪”梅——枝内新生木质部绿白色，萼绛紫；花白色，复瓣。

Ⅲ. 龙游梅类（Tortuouns Dragon Group）枝条自然扭曲；花碟形；复瓣；白色。

代表种：仅“龙游”梅一品种。

B. 杏梅种系（Apricot Mei Branch）与杏或山杏的天然杂交种。

Ⅳ. 杏梅类（Bungo Group）枝叶介于杏、梅之间，叶绿色；花呈杏花形；多为复瓣；水红色；瓣爪细长；花托肿大；几乎无香味。宋代的范成大在《梅谱》中首次对它进行了记载，下有单瓣杏梅型及春后型。

代表种：①“燕杏”梅、“中山杏”梅——枝叶似杏；花单瓣。

②“送春”梅、“丰后”梅——树势旺至特旺；叶中大至大；花中大至大，呈红、粉、白等色，复瓣至重瓣。

C. 樱李梅种系（Blireiana Branch）宫粉梅与紫叶李的人工杂交种。

Ⅴ. 樱李梅类（Blireiana Group）枝叶似紫叶李，叶常年呈紫红色；花梗细长；花托不肿大。

代表种："美人"梅、"小美人"梅等。

【园林应用】形态造景：梅花具有古朴的树姿、素雅的花色、秀丽的花态、恬淡的清香、丰盛的果实，自古为人民所喜爱，是江南私家园林中著名的花灌木。最宜植于庭院、草坪、低山丘陵，可孤植、丛植及群植，布置成梅岭、梅峰、梅园、梅溪、梅径、梅坞等。用常绿乔木或深色建筑作背景，更可衬托出梅花玉洁冰清之美，如松、竹、梅相搭配，苍松是背景，修竹是客景，梅花是主景。古代强调"梅花绕屋"、"登楼观梅"等，均是为了获得最佳的观赏效果。另外，梅花又可盆栽观赏或加以整形修剪做成各式桩景，或作切花插瓶供室内装饰用，更是东方艺术插花的传统素材。

生态造景：阳性树，用于阳面绿化。适应性强，抗旱耐贫瘠，可应用于干旱贫瘠地及岩石园绿化。较能耐寒，可丰富寒冷地区的绿化树种资源。对硫化物、氟化物等有毒气体特别敏感，可作监测植物。

人文造景：梅花为我国传统十大名花之一，为历代著名文人所讴歌，宋代林逋的"疏影横斜水清浅，暗香浮动月黄昏"和明朝杨维桢的"万花敢向雪中开，一树独先天下春"是梅花的传神之作，江南二月梅花盛开之际，香闻数十里，蔚为壮观；中国又有所谓"梅雨"一词，因为在梅子成熟之际，江南正值雨季；梅花适于作专类园，我国有四大赏梅胜地即杭州超山、南京梅花山、苏州邓尉"香雪海"及无锡梅园；传统的配植方式有松、竹、梅"岁寒三友"，梅、兰、竹、菊"四君子"，中华文化有谓"春兰，夏荷，秋菊，冬梅"，梅花凭着耐寒的特性，成为冬季代表性花卉是无畏严寒的品格的象征；梅常被称为"清客"，誉为君子或隐士，北宋初年著名隐逸诗人林逋，终身未娶未仕，隐居于杭州西湖孤山，种梅养鹤，人称"梅妻鹤子"。素有"扬州八怪"美称的郑板桥，一生为官清廉，字画堪称一绝。在民间现在还流传着他拒画梅花巧劝朋友的故事。孟浩然情怀旷达，常冒雪骑驴寻梅，曰："吾诗思在灞桥风雪中驴背上"，由此得出踏雪寻梅之典故；我国在梅花的研究上已取得了突出的成就，人称"中国梅花第一人"的陈俊愉先生是梅花品种国际登录的权威，并在北京西山建有梅圃，他的多部专著在国际花卉园艺界有重大影响力；梅花又名"五福花"，象征着快乐、幸福、长寿、顺利、和平，用梅花来寄托多种情思，这在世界民族大家庭中是绝无仅有的；梅花迎雪吐艳，凌寒飘香，铁骨冰心的崇高品质和坚贞气节鼓励了一代又一代中国人不畏艰险，奋勇开拓；中华人民共和国则将之与牡丹并列为最具竞争力的国花候选花种。

(12) 东京樱花（日本樱花、江户樱花）*Prunus yedoensis* Matsum.

【形态特征】东京樱花（图 114）为落叶乔木，高达 16m，树皮灰褐色，光滑；单叶互生。小枝幼时有毛。叶卵状椭圆形至倒卵形，叶缘有细尖重锯齿，叶背脉上及叶柄有柔毛。伞形总状花序，有花 3～4，先叶开放或与叶同放；花白色至淡粉红色，常为单瓣，萼筒管状，有毛；花梗长约 2cm，有短柔毛；花期 3～4 月。核果近球形，黑色，果期 5 月。

图 114　东京樱花

1—花枝；2—花纵剖

【产地与分布】 原产于日本，我国多有栽培，主要以华北及长江流域为多。

【生态习性】 性喜光，较耐寒，不耐盐碱，根系较浅，忌积水与低湿。对烟尘和有害气体的抵抗力较差。在北京地区可露地越冬，生长较快，但树龄较短。

【繁殖方式】 嫁接繁殖。樱桃、山樱花可作砧木。

【品种资源】

① 翠绿东京樱花（var. *nikaii* Honda.）：乔木，嫩枝无毛。叶卵状椭圆形，叶背脉上和叶柄有毛，新叶、花柄、花萼均为绿色，花纯白色。

② 垂枝东京樱花（f. *perpendens* Wilson）：小枝长而下垂。

【园林应用】 形态造景：树体高大，春天开花时满树灿烂，是著名的观花树种。可孤植、列植、群植或片植，与常绿树相搭配，开花时远望绿树丛中如团团云雾，甚是美丽，宜于山坡、庭院、建筑前及园路旁栽植，常作园景树、行道树、庭荫树等，亦可植成专类园。由于具有华丽的风采，故以用于城市公园中为佳。

生态造景：阳性树，可应用于阳面绿化。适应性强，适于风景林绿化。抗旱耐贫瘠，可栽植于干旱地和岩石园。较能耐寒，可丰富寒冷地区的绿化树种资源。

人文造景：樱花在日本已有1000多年的历史。日本政府把每年的3月15日至4月15日定为“樱花节”。在这个赏花季节，人们在樱花树下席地而坐，边赏樱、边畅饮，视为人生一大乐趣。樱花的生命很短暂，“花时绚丽，落时缤纷”，日本人认为活着就要像樱花一样灿烂，即使死，也该果断离去。樱花凋落时，不污不染，干脆利落，象征着日本武士精神。亦被尊为国花，不仅是因为它的妩媚娇艳，更重要的是它经历短暂的灿烂后随即凋谢的“壮烈”。樱花热烈、纯洁、高尚，严冬过后是它最先把春天的气息带给日本人民，樱花还作为日本人民的友好使者，已经盛开在世界许多国家和地区。

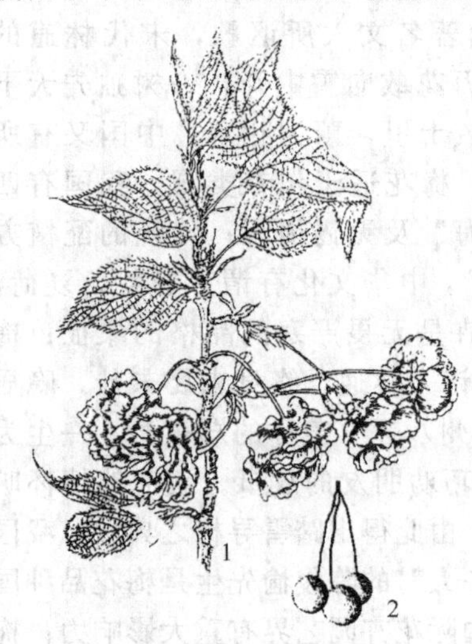

图 115　日本晚樱
1—花枝；2—核果

(13) 日本晚樱 *Prunus lannesiana* Wils.

【形态特征】 日本晚樱（图115）为落叶乔木，高达10m，干皮淡灰色，较粗糙；小枝较粗壮而开展，无毛。单叶互生，叶常为倒卵形，具渐尖重锯齿，齿端有长芒，叶柄上部有一对腺体，新叶略带红褐色。1～5朵排成伞房花序，花形大而芳香，单瓣或重瓣，常下垂，花白色或粉红色，花瓣端凹形，花期4～5月。核果卵形，黑色，有光泽，果期6～7月。

【产地与分布】 原产于日本，在伊豆半岛有野生，日本庭园中常见栽培，中国引入栽培。

【生态习性】 喜光，浅根性。抗氟化氢，生长快，树龄较短。

【繁殖方式】 播种、扦插、嫁接和分蘖等繁殖。

【品种资源】 晚樱系列中有：

① 白花晚樱（var. *albida* Wils.）花单瓣，白色。

② 绯红晚樱（var. *hatazakura* Wils.）花半重瓣，白色带有绯红。

③ 大岛晚樱（var. *speciosa*（Koidz.）Makino.）新叶绿色，叶缘具重锯齿；花大，径3～4cm，白色或带微红色，常芳香，花梗淡绿色；果大，广椭圆形；生长迅速，耐烟尘，抗海潮风。

花色系类中有：

① 白花类：如‘大岛之樱’、‘小樱’、‘明月’、‘四季樱’等品种。

② 红花类：如‘日暮’、‘金龙樱’、‘紫樱’等品种。

③ 绿花类：如‘郁金’、‘御衣黄’等品种。

④ 其他类：直生类有‘七夕’、菊花型类有‘白菊樱’、有毛类有‘早花樱’等品种。

【园林应用】 形态造景：新叶红色，花叶同放，花期长，艳丽多姿，是春季观花树种。宜植于庭院、建筑物旁或园路边，以群植为佳，最宜行集团状群植，在各集团之间配植常绿树作衬托。

生态造景：阳性树，对氟化氢抗性强，对烟尘有一定的阻泄能力，市园林中的抗污染树种，抗海潮风，晚樱中的‘大岛樱’是滨海城市及工矿城市中的良好绿化材料。

人文造景：同东京樱花。

十五、 豆科 *Leguminosae*

乔木、灌木或草本。多为复叶，罕单叶，常互生；有托叶。花序总状、穗状或头状；花多两性，萼片、花瓣各5枚，多为两侧对称的蝶形花或假蝶形花，少数为辐射对称。荚果，种子多无胚乳；子叶肥大。

本科资源约550属，13000余种，分布于全世界，中国产120属，1200余种。通常分为3亚科，但有的分类学家将亚科提为科。

(一) 含羞草亚科 *Mimosoideae*

乔木或灌木，稀为藤本或草本。二回稀一回羽状复叶，或叶片退化为叶状柄或鳞片状，叶轴或叶柄上常有腺体；具托叶或为刺状或无。花小，两性，辐射对称，或头状、穗状或总状花序，或再组成复花序；萼连合，管状，齿裂，裂片镊合状稀覆瓦状排列；花瓣与萼齿同数，镊合状排列，分离或合生成短管；雄蕊5～10枚或多数，分离或合生成束，花药小，2室纵裂，顶端常具腺体，花丝细长；单心皮雌蕊，子房上位，1室，边缘胎座，花柱细长，柱头小。荚果，不裂或开裂，种子有少量胚乳或无胚乳。

本亚科共56属，约2800种，分布于热带、亚热带地区，少数至温带地区。我国8属，44种，引入栽培10余属，30余种，主产华南和西南。

合欢属 *Albizzia* Durazz.

落叶乔木或灌木，通常无刺。2回羽状复叶，互生，叶总柄下有腺体；羽片及小叶均对生；全缘，近无柄；中脉常偏向一边。头状或穗状花序，花序柄细长；萼筒状，端5裂；花冠小，5裂，深达中部以上；雄蕊多数，花丝细长，基部合生。荚果呈带状，成熟后宿存枝梢，通常不开裂。种子卵形或圆形，扁平，具马蹄形痕。

本属资源约50种，产亚洲、非洲及大洋洲的热带和亚热带。我国产13种。

(1) 合欢 *A. julibrissin* Durazz.

【形态特征】 合欢（图116）为乔木，高达16m，树冠扁圆形，常呈伞状，干皮灰褐色，小枝无毛。2回偶数羽状复叶，复叶具羽片4～12（20）对，各羽片具小叶10～30对，小叶镰刀状长圆形，先端尖，中脉明显偏向

图116 合欢

一边，叶中脉处有毛，夜合昼展。花序头状排成伞房状，花丝粉红色，细长如绒缨。荚果扁条形，黄褐色；种子扁平。花期6～7月，果熟期9～10月。

【产地与分布】 分布于我国黄河至珠江流域。辽宁南部有栽培。

【生态习性】 喜光，忌暴晒，否则干易开裂。耐寒性略差，喜生于较温暖的地区，对土壤要求不严，干旱、瘠薄的沙质土都可以。耐涝性较差。生长迅速，枝条开展，树冠常偏斜，分枝点较低。

【繁殖方式】 用播种法繁殖。

【园林应用】 形态造景：树形美观，叶形雅致，盛夏绒花满树，有色有香，宜作庭荫树、园景树、行道树，植于林缘、房前、草坪、山坡等地。是北方地区观花乔木。行孤植观赏，景观效果最美，如植于草坪上，形成疏林草坪景观。

图 117 山合欢

生态造景：喜光，忌暴晒，配植于阳光充足之处，抗旱耐贫瘠，可在旱地贫地绿化。由于良好的生态适应性，城市绿化中可以作为行道树、广场绿化树种，形成优美的植物景观。

(2) 山合欢 *Albizia kalkora* (Roxb) Prain

【形态特征】 山合欢（图 117）为落叶乔木，高达15m；树冠开展，树皮灰褐色至黑褐色。二回羽状复叶，羽片2～4（6）对，小叶5～14（16）对。小叶长圆形，长1.5～5cm，中脉偏斜，但不贴近内侧缘，幼时两面生出短柔毛；叶柄上的腺体被毛。头状花序多数排成顶生的伞房状或2～3个侧生于叶腋；花黄白色或粉红色，花萼及花冠外均密被毛，花梗长1.5～3mm。荚果带状，长7～18cm，宽1.5～2.5(3)cm，果柄长0.8～1.5cm，具5～13枚种子。花期7月，果期9～10月。

【产地与分布】 分布于我国华北、华东、华中、华南、西南广大地区，朝鲜、日本也有。

其余方面和用途可参考合欢。

(二) 云实亚科 *Caesalpinioideae*

乔木、灌木或藤本，稀草本。一回或二回羽状复叶，稀单叶，互生，托叶早落或无托叶。花两性，稀单性或杂性异株；花不整齐，稀近整齐；萼片5枚，分离或上方2枚合生，覆瓦状排列，稀镊合状；花瓣5枚，稀更少无花瓣，近轴1枚位于最内面，其余覆瓦状排列；雄蕊10枚，稀较少或多数，通常分离，有时部分连合，花药2室，纵裂或孔裂，有时具花盘；单雌蕊，子房上位，1室，边缘胎座。荚果，开裂或不裂，种子无胚乳，稀有胚乳。

本亚科共156属，约2800种，广布于热带、亚热带地区。我国18属，约120种，主产于华南与西南。

1. 紫荆属 *Cercis* L.

落叶乔木或灌木。芽叠生。单叶互生，全缘；叶脉掌状，托叶小。花两性，簇生或成总状花序，常先叶开放；花萼5片，齿裂，红色；花冠假蝶形，上部1瓣较小，下部2瓣较大；雄蕊10枚，花丝分离；子房具柄。荚果扁带形；种子扁形。

本属资源约10余种，产北美、东亚及南欧；中国有7种。

紫荆 *C. chinensis* Bunge

【形态特征】 紫荆（图 118）为落叶灌木或小乔木，高达 2～4m。单叶互生，叶近圆形，全缘，两面无毛，掌状脉，叶顶端膨大。花紫红色，4～10 朵簇生于老枝叶腋，花冠假蝶形。荚果，沿腹缝线有窄翅。先花后叶，花期 4～5 月，果熟期 10 月。

【产地与分布】 我国辽宁南部以南有分布。

【生态特征】 喜光，耐寒，喜湿润、肥沃、排水良好的土壤，耐干旱瘠薄。萌蘖性强，耐修剪。

【繁殖方式】 播种、分株、扦插、压条繁殖。

【品种资源】

白花紫荆（f. *alba* P. S. Hsu）：花纯白色。上海、北京等地偶见栽培。

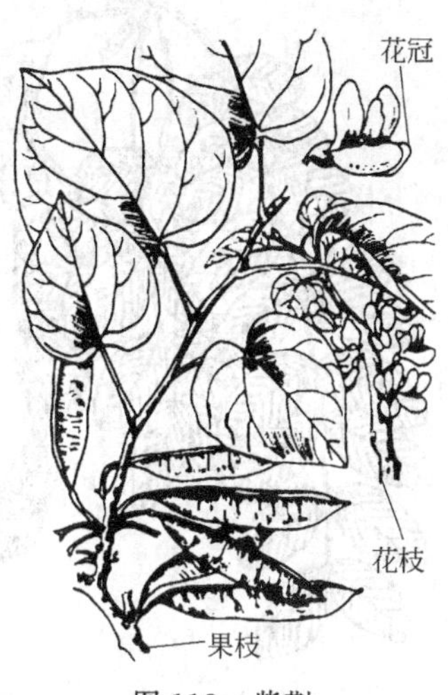

图 118　紫荆

【园林应用】 形态造景：早春观花，枝、干布满紫花，可作为观花乔木。叶片心形，圆整而有光泽，宜丛植于庭园、建筑物前及草坪边缘。因开花时，叶尚未发出，故宜以常绿树为背景，与松柏配植，先紫花后绿叶色彩颇为好看。

生态造景：喜光，注意配植于阳光充足之处。耐湿润，可作湿地绿化材料。耐修剪，萌蘖性强，叶形好看，可作造型树。耐干旱贫瘠，故可用于岩石园及街道的绿化，萌蘖性强、因抗氯气及滞尘能力强，也常用于工矿区绿化。

人文景观：紫荆俗称“满条红”，在园林中、庭院中种植象征兴旺发达。

2. 皂荚属　*Gleditsia* L.

落叶乔木，罕为灌木。树皮糙而不裂；干及枝上常具分歧之枝刺。枝无顶芽，侧芽叠生。1 回或兼有 2 回羽状复叶，互生，小叶全缘或有不规则的钝齿；托叶小，脱落。花杂性，近整齐，侧生总状花序或为侧生与顶生的圆锥花序；花绿白色；萼片、花瓣各为 3～5 枚，花瓣近相等，无爪，稍长于萼片，复瓦状排列。荚果长带状或较小，革质，扁平，通常大而不开裂或迟裂；种子卵形或压扁，着生于细长种柄上，并藏于果肉内；种子具角质胚乳。

本属资源约 13 种，产亚洲、美洲及热带非洲。中国产 10 种，分布很广。

(1) 皂荚（皂角）　*Gleditsia sinensis* Lam.

【形态特征】 皂荚（图 119）为落叶乔木，高达 15～30m，树冠扁球形。枝刺圆而有分歧。1 回羽状复叶，小叶 6～14 枚，卵形至卵状长椭圆形，叶端钝而具短尖头，叶缘有细钝锯齿，叶背网脉明显。总状花序腋生，杂性花，黄白色；萼片、花瓣各为 4 枚。荚果较肥厚，直而不扭转，黑棕色，被白粉。种子卵圆形，红棕色。花期 5～6 月；果 10 月成熟。

果　枝　刺枝

图 119　皂荚

【产地与分布】 自中国北部至南部以及西南均广泛分布。

【生态习性】 性喜光而稍耐阴，喜温暖湿润气候及深厚肥沃适当湿润土壤，但对土壤要求不严，在石灰质及盐碱性土壤甚至黏土或沙土上均能正常生长。生长速度较慢但寿命较长，可达六七百年。属深根性树种。播种后 7～8 年可开花结果。结实期长达数百年。

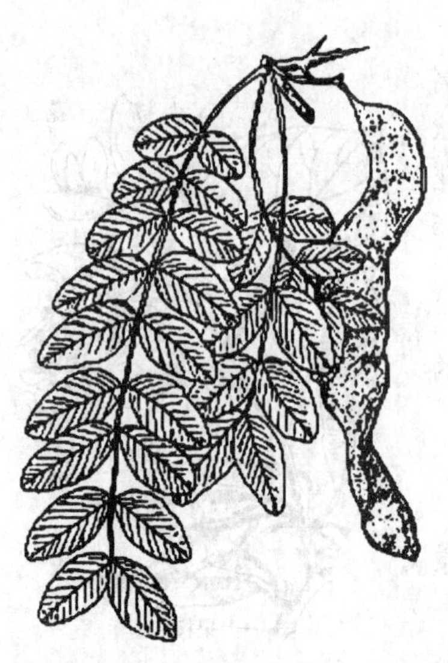
图 120　山皂荚

【繁殖方式】 用播种法繁殖。

【园林应用】 形态造景：树形优美，树冠广宽，叶密荫浓，宜作庭荫树及四旁绿化或造林用。干皮青绿色，有大型红色枝刺，观荚果冬不凋落，可形成优美的冬季景观。

生态造景：性喜光而稍耐荫，适于“四旁”绿化。适应性强，对土壤要求不严，在石灰质及盐碱性土壤甚至黏土或沙土上均能正常生长。可用于荒山造林。抗盐碱，可应用于盐碱地绿化。寿命较长，可形成持久的园林景观。由于良好的生态适应性，在近年的园林绿化中，尝试作为行道树和广场绿化树种。

(2) 山皂荚（日本皂荚） *Gleditsia japonica* Miq.

【形态特征】 山皂荚（图 120）为落叶乔木，高达 20～25cm。树皮黑灰色稍带褐色，幼树平滑，老时粗糙具分叉之扁刺；一年生小枝淡紫色，无毛，有光泽；冬芽黑褐色，极不显露，一半被覆在树皮之下。叶互生，1 回偶数羽状复叶，小叶 6～10 对，卵形至卵状披针形，疏生钝锯齿或近全缘；萌芽枝上常为 2 回羽状复叶。花杂性异株，雄花为穗状花序，花萼与花瓣与雄花相似，只雄蕊退化。荚果薄而扭曲或为镰刀状，暗赤褐色，无毛，有光泽；种子多数。花期 5～7 月；果 10～11 月成熟。

【产地与分布】 产于我国辽宁、河北、山东、江苏、安徽、陕西等省。朝鲜及日本亦有分布。

【生态习性】 性喜光，稍耐阴，耐旱，耐轻盐碱，适应性强，多生于山地林缘或沟谷旁，在酸性土及石灰质土壤上均可生长良好。

【繁殖方式】 播种繁殖。

【品种资源】 变种：

无刺山皂荚（var. *inermis*）：枝干无刺或近无刺。哈尔滨、沈阳等城市有栽培，尤宜作庭荫树及行道树。

【园林应用】 形态造景：树形优美，树冠广宽，叶密荫浓，宜作庭荫树及四旁绿化或造林用。干皮青绿色，有大型红色枝刺，观荚果冬不凋落，可形成优美的冬季景观。

生态造景：性喜光而稍耐阴，适于“四旁”绿化。适应性强，对土壤要求不严，在石灰质及盐碱性土壤甚至黏土或砂土上均能正常生长。可用于荒山造林。抗盐碱，可应用于盐碱地绿化。在苏北沿海的轻盐碱土上可以用来营造海防林，亦可截干使其萌生成灌木状作刺篱用。寿命较长，可形成持久的园林景观。由于良好的生态适应性，在近年的园林绿化中，尝试作为行道树和广场绿化树种。

(三) 蝶形花亚科 *Papilionoideae*

乔木、灌木或草本，直立或为藤本。复叶或单叶，互生，稀对生或轮生，有托叶，稀无托叶。花常两性，两侧对称；花序各式；萼筒状，5（4）齿裂；蝶形花冠，花瓣 5 枚，覆瓦状排列，近轴 1 枚在外，名旗瓣，两侧 2 枚多少平行，名翼瓣，远轴 2 枚在内，通常下侧边缘多少合生，名龙骨瓣，稀无花瓣或仅具旗瓣，其余退化；雄蕊 10（9）枚，单体、二体或全部分离；单雌蕊，子房上位，1 室，边缘胎座。荚果，开裂或不开裂。种子无胚乳或有少量胚乳。

本亚科共482属，约12000种，广布于全球，我国共119属，1100余种，其中木本植物约57属，1100种。本科植物与农林学科有密切关系。植物根部常有根瘤菌共生，可改良土壤作绿肥，很多可供园林绿化观赏，有些种类供药用或生产纤维、染料、树脂、树胶等工业原料。

1. 香槐属 *Cladrastis* Raf.

落叶乔木或灌木，叶柄下芽，无顶芽。奇数羽状复叶，小叶互生，全缘，有或无托叶和小托叶。圆锥花序顶生或腋生，通常下垂；无苞片和小苞片；花萼钟状，5齿裂，上方2齿近合生，花冠白色，稀淡红色，旗瓣宽倒卵形，有2耳，龙骨瓣背部分离成覆瓦状；雄蕊10枚，分离，子房具短柄，有多数胚珠。荚果薄革质，扁平，两缝线有翅或无翅，成熟时开裂。种子长圆形，扁平，无种阜，胚根内弯。

本属共12种，分布于东亚和北美。我国5种，分布于西南部、东南部至东部。

图121　香槐
1—枝；2—旗瓣；3—雄蕊；4，7—翼瓣；5—龙骨瓣；6—花

香槐　*Cladrastis wilsonii* Takeda

【形态特征】 香槐（图121）为落叶乔木，高达16m，树皮灰至灰黄色。幼枝灰绿色，二年生枝红褐色，均无毛；叶柄下芽，叠生，被黄棕色卷曲柔毛。小叶9～11枚，小叶互生；无托叶和小托叶；小叶片膜质，长椭圆形或长圆状卵形，长8～12cm，宽3～5cm，先端急尖，上面深绿色，无毛，下面灰白色。圆锥花序顶生或腋生，长12～18cm，总花梗和花梗初被浅褐色短毛，后渐脱落；花长1.5～2cm；萼钟状，长5～6mm，密被浅褐色短毛；花冠白色，芳香，翼瓣龙骨瓣先端略带粉红色，各瓣近等长。荚果带状，长3～8cm，宽7～9mm，扁平，无翅，被黄褐色短毛，熟时渐疏。种子青灰色，肾形，长约3mm，扁平，光滑。花期6～7月，果期9～10月。

【产地与分布】 分布于我国陕西、安徽、浙江、江西、河南、湖北、湖南、四川、贵州。

【生态习性】 阳性偏中性树种，喜空气湿度较大的环境，在空气过分干燥的环境中易提前落叶和枯枝。生长速度中等偏快，是亚热带酸土树种。

【繁殖方式】 种子繁殖。

【园林应用】 形态造景：香槐枝叶扶疏，花多洁白，气味芳香，是一种有较高开发价值的观花树种，可作庭荫树、园景树或行道树。更适于在香花园、夜花园中应用造景。

生态造景：喜空气湿度较大的环境，与其他树种混种较为合适。抗风和耐湿均较差，在立地条件选择时应注意。

2. 马鞍树属 *Maackia* Rupr. et Maxim

落叶乔木或灌木。鳞芽单生。奇数羽状复叶，互生，无托叶；小叶对生。总状花序顶生，萼筒钟状，4～5浅齿；花冠蝶形，旗瓣倒卵形，翼瓣斜长椭圆形，龙骨瓣稍弯曲，背部略合生；雄蕊10枚，离生，但基部联合。荚果扁平，长椭圆形至线形，开裂；种子1～5粒。

本属资源约11种，产于亚洲东北部。我国产7种。

山槐（怀槐、朝鲜槐）*M. amurensis* Rupr. et Maxim

图 122　山槐

【形态特征】山槐（图 122）为落叶乔木，高达 15m，树冠卵圆形，干皮淡绿褐色，薄片状剥落；芽黑褐色，近扁卵形。奇数羽状复叶，互生，小叶对生，椭圆形，先端急尖或钝，基部圆形或宽楔形，全缘。总状花序，花密生；萼钟状，5 齿裂，密生红棕色柔毛；花冠蝶形，白色。荚果扁平椭圆形至长椭圆形，疏被短柔毛，沿腹缝线有狭翅。花期 6～7 月，果期 8～9 月。

【产地与分布】我国东北三省均有分布。

【生态习性】喜光，稍耐阴，耐寒，喜生于肥沃、湿润的土壤上，但在较干旱的山坡也能生长。萌芽力强。

【繁殖方式】用种子或萌芽更新。

【园林应用】形态造景：树形优美，树冠卵圆形，干皮淡绿褐色，花冠蝶形白色，荚果扁平椭圆形至长椭圆形，具有观赏性，且分枝点高，可用作行道树种，形成美丽街景。叶形优美，绿荫浓浓，花时秀丽，也可作为园景树、独赏树、观花观果树种。冠大荫浓，具有落叶性，也可作为庭荫树。可片植列植，营造风景林。

生态造景：山槐性喜光，稍耐阴，适于阳面绿化。耐寒，可用于北方地区园林绿化，丰富北方地区绿化树种。喜生于肥沃、湿润的土壤上，可用于湿地绿化。但在较干旱的山坡也能生长，能在干旱贫瘠地绿化，也是优良的固土护坡的绿化材料。

3. 槐属　*Sophora*

落叶乔木或灌木。叶互生，奇数羽状复叶，小叶对生或近对生，通常在 7 对以上；托叶小。花两性，总状或圆锥花序，顶生；花蝶形，萼片 5 齿裂；白色或黄色，间有青紫色，大部伸出萼外，长约为萼片的 2 倍，各瓣等长，旗瓣近圆形或匙形，基部截平，有爪，或为椭圆形或倒卵形，基部渐狭而具爪，翼瓣长椭圆形，具耳，龙骨瓣与翼瓣相似或略大，具爪。荚果圆筒形，在种子之间缢缩呈念珠状，不开裂；种子数目不等。

本属资源约 70 种，分布于亚洲及北美的温带、亚热带。我国产 21 种。

国槐　*S. japonica* L.

【形态特征】（图 123）乔木，高 25m，干皮暗灰色，皮孔明显，小枝绿色，无顶芽，侧芽为柄下芽，芽被青紫色毛。奇数羽状复叶互生，小叶卵形至卵状披针形，背面苍白色，被平伏毛。花浅黄绿色，圆锥花序顶生，花萼宽钟状，花冠蝶形，黄白色。荚果串珠状，肉质不裂。花期 5～7 月，果熟期 10 月。

【产地与分布】我国辽宁以南有分布。

【生态习性】喜光，略耐阴，喜干冷气候，但在高温多湿的华南也能生长；喜深厚、湿润、肥沃、排水良好的沙壤土。但在石灰性、酸性及轻盐碱土上均可正常生长；在干燥的山地及低洼积水处生长不良。抗有毒气体，寿命长，生长快，耐修剪。

【繁殖方式】用播种法繁殖。

【品种资源】

① 龙爪槐（var. *pendula* Loud.）：小枝弯曲下垂，树冠

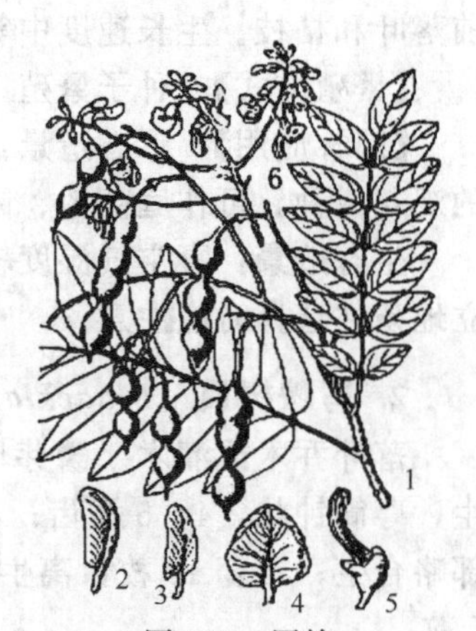

图 123　国槐

1—果枝；2—旗瓣；3—翼瓣
4—龙骨瓣；5—雄蕊；6—花

呈伞状。

② 紫花槐（var. *pubescens* Bosse.）：又叫堇花槐。叶背有蓝灰色丝状短柔毛，花的翼瓣和龙骨瓣常带紫色，花期最迟。

③ 五叶槐（var. *oligophylla* Franch.）：又称畸叶槐。小叶3～5枚簇生，顶生小叶常3裂，侧生小叶下部常有大裂片，叶背有毛。

④ 曲枝槐（var. *tortuosa*）：枝条扭曲。

⑤ 毛叶紫花槐（var. *pubescens* Bosse）：小枝、叶轴及叶背面密被软毛；花之翼瓣及龙骨瓣边缘带紫色。产华东、华中及西南地区；北京有栽培。

【园林应用】 形态造景：国槐树冠宽广，树形优美，枝叶繁茂，树冠圆形，芽被青紫色毛，分枝点高，管理粗放，病虫害少，可作为行道树。花浅黄绿色，圆锥花序，荚果念珠状，具有观赏性，故可作为观花观果树种、园景树、独赏树。冠大荫浓，可作为庭荫树。可片植营造风景林，也可点缀于草坪之上，做疏林草坪，形成优美的景观。

生态造景：性喜光，略耐阴，可作为阳面绿化材料，喜干冷气候，故在北方地区可生长。喜深厚、湿润、肥沃、排水良好的沙壤土。故可用于湿地绿化。耐轻盐碱，可用于轻度盐碱地绿化。抗烟尘及有害气体，可在工矿区绿化。寿命长，生长快，可快速形成优美的景观，且景观持续时间长。耐修剪。可作造型树。

4. 锦鸡儿属 *Caragana* Lam.

落叶灌木，极少有小乔木；冬芽卵球形，鳞片数枚。偶数羽状复叶，在长枝上互生，短枝上簇生，托叶脱落或宿存，并硬化成针刺；小叶全缘，无小托叶；叶轴端呈刺状，脱落或宿存硬化成木质针刺。花黄色，稀白色或粉红色，单生或簇生，花梗具关节；苞片1或2片，着生在关节处，常退化为刚毛状或缺；萼片呈筒状或钟状，萼齿5枚，近相等，或上方二齿通常较小；花冠蝶形，具蜜腺，旗瓣倒卵形或近圆形，直立而向外伸展，两侧向外反卷，基部具爪，翼瓣有长爪，龙骨瓣直出。荚果细圆筒形或稍扁，先端尖，有种子数粒，种子偏斜椭圆形或近球形，无种阜。

本属资源约60种，产亚洲东部及中部；中国约产50种，主要分布于黄河流域。

(1) 锦鸡儿 *Caragana sinica* Rehd.

【形态特征】 锦鸡儿（图124）为灌木，高达1.5m。枝细长，开展，有角棱。长枝上的托叶及叶轴硬化成针刺。偶数羽状复叶互生，小叶4枚，成远离的2对，倒卵形，叶端圆而微凹，基部楔形。花单性，红黄色，花梗中部有关节；旗瓣狭倒卵形，翼瓣稍长于旗瓣。荚果长3～3.5cm。花期4～5月。果期8～9月。

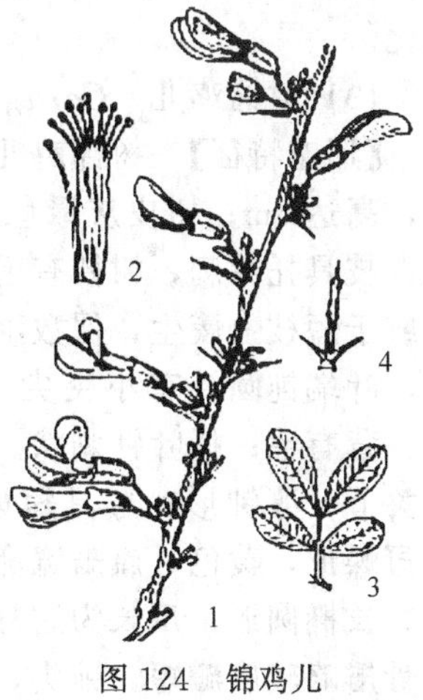

图124 锦鸡儿

1—花枝；2—花；3—叶；4—芽

【产地与分布】 主要产于中国北部及中部，西南也有分布。日本园林中有栽培。

【生态习性】 性喜光，耐寒，适应性强，不择土壤又能耐干旱瘠薄，能生于岩石缝隙中。

【繁殖方式】 播种法繁殖，可用分株、压条、根插法繁殖。

【园林应用】 形态造景：树形秀美，叶色鲜绿，花冠蝶形红黄色，荚果，都极具观赏性，是良好的观花观果树种，可作缀花草坪树种。由于黄色花朵，可丰富园林植物景观色彩且极具观赏性，故可作花灌木，也可用于林缘，丰富园林景观层次。也可以片植，营造风景林。还可作专类园用。

生态造景：耐寒，可用于东北地区园林绿化，丰富东北地区园林绿化资源，同时又不择土壤又能耐干旱瘠薄，故可应用于岩石园，或应用于贫地旱地绿化，在园林中常可植于岩石旁，小路边。亦耐修剪，可作造型树，也可作盆景材料。又是良好的蜜源植物及水土保持材料。也适于盐碱地绿化和污染地绿化。

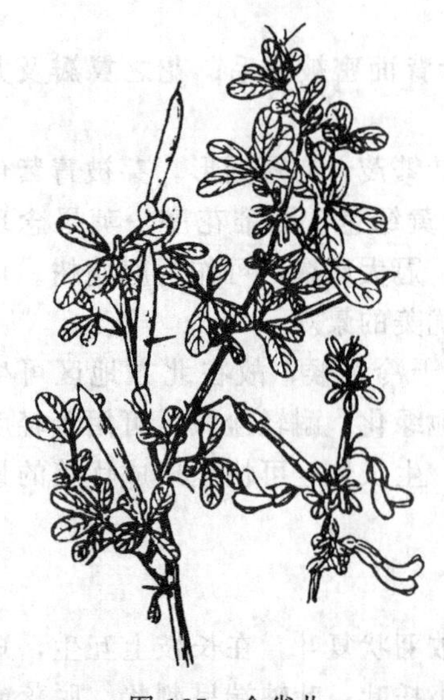

图 125　金雀儿

(2) 金雀儿（红花锦鸡儿）*Caragana rosea* Turcz.

【形态特征】 金雀儿（图 125）为灌木，高达 1m。枝直生，小枝细长，有棱；长枝上托叶刺宿存，叶轴刺脱落或宿存。羽状复叶互生，小叶 2 对簇生，长圆状倒卵形，先端钝圆而具小尖头，基部圆形，幼时两面有毛，后脱落，叶轴端成短针刺；托叶有细刺。花总梗单生，中部有关节；花梗较萼长 2 倍以上，常 2～5 朵簇生；花冠黄色，龙骨瓣玫瑰红色，谢后变红色。荚果筒状。花期 5～6 月，果期 8 月。

【产地与分布】 产于中国河北、山东、江苏、浙江、甘肃、陕西等省。俄罗斯西伯利亚亦有分布。

【生态习性】 性喜光、很耐寒、耐旱燥瘠薄土地。

【繁殖方式】 可用播种法繁殖。

【园林应用】 形态造景：树形秀美，叶色鲜绿，花先为黄色后变红色，可丰富园林植物色彩景观，果为荚果，都极具观赏性，是良好的观花观果树种，可用于缀花草坪，用于美化庭园。也可用于林缘，丰富园林景观层次。也可作专类园用。

生态造景：金雀儿性喜光，可用于阳面区绿化。很耐寒，可用于东北地区园林绿化，丰富园林绿化资源。能耐干旱瘠薄土壤，可应用于岩石园，或应用于贫地、旱地绿化，在园林中常可植于岩石旁，小路边。耐修剪，可作造型树，也可作盆景材料。又是良好的蜜源植物及水土保持材料。本种易生吸枝可自行繁衍成片。营造风景林。也适于盐碱地绿化和污染地绿化。

(3) 树锦鸡儿　*Caragana arborescens* Lam.

【形态特征】 树锦鸡儿（图 126）为直立大型灌木或小乔木，高达 6m；树皮灰绿色，不规则剥裂；小枝暗绿褐色，有棱，枝具托叶刺，树枝有毛；冬芽卵形，暗褐色，有毛。叶互生或于短枝上簇生，偶数羽状复叶，小叶倒卵形至椭圆状长圆形，叶端钝圆，有小突尖，基部圆形或宽楔形，全缘，幼时表、背有毛；托叶针刺状。花簇生，黄色，花梗被柔毛，上部有关节；萼钟形，萼具短齿，5 齿裂，裂齿不整齐，有白毛；花冠蝶形，黄色，旗瓣宽卵形，钝头，具短爪，翼瓣较旗瓣稍长，长椭圆形，爪长为瓣片的 3/4，耳矩状，长约为爪的 1/3，龙骨瓣略较旗瓣短，钝头，爪较瓣片稍短，耳部宽三角形。荚果扁圆柱形，先端尖，栗褐色至赤褐色；种子数颗，扁椭圆形，栗褐色至紫褐色，有光泽。花期 5 月，果期 7 月。

图 126　树锦鸡儿

1—枝；2—花

【产地与分布】 产于中国东北及山东、河北、陕西省。俄罗斯西伯利亚亦有分布。

【生态习性】 性喜光、强健、耐寒，抗旱耐贫瘠，抗盐碱，少病虫害，萌蘖力强。

【繁殖方式】 用种子繁殖。

【品种资源】 有垂枝‘*Pendula*’、矮生‘*Nana*’等栽培变种。

【园林应用】 形态造景：树锦鸡儿树形秀美，叶色鲜绿，春花黄色，荚果，可用作观花灌木，具有很高的观赏性，可作为园景树，用于庭园的美化，是不可多得的黄花色系植物，可丰富园林植物色彩景观，形成优美的景观效果。作为花灌木，可用于缀花草坪，也可植于林缘，丰富园林景观层次。也可以片植，营造风景林。还可作专类园用。

生态造景：树锦鸡儿性喜光，可用于阳面绿化。耐干旱贫瘠，可应用于岩石园，或点缀山石，或是应用于贫地、旱地、沙化地、荒山进行绿化。耐寒，是东北地区绿化的主要树种，丰富东北地区绿化资源。亦抗盐碱，可在盐碱地绿化。萌蘖力强，耐修剪，可作绿篱，也可作造型树。可作为水土保持材料，用于水土保持，固土护坡。可以营造风景林。也适于污染地绿化。

(4) 松东锦鸡儿　C. *ussuriensis* Pojark in Fl. URSS

【形态特征】 松东锦鸡（图 127）儿落叶小灌木，高 1.5～2m，干皮暗灰色，片状裂；小枝褐色，有纵棱；芽赤褐色，扁卵形，无毛。叶互生或在短枝上簇生，羽状复叶，小叶近革质，长椭圆状倒卵形，先端截形或圆形微凹，有短细尖，基部楔形，全缘无毛，或有时下面微有柔毛；托叶硬化成针刺。花单生或少有 2～3 朵并生；花梗中部或中部以上有关节，无毛；萼钟形，花冠蝶形，鲜黄色，旗瓣倒卵状长圆形，先端微凹，翼瓣呈狭长椭圆形，先端钝，龙骨瓣略尖。荚果扁线形，先端渐尖。花期 6～7 月，果期 8～9 月。

【产地与分布】 黑龙江省各地均有分布。俄罗斯、日本也有分布。

【生态习性】 喜光，耐寒，耐干旱贫瘠，常生于山坡、路边或林缘附近。

【繁殖方式】 种子繁殖。

【园林应用】 形态造景：树形秀美，叶色鲜绿，春花鲜黄色，荚果扁线形，具有观赏价值，可作为观花观果灌木，用于庭园的美化，是不可多得的黄花色系植物，可丰富园林植物景观色彩，形成优美的景观效果。也可作专类园用。作为花灌木，可用于缀花草坪，也可植于林缘，丰富园林景观层次。也可以片植，营造风景林。

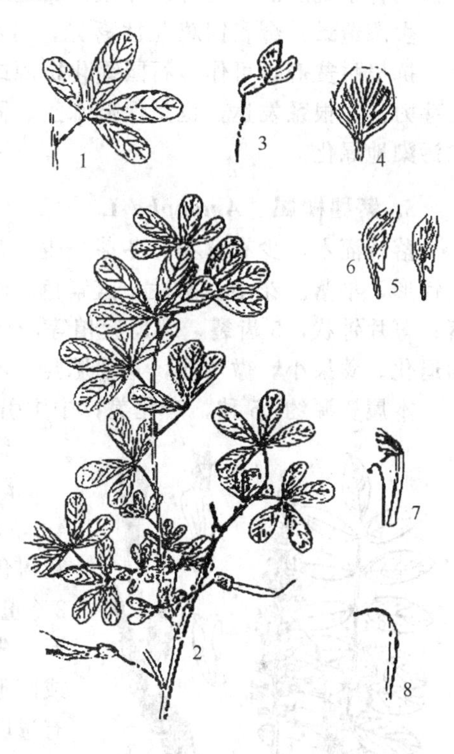

图 127　1. 松东锦鸡儿；2～8. 金雀锦鸡儿
1—偶数羽状复叶；2—果枝；3—花；
4—旗瓣；5—翼瓣；6—龙骨瓣；
7—雄蕊；8—雌蕊

生态造景：松东锦鸡儿喜光，可用于阳面区绿化，耐寒，适于东北地区园林绿化。耐干旱贫瘠，应用于岩石园和点缀山石。或是应用于贫地、旱地、沙化地、荒山绿化。常生于山坡、路边或林缘附近。抗盐碱，可在盐碱地绿化。萌蘖力强，耐修剪，可作造型树。也是固沙保土的优良树种。

(5) 金雀锦鸡儿　*C. rosea* Turcz

【形态特征】 金雀锦鸡儿（图 127）为落叶小灌木，高 0.5～2m，分枝密。干皮暗灰色，黄灰色或稍带绿色。小枝无毛，有细棱，幼时黄褐色或黄白色，2～3年生枝栗褐色或灰褐色；冬芽略呈扁卵形，褐色。叶互生或在短枝上簇生，掌状，小叶倒卵形至长倒卵状楔形，先端截形或圆形，微凹，有细尖，基部楔形，全缘，无毛或有时稍有柔毛；托叶2片，狭三角形，有时逐渐硬化变成刺状。花单生于短枝上，少有2～3朵并生；花梗上部有关节；萼钟形，无毛，基部稍歪斜，先端5裂，花冠鲜黄色，旗瓣圆形至宽倒卵形，翼瓣向上渐宽，龙骨瓣先端钝圆。荚果圆筒形，近扁平，暗赤褐色。花期5～6月，果期7～8月。

【产地与分布】 我国东北三省均有栽培。

【生态习性】 喜光，耐寒，耐干旱，耐贫瘠土壤。萌芽力强，根系发达。耐盐碱，抗烟尘。

【繁殖方式】 种子、分根繁殖。

【园林应用】 形态造景：树形优美，叶形优美，花鲜黄色。冬芽褐色，荚果圆筒形且果实被白粉，可观花观果，宜用于美化庭园。作为花灌木，可用于缀花草坪，也可植于林缘，丰富园林景观层次。也可以片植，营造风景林。还可作专类园用。

生态造景：金雀锦鸡儿性喜光，可在阳面区进行绿化。耐寒，可用于东北地区园林绿化。抗旱耐贫瘠，可作岩石园绿化资源或是作为盆景树供观赏。耐修剪，有作造型树应用。萌芽力强，根系发达，也是保持水土、固沙保土的优良材料。耐盐碱，抗烟尘，可在盐碱地和污染地绿化。

5. 紫穗槐属　*Amorpha* L.

落叶灌木，少有草本；冬芽叠生。奇数羽状复叶，互生，小叶对生或近对生，全缘；托叶针形，早落。花小，两性，蓝紫色、暗紫色或白色；总状花序顶生，直立；苞片钻形，早落；萼片钟状，5齿裂，裂齿近相等，具油腺点；花冠突出，旗瓣包被雄蕊，翼瓣及龙骨瓣均退化。荚果小，微弯曲，具油腺点，不开裂，内含1粒种子，种子有光泽。

本属资源约15种，产北美；中国引入栽培1种。

紫穗槐　*A. fruticosa* Linn

【形态特征】 紫穗槐（图128）为落叶灌木，高1～4m，从生。干皮暗灰色，平滑；枝叶繁密，直伸；小枝灰褐色，有凸起锈色皮孔，幼时密被柔毛；侧芽很小，常2个叠生。奇数羽状复叶，互生，小叶狭椭圆形到椭圆形，先端圆形、钝尖或微凹，有一短弯细尖，基部宽楔形或圆形，全缘，上面无毛或微有柔毛，下面有短毛，叶内有透明油腺点。总状花序顶生或在枝端腋生，深紫红色，花轴密生短柔毛；萼钟形，疏生柔毛或近无毛，裂齿较萼筒为短，常具油腺点；旗瓣蓝紫色，圆倒卵形，翼瓣、龙骨瓣均退化。荚果弯曲，短小，棕褐色，密被瘤状腺点，不开裂，内含1粒种子。花期5～6月，果期9～10月。

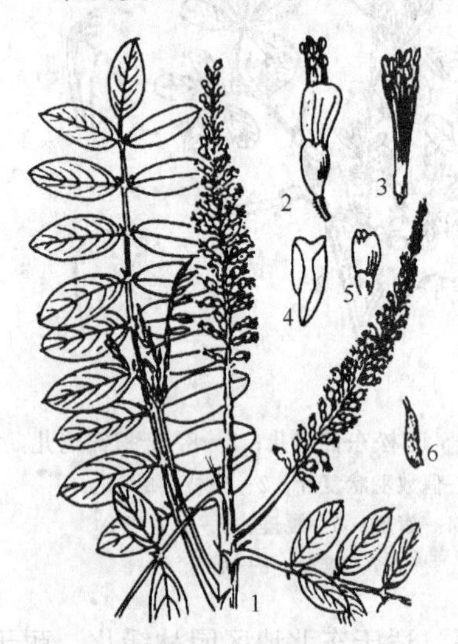

图128　紫穗槐
1—花枝；2—花；3—雄蕊；
4—花瓣；5—花苞；6—果实

【产地与分布】 产北美洲温带。我国各地普遍栽培。

【生态习性】 喜光，对光线要求充足，适应性强，耐旱能力很强，耐一定程度水淹，浸水1个月也不会死亡。耐贫瘠，耐盐碱，耐寒力强。喜干冷气候。生长迅速，萌芽力强，侧根发达。

【繁殖方式】 用种子、分根繁殖。

【园林应用】 形态造景：树形丛生秀美，可作为观花树种，故在园林中可作花灌木。

生态造景：枝叶繁茂，耐修剪，常作绿篱。耐干旱，耐盐碱，根部可改良土壤，故又可用作水土保持，公路绿化护坡固沙，被覆地面和盐碱地绿化。枝叶对烟尘有较强的抗性，可在工业区绿化用。常作防护林带的下木用。又常作荒山、荒地、低湿地、沙地、河岸、坡地的绿化用。耐一定程度水淹，可在湿地绿化。由于良好的生态适应性，园林绿化中应提倡应用。

6. 刺槐属 *Robinia* L.

落叶乔木或灌木。柄下芽，无芽鳞。奇数羽状复叶，小叶对生，全缘，托叶变为刺。总状花序下垂，腋生，萼片钟状，5 齿裂，花冠白色、粉红色或淡紫色，雄蕊 2 体。荚果扁平开裂。

本属资源共约 20 种，产北美及墨西哥。我国引入 2 种。

(1) 刺槐 *R. pseudoacacia* L.

【形态特征】 刺槐（图 129）为落叶乔木，高 10～25m。树冠椭圆状倒卵形，干皮灰褐色，纵裂，枝条具托叶刺，冬芽藏于叶痕内。奇数羽状复叶，小叶椭圆形，全缘，先端微凹端有小刺尖。蝶形花冠，白色，芳香，总状花序腋生，下垂。荚果扁平，种子肾形。花期 5 月，果熟期 10～11 月。

【产地与分布】 原产于北美，我国各地均有栽培。

【生态习性】 强阳性树种，不耐阴。幼苗也不耐荫。喜凉爽干燥气候，具有一定的抗旱性，但不耐涝。对土壤要求不严，浅根性，萌蘖力强，有根瘤。抗烟尘，具有一定抗盐碱能力。

【繁殖方式】 用播种、分蘖、根插等法。

【品种资源】

① 无刺槐（f. *intermis* Rehd.）：树冠开阔，树形帚状，枝条无托叶刺。宜作行道树用。

② 红花刺槐（f. *decaisneana* Voss.）：花粉红色或红色。

③ 球槐（f. *umbraculifera* Rehd.）：树冠球状至卵形，小乔木，分枝细密，近无刺，树冠紧密，不开花或开花极少。宜作庭园观赏树。

④ 粉花刺槐：花略呈粉色。

另外还有细皮刺槐、疣皮刺槐、箭杆刺槐等栽培品种。

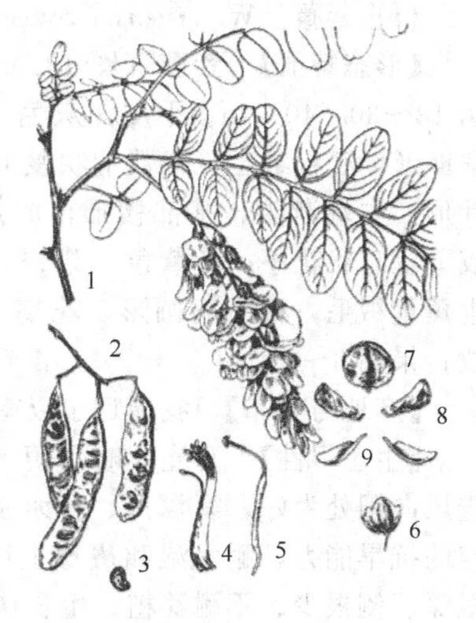

图 129 刺槐

1—花枝；2—荚果；3—种子；4—雄蕊；5—雌蕊；6—花；7—龙骨瓣；8—旗瓣；9—翼瓣

【园林应用】 形态造景：树形优美，树冠椭圆状倒卵形，蝶形花冠，白色，芳香，对城市环境适应性强，是优良的行道树种。冠大荫浓，又可作庭荫树，园景树。

生态造景：对土壤要求不严，抗旱，可作旱地贫地绿化树种和四旁绿化树种。抗盐碱，可在盐碱地绿化。抗性强，速生，可作造林树种，或荒山荒地绿化先锋树种。抗烟尘，适应性强，可作工矿区绿化树种。

(2) 毛刺槐（江南槐）*Robinia hispida* Linn.

【形态特征】 毛刺槐（图 130）为灌木，高可达 5m。花序梗及花梗均密被红色刺毛。托叶不为刺状。小叶 7～13 枚，小叶片卵形或卵状长圆形，先端钝而有小尖头，老叶两面无

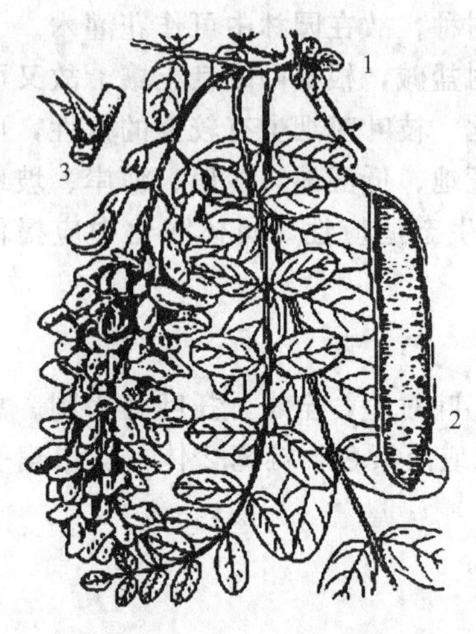

图 130 毛刺槐
1—花枝；2—荚果；3—花梗

毛，有小叶柄。总状花序腋生，具 3～7 花；花萼杯状，浅裂，外被刺毛及柔毛；花冠玫瑰红色及淡紫色。荚果革质，线状长圆形，长 5～8cm，宽 1.2～1.5cm，被红色硬刺毛。通常不结果。

它与刺槐的主要区别在于：小枝、花梗密被红色刺毛；花冠玫瑰红色或淡紫色；荚果被红色硬刺毛。

【产地与分布】 原产于北美。我国栽培范围同刺槐，但远不及刺槐普遍。

其余内容可参考刺槐。

7. 紫藤属　*Wistaria* Nutt.

落叶藤本。奇数羽状复叶，小叶互生，具小托叶。总状花序下垂，萼片钟形，5 齿裂，花冠白色、淡紫色或青紫色，花冠蝶形，旗瓣大而反卷，翼瓣镰状，基具耳垂，龙骨瓣端钝；雄蕊 2 体。荚果扁长，具数种子，种子间常略紧缩。

本属资源约 10 种，分布于东亚、北美和大洋洲。我国产 5 种。

(1) 紫藤　W. *sinensis* Sweet

【形态特征】 紫藤（图 131）为落叶缠绕大型藤本，长可达 18～30（40）m。干皮深灰色，不裂，茎枝为左旋性；冬芽扁卵形，密被绒毛。奇数羽状复叶，小叶卵状长圆形至卵状披针形，先端渐尖，基部楔形，成熟叶无毛或近无毛。花蝶形，成下垂总状花序，蓝紫色，芳香；荚果肉质，长条形，表面密生黄色绒毛，种子扁圆形。花期 4～5 月，叶前或与叶同时开放；果期 8～9 月。

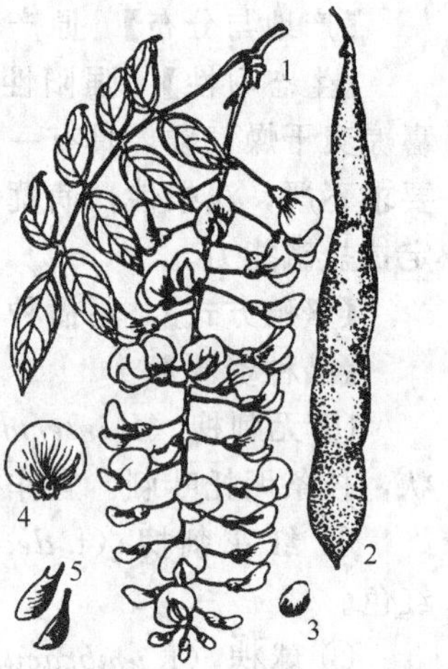

【产地与分布】 我国辽宁以南均有分布。

【生态习性】 喜光，略耐荫，较耐寒，但在北方仍以植于避风向阳处为好，喜深厚、排水良好、肥沃的疏松土壤，有一定的抗旱能力，耐水湿和瘠薄土壤，对城市环境适应性强。主根深、侧根少、不耐移植；生长快，寿命长。

图 131 紫藤
1—花枝；2—荚果；3—种子；4—旗瓣；5—翼瓣

【繁殖方式】 播种、压条、扦插、嫁接、分株繁殖。

【品种资源】

① 银藤（var. *alba* Lindl.）：又叫白花紫藤。花白色，耐寒性较差。

② 粉花紫藤（var. *rosea*）：花粉红至玫瑰粉红色。

③ 重瓣紫藤（var. *plena*）：花堇紫色，重瓣。

④ 重瓣白花紫藤（var. alba Plena）：花白色，重瓣。

⑤‘乌龙藤’（var. *black Dragon*）：花暗紫色，重瓣。

⑥ 丰花紫藤（var. *prolific*）：开花丰盛，花序长而尖。在荷兰选育成，现在欧洲广泛栽培。

【园林应用】 形态造景：属藤本植物，枝叶繁茂，花蓝紫色，大而美丽，具香气，是垂直绿化的良好资源，可用于花架、花廊绿化，绿化效果美观，色彩素雅朴素，也可用作香花园、夜花园树种。还可以观赏其悬垂肉质的荚果。

生态造景：喜光，略耐阴，可用于阴面绿化。耐水湿，可用于湿地绿化。制成盆景或盆栽可供室内装饰。有一定的抗旱能力，对城市环境适应性强。可广泛用于城市绿化，寿命长，能形成持久的景观。

(2) 多花紫藤 *Wisteria floribunda* DC.

【形态特征】 多花紫藤（图 132）为形态上与紫藤相近，主要区别在于：小叶 13～19 枚，总状花序长 30～90cm，花梗长 2～2.5cm，花序多发自去年生小枝腋芽处；花常与叶同放。据研究，紫藤茎为左旋性，多花紫藤为右旋性。

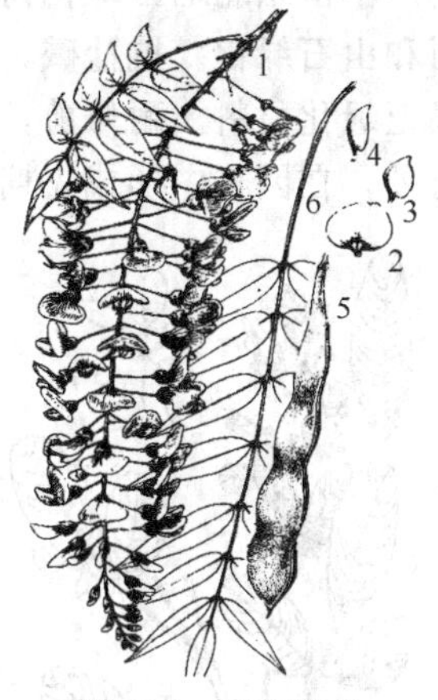

图 132 多花紫藤

1—花枝；2—旗瓣；3—翼瓣 4—果瓣；5—荚果；6—复叶

【产地与分布】 原产于日本，我国华北、华中及华东地区有栽培。

其余方面与紫藤相似，只是因其花叶同放，观花效果不及紫藤。

8. 胡枝子属 *Lespedeza* Michx

落叶灌木、半灌木或多年生草本；冬芽并生。羽状复叶具 3 小叶，互生，小叶全缘，先端有小刺尖；托叶宿存，无小托叶。总状花序或头状花序，腋生；花形小，常 2 朵生于一宿存苞片内；花冠有或无，紫色至红色或白色至黄色，花梗无节；花萼 4～5 裂，裂片披针形至线形；花冠超出花萼，花瓣有爪，旗瓣倒卵形至长圆形，翼瓣长圆形，龙骨瓣钝头，内弯。荚果短小，卵形至椭圆形，扁平，含 1 粒种子，不开裂。

本属资源约 90 种，产北美、亚洲和澳洲。中国产 65 种，分布极广。

(1) 胡枝子（二色胡枝子、随军茶） *Lespedeza bicolor* Turcaz.

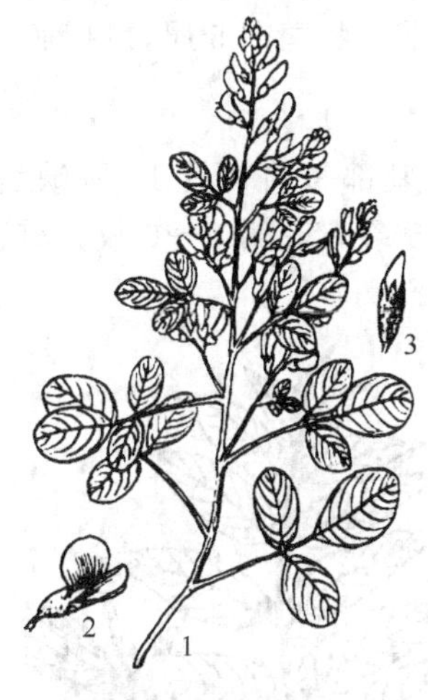

图 133 胡枝子

1—花枝；2—花瓣；3—花

【形态特征】 胡枝子（图 133）为灌木，高达 3m，分枝细长而多，常拱垂，有棱脊，微有平伏毛；芽卵形，鳞片数枚，黄褐色。小叶卵形至卵状椭圆形或倒卵形，叶端钝圆或微凹，有小尖头，叶基圆形；叶表疏生平伏毛，叶背灰绿色，毛略密；具长柄；托叶线状披针形，2 枚。总状花序腋生，较复叶长，全部成为顶生圆锥花序；花梗被密毛；小苞片卵形，先端钝圆或稍尖，黄褐绿色，被短柔毛；花萼 4 裂，密被灰白色平伏毛，萼齿不长于萼筒；花紫色，旗瓣与龙骨瓣等长或有时稍短，倒卵形，先端微凹，翼瓣较短，近长圆形，龙骨瓣先端钝，荚果斜卵形，扁平，表面具网脉，有柔毛。花期 7～8 月；果 9～10 月成熟。

【产地与分布】 产于东北、内蒙古及河北、山西、陕西、河南等省。朝鲜、俄罗斯、日本亦有分布。

【生态习性】 性喜光，亦稍耐阴，强健耐寒、耐旱、耐瘠薄土壤，但喜肥沃土壤和湿润气候。在自然界多生于平原及低山区。生长迅速，耐刈割，萌芽性强，根系发达。

【繁殖方式】 播种及分根。

【园林应用】 形态造景：树形优美，分枝细长而多，常拱垂，叶鲜绿，花呈玫瑰粉紫色，是不可多得的紫色花树种，可丰富园林植物景观色彩，花数繁多，夏秋开花，是良好的观花树种供观赏。由于是良好的花灌木，也可点缀于草坪之上，做缀花草坪树种。也可植于林缘，丰富园林景观层次。还可片植，营造风景林。

生态造景：性喜光，亦稍耐阴，可作阳面绿化材料，强健耐寒，可用于东北地区园林绿化。丰富东北地区绿化树种。耐旱、耐瘠薄土壤，适于贫地、旱地绿化，也可用于点缀岩石园和山石绿化。抗盐碱，可在盐碱地绿化。萌芽性强，根系发达，是优良的水土保持、固沙保土绿化材料。耐修剪，有作花篱者用或做造型树。属绿肥植物，可改良土壤。也作为填充树种，在园林中形成先期景观，以弥补景观的不足。

图 134 美丽胡枝子
1—花枝；2—花；3—花瓣

(2) 美丽胡枝子 *Lespedeza formosa*（Vog.）Koehne

【形态特征】 美丽胡枝子（图 134）形态上与胡枝子相近，主要区别在于：小叶片厚纸质或薄革质；花较大，长 1～1.3cm，萼齿卵形或椭圆形，长于或等长于萼筒；龙骨瓣通常长于旗瓣。

【产地与分布】 分布于我国河北、陕西、甘肃、山东、江苏、安徽、浙江、江西、福建、河南、湖南、湖北、广东、广西、四川、云南等省区；生于海拔 2800m 以下山坡、路旁及林缘灌丛中。

其生物学生态学特性和其他方面也与胡枝子相似，唯其耐寒性略差。

十六、苦木科 *Simarubaceae*

乔木或灌木，树皮有苦味，羽状复叶，稀为单叶，互生，罕对生。花单性或杂性，整齐，通常形小，排成圆锥或穗状花序；萼片 3～5 裂；花瓣 3～5 枚，罕缺如；雄蕊常与花瓣同数或为其 2 倍。核果、蒴果或翅果。

本科资源 30 属，150 种，分布于热带和亚热带，少数产于温带。我国产 5 属，11 种。

臭椿属 *Ailanthus* Desf.

落叶乔木，小枝粗壮，芽鳞 2～4。奇数羽状复叶互生，小叶基部每边常具 1～4 缺齿，缺齿先端有腺体。花小，杂性或单性异株，顶生圆锥花序：花萼 5 裂，花瓣 5～6 枚，雄蕊 10 枚，花盘 10 裂。翅果条状矩圆形，中部具 1 枚扁形种子。

本属资源约 10 种，分布于亚洲至大洋洲北部。我国产 5 种，2 变种，主产于西南部、南部、东南部、中部和北部各省。

臭椿 *A. altissima* Swinge

【形态特征】 臭椿（图 135）为落叶乔木，高达 30m，干皮较光滑，不开裂，小枝粗壮，缺顶芽，叶痕大而倒卵形，内具 9 维管束痕。奇数羽状复叶，互生，小叶卵状披针形先端渐长尖，基部具 1～2 对腺齿，中上部全缘；背面稍有白粉，无毛或沿中脉有毛。花杂性异株，成顶生圆锥花序。翅果，熟时淡黄褐色或淡红褐色。花期 4～5 月，果熟期 9～10 月。

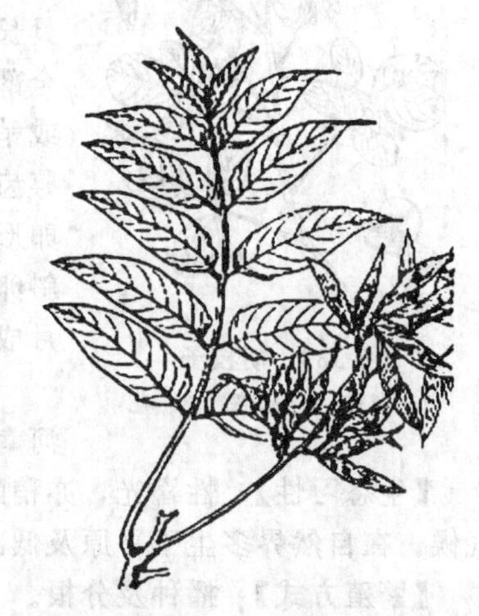
图 135 臭椿

【产地与分布】 我国东北南部以南有分布。

【生态习性】 喜光，适应性强，分布广，耐旱，耐贫瘠，不耐水湿，长期积水会烂根致死。耐中度盐碱，对微酸性、中性和石灰质土壤都能适应，喜排水来良好的沙壤土。有一定的耐寒能力，对二氧化硫和烟尘抗性较强，深根性、根系发达，萌蘖性强，生长较快，20 年后则渐慢。

【繁殖方式】播种繁殖。

【品种资源】

① 黑椿：树皮黑灰色，厚而粗糙，生长速度慢，适应性较强。

② 白椿：树皮灰白色，薄而较平滑，生长迅速，适应性较弱。

③ 无味臭椿：叶片基部缺刻处虽有腺点，但臭味极轻或接近于无味。

④ 千头臭椿（cv. *qiantou*）：树冠圆头形，整齐美观。特别适合作行道树，已在我国北方地区推广应用。

【园林应用】形态造景：树形优美，树干通直高大，干皮较光滑，分枝点高，管理粗放，病菌虫害少，故可作行道树。在印度、英国、法国、德国、意大利、美国等国常作行道树用，颇受赞赏而称为天堂树，中国用作行道树则不多见，但在北京民居四合院中则多见。树冠圆整如半球状，颇为壮观，叶大荫浓，秋季红果满树，虽叶及开花时有微臭但并不严重，故仍是一种很好的观赏树、庭荫树和园景树。也可片植，营造风景林。乔木，也可列植，作背景树或作障景树，丰富园林景观层次。也可点缀于草坪之上，形成疏林草坪的景观效果。

生态造景：性喜光，可用于阳面绿化。适应性强，分布广，所以适于绿化的地区范围比较广。旱耐贫瘠，可应用于岩石园或贫土地绿化，不耐水湿，长期积水会烂根致死。所以不适于湿地绿化。耐中度盐碱，可用于盐碱地绿化。对微酸性、中性和石灰质土壤都能适应，抗烟、有毒气体，适于工矿区绿化。适应性强，深根性、根系发达，萌蘖能力强，是山地造林的先锋树种。生长较快，20 年后则渐慢。形成景观的速度比较快。

十七、楝科　*Meliaceae*

乔木或灌木，稀为草本。叶互生，稀对生，羽状复叶，很少单叶。花整齐，两性，多为圆锥状聚伞花序；花萼 4～5 裂，花瓣与萼裂片同数，分离或基部合生；雄蕊常为花瓣数之 2 倍，花丝常合生成筒状。蒴果、核果或浆果；种子有翅或无翅。

本科资源约 50 属，1400 种，分布于热带和亚热带地区，少数至温带地区。我国产 15 属，62 种，12 变种，另引入 3 属，3 种，主产于长江以南各省（区），少数分布至长江以北。

香椿属　*Toona* Roem.

落叶乔木。偶数或奇数羽状复叶。花小，两性，白色或黄绿色，复聚伞花序；萼有裂片、花瓣、雄蕊各为 5 枚，花丝分离。蒴果 5 裂，具多数带翅种子。

本属资源 15 种，分布于亚洲和大洋洲。我国产 3 种，产于西南部、中间至北部。

香椿　*T. sinensis* Roem.

【形态特征】香椿（图 136）为落叶乔木，高达 25m，干皮暗灰色，条片状剥落，小枝条粗壮，叶痕大，扁圆形，内有 5 维管束痕。偶数羽状复叶，有香气。小叶长椭圆形至广披针形，先端渐长尖，基部不对称，全缘或具不明显钝锯齿。花白色，有香气。蒴果长椭球形，5 瓣裂；种子一端有膜质长翅。花期 5～6 月，果熟期 9～10 月。

图 136　香椿

1—花枝；2—果枝；3—花序

【产地与分布】 我国辽宁南部以南均有栽培。

【生态习性】 喜光，不耐庇荫；适生于深厚、肥沃湿润之沙质壤土，在中性酸性及钙质土上均生长良好，也能耐轻盐渍、较耐水湿，有一定的耐寒力。深根性，萌芽、萌蘖力均强；生长速度中等偏快。对有毒气体抗性较强。

【繁殖方式】 播种、扦插、分蘖、埋根。

【园林应用】 形态造景：香椿为我国人民熟知和喜爱的特产树种，栽培历史悠久，是华北、华中与西南的低山、丘陵及平原地区的重要用材及四旁绿化树种。树形优美，树干耸直，树冠庞大，枝叶茂密且叶具有香气，嫩叶红艳，分枝点高，管理粗放，病菌虫害少，是良好的行道树、庭荫树、园景树、独赏树及观叶树种。在庭前、院落、草坪、斜坡、水畔均可配植。也可片植营造风景林。乔木，高达 25m，也可列植，作背景树或作障景树，丰富园林景观层次。也可点缀于草坪之上，形成疏林草坪的景观效果。

生态造景：性喜光，不耐庇荫，是阳面绿化植物材料。适生于深厚、肥沃湿润之砂质壤土，故可用肥土树种。较耐水湿，也可用于湿地绿化。耐微碱性土壤，可用于盐碱地绿化。有一定的耐寒力，可用于北方地区园林绿化。深根性，萌芽、萌蘖力均强，是山地造林的先锋树种。可用于固土护坡及防止水土流失。对有毒气体抗性较强，可在工矿区进行绿化。生长速度中等偏快，可较快地形成园林景观。

十八、黄杨科 *Buxaceae*

常绿灌木或小乔木。单叶，对生或互生；无托叶。花单性，整齐，萼片 4～12 枚或无，无花瓣，雄蕊 4 枚或更多。蒴果或核果；种子具胚乳。

本科资源 4 属，约 100 种，广泛分布于热带和亚热带，少数至温带，我国产 3 属，27 种，分布于西南至东南部。

黄杨属 *Buxus* L.

常绿灌木或小乔木，多分枝。单叶对生，羽状脉，全缘，革质，有光泽。花单性同株，无花瓣，簇生叶腋或枝端，通常花簇中顶生 1 雌花，其余为雄花；雄花萼片、雄蕊各 4 枚；雌花萼片 4～6 枚。蒴果，花柱宿存，室背开裂成 3 瓣，每室含 2 黑色光亮种子。

本属资源 70 余种，分布于亚洲、欧洲、热带非洲等地，以东南亚最多。我国有 17 种及几个亚种和变种，主要分布于西部和西南部，至黄河流域。

图 137 小叶黄杨

1—枝；2—花；3—苞片；4—果

(1) 小叶黄杨 *B. microphylla* Sieb. et Zucc.

【形态特征】 小叶黄杨（图 137）为常绿灌木，高 1～3m，枝长四棱形，叶革质，倒卵形至倒卵状椭圆形，花簇生于叶腋或枝端，花小，浅黄色，蒴果扁圆形，种子长圆形，有光泽。花期 5 月，果熟期 7～8 月。

【产地与分布】 我国辽宁以南均有栽培。

【生态习性】 喜光，喜温暖，喜湿润，耐修剪。

【繁殖方式】 播种繁殖。

【园林应用】 形态造景：树形优美，叶革质，倒卵形或倒卵状椭圆形，四季常青，青翠可爱，花小，浅黄色，蒴果扁圆形，可作为良好的观赏树种，可点缀于草坪之上，也可植于林缘，丰富园林景观层次。

生态造景：喜光，可用于阳面绿化。喜温暖，适于南方地区植物造景。喜湿润，可用于湿地绿化。耐修剪，有作绿篱者。叶色翠绿，叶形秀美，是园林中著名的绿篱树种，常与小檗类搭配，形成美丽的绿篱色块景观。或做造型树种。也适用于盆景树和盆栽供观赏。

(2) 锦熟黄杨 *Buxus sempervirens* L.

【形态特征】 锦熟黄杨（图 138）为常绿灌木或小乔木，高可达 6m，最高 9m。小枝密集，四棱形，具柔毛，无明显翼。叶椭圆形至卵状长椭圆形，最宽部在中部及中部以下，先端钝或微凹，全缘，叶面侧脉不明显，表面深绿色，有光泽，背面绿白色；叶柄很短，有毛。花簇生叶腋，浅绿色，雄蕊退化，花药黄色，雌蕊高度仅为花萼的 1/2。蒴果三脚鼎状，黄褐色。花期 5 月，果熟期 7～8 月。

图 138　锦熟黄杨

1—枝；2—花；3—果实

【产地与分布】 原产于南欧、北非及西亚。中国华北地区园林中有栽培。

【生态习性】 耐阴性树种，不宜阳光直射，喜温暖湿润气候。适宜在排水良好、深厚、肥沃的土壤中生长，耐干旱，忌低洼积水，较耐寒，是黄杨属园林常用树种中较耐寒的一种。在北京可露地栽培。生长很慢，耐修剪。移植需在春季芽萌动时带土球进行。

【繁殖方式】 播种或扦插繁殖。

【品种资源】 有金叶‘*Aurea*’、金边‘*Aureo-marginata*’、银边‘*Albo-marginata*’、金斑‘*Aureo-uariegata*’、银斑‘*Argenteo-variegata*’、金尖‘*Notata*’、长叶‘*Longifolia*’、狭叶‘*Angustifolia*’、垂枝‘*Pendula*’、塔形‘*Pyramidata*’、平卧‘*Prostrata*’等许多栽培变种。

【园林应用】 形态造景：本种树形优美，叶形秀丽，小枝密集，枝叶茂密而浓绿，经冬不凋，观赏价值很高，可作园景树、独赏树。宜于庭园花坛边缘种植，也可在草坪孤植、丛植，或植于林缘，丰富园林景观层次。

生态造景：耐阴性树种，不宜阳光直射，可作阴面绿化。喜温暖湿润气候，故可用于南方湿润地区园林绿化。耐干旱，可点缀山石，或作盆栽、盆景用于室内绿化。较耐寒，是黄杨属园林常用树种中较耐寒的一种。可用于北方地区园林绿化。耐修剪，有作绿篱者用。叶色翠绿，叶形秀美，是园林中著名的绿篱树种，常与小檗类搭配，形成绿篱色块景观。或做造型树种。

十九、漆树科 *Anacardiaceae*

乔木或灌木。叶互生，多为羽状复叶，稀单叶；无托叶。花小，单性异株、杂性同株或两性，整齐，常为圆锥花序；萼片 3～5（7）深裂；花瓣常与萼片同数，稀无花瓣；雄蕊 5～10枚或更多。核果或坚果；种子多无胚乳，胚弯曲。

本科资源约 66 属，500 余种，主要分布热带、亚热带，少数在温带；中国约产 16 属，34 种，另引种栽培 2 属，4 种。

1. 黄连木属

黄连木（楷木）*Pistacia chinensis* Bunge

【形态特征】 黄连木（139）为落叶乔木，高达 30 米，胸径 2cm，树冠近圆球形；树皮

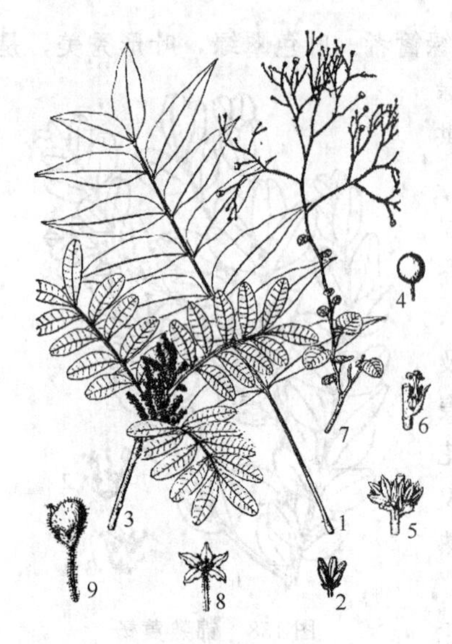

图 139　黄连木

1—复叶；2—雄花；3—雄花枝；4—果；5—雄花；6—雌花；7—果枝；8—雌花；9—果

薄片状剥络。通常为偶数羽状复叶，小叶 10～14，披针形或卵状披针形，长 5～9cm，先端渐尖，基部偏斜，全缘。雌雄异株，圆锥花序，雄花序淡绿色，雌花序紫红色。核果径约 6mm，初为黄白色，后变红色至蓝紫色，若红而不紫多为空粒。花期 3～4 月，先叶开放；果 9～11月成熟。

【产地与分布】 中国分布很广，北至黄河流域，南至两广及西南各地均有；长散生于低山丘陵及平原。

【生态习性】 喜光，幼时稍耐荫。

2. 漆树属　*Rhus* L.

落叶乔木或灌木，多数种类体内含乳液；干后变黑，有臭味，乳汁含漆酚，有强烈刺激性。叶互生，通常为奇数羽状复叶或掌状 3 小叶；小叶对生，全缘或有锯齿，叶轴无翅；苞片披针形，早落；无托叶。花小，单性异株或杂性同株，圆锥花序，花序腋生，花序轴粗壮直立，聚伞圆锥状或聚伞总状花序；花萼 5 裂，宿存；花瓣5～8 枚，通常具褐色羽状脉纹，开花时先端常外卷，雌花花瓣较小。核果小，果序常下垂，果近球形或侧向压扁；外果皮薄，有光泽，成熟时与中果皮分离；中果皮厚，白色蜡质，与内果皮连合；果肉蜡质。种子扁球形，具胚乳，胚大，通常横生。

本属资源共约 150 种，产亚热带及暖温带；中国产 13 种，自北美引入栽培 1 种（火炬树)。

(1) 火炬树（鹿角漆）*Rhus typhina* L.

【形态特征】 火炬树（图 140）为落叶小乔木，高达 8m 左右。分枝少，小枝粗壮，密生长绒毛。羽状复叶，小叶长椭圆状披针形，缘锯齿，先端长渐尖，背面有白粉，叶轴无翅。雌雄异株，花淡绿色，有短柄；顶生圆锥花序，密生有毛。核果深红色，密生绒毛，密集成火炬形。花期 6～7 月；果 8～9 月成熟。

【产地与分布】 原产于北美洲，现欧洲、亚洲及大洋洲许多国家都有栽培。中国自 1959 年引入栽培，目前已推广到华北、西北东北等许多省市栽培。

【生态习性】 喜光，适应性强，抗寒，抗旱，耐盐碱。根系发达，萌蘖力特强。生长快，但寿命短，约 15 年后开始衰老。

【繁殖方式】 通常用播种繁殖。

【品种资源】 栽培变种：

裂叶火炬树（cv. *laciniata*)：小叶及苞片羽状条裂。

【园林应用】 形态造景：本种因雌花序和果序均红色且形似火炬而得名，即使在冬季落叶后，在雌株树上仍可见到满树“火炬”，颇为奇特。秋季叶色红艳或橙黄，可观美丽的秋色叶，是著名的秋色叶树种。花序红色，核果深红色，可谓是绿叶青青，红花朵朵，极具观赏性，故可作观花观果树种、园景树，美化庭院。落叶小乔木，树荫浓郁，也可作为庭荫树。本种也可片植营造风景林，或是植于草坪之上，

图 140 火炬树

形成疏林草坪的景观效果。

生态造景：喜光，可用于阳面绿化。抗寒，可用于东北地区园林绿化。抗旱，也可用于贫土地绿化或是点缀岩石园。抗盐碱，可用于盐碱地绿化。根系发达，萌蘖力特强。可用于水土保持，作固沙树种。生长快，但寿命短，约15年后开始衰老。形成景观效果迅速，但景观持续时间不长。

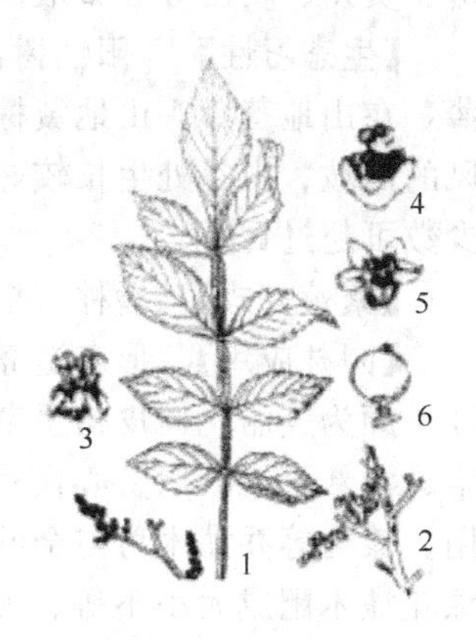

图141 盐肤木

1—花枝；2—果枝；3—雄花；4—雄蕊及雌蕊；5—两性花；6—果

(2) 盐肤木（盐肤子、五倍子树）*R. chinensis* Mill.

【形态特征】 盐肤木（图141）为落叶灌木至小乔木，高达8～10m。枝开展，树冠圆球形。小枝被柔毛，冬芽被叶痕所包围。奇数羽状复叶，叶轴有狭翅，小叶7～13，卵状椭圆形，长6～14cm，边缘有粗钝锯齿，背面密被灰褐色柔毛，近无柄，秋叶鲜红色。圆锥花序顶生，密生柔毛，雄花序长30～40cm，雌花序较短；花小，乳白色。核果扁球形，径约5mm，橘红色，密被毛。花期7～8月；果10～11月成熟。

【产地与分布】 中国分布很广，除黑龙江、吉林、内蒙古和新疆外，其余各省均有分布。也见于日本、中南半岛、印度至印度尼西亚。

【生态习性】 阳性树，喜光，喜温暖湿润气候，也能耐一定的寒冷和干旱。不择土壤，在酸性、中性及石灰性土壤以及瘠薄干燥的沙砾地上都能生长，但不耐水湿。深根性，萌蘖性很强，生长快，寿命较短，是荒山瘠地常见树种。

【繁殖方式】 播种、分蘖、扦插等法繁殖。

【品种资源】 滨盐肤木（var. *roxburghii*）落叶乔木或灌木，高2～8m。

【园林应用】 形态造景：盐肤木树冠圆球形，姿态优美，是著名的观秋叶、秋果树种。秋叶变为橙色或鲜红色，十分鲜艳，落叶后有橘红色果实，悬垂枝间，叶、果色彩绚丽，颇为美观，可孤植或丛植于林地绿地、草坪、斜坡、水边、山石间观赏或用来点缀山林风景。

生态造景：盐肤木不择土壤，耐干旱瘠薄、根蘖力强，生长快，是干旱贫瘠地、工矿区、污染区、工厂、岩石园绿化的优选树种，是废弃地（如烧制石灰的煤渣堆放地）恢复、荒山及边坡美化、水土改良与保持的先锋植物；也是风景区、风景林的重要造林树种。较能耐寒，可丰富寒冷地区的绿化树种资源。除此之外，盐肤木不但是重要的造林及园林绿化树种，因其茎叶柔软多汁易腐烂分解，是一种很好的绿肥，可减少化学肥料的利用，减少环境污染，有利于水土保持。

图142 漆树

1—雄花枝；2—果枝；3—花萼；4—雄花；5—雌花；6—雌蕊

(3) 漆树 *T. verniciflua* Stokes.

【形态特征】 漆树（图142）为落叶乔木，高达20m，胸围80cm。树皮初呈灰白色，较光滑，老则浅纵裂。羽状复叶互生，小叶7～15，卵形至卵状长椭圆形，长7～15cm，宽3～7cm，全缘，背面脉上有毛，秋叶变红。腋生圆锥花序疏散而下垂，长15～25cm；花小，淡黄绿色，花期5～6月。种子核果状，扁肾形，淡黄色，光滑，种子10月成熟。

【产地与分布】 原产于中国中部，现各地均有栽培，辽宁以南，广州以北均有分布，湖北、湖南、四川、贵州、陕西等分布最多。

【生态习性】 阳性树，喜光，喜温暖湿润深厚肥沃而又排水良好的土壤，也耐干旱瘠薄，在山地黄壤、山地黄棕壤、山地棕壤上均可生长。不耐庇荫、干风和严寒，在向阳、避风的山坡、山谷处生长较好。不耐水湿，侧根发达，主根不明显。一般能活 70～80 年以上，少数可超过百年。

【繁殖方式】 播种、根插、嫁接繁殖。

【园林应用】 形态造景：漆树树冠宽广，树姿优美，是著名秋色叶树种，秋天叶色变红，颇为美丽，树皮初呈灰白色，光滑，老则出现纵裂条纹，十分具有特色，整株植物高雅、清新，给人以赏心悦目的景观效果，既可以成群成片种植，也可配置于园林中作背景用。漆树等乔灌木可与金叶女贞，紫叶小檗，黄金榕，金叶榕，扶桑等常色叶植物及一些常绿花灌木配成大小不等、曲直不一的色带或色块，突出色彩构图之美，使其非常具有时代气息。

生态造景：耐干旱瘠薄，在山地各种土壤上都能生长，并且是著名的秋色叶树种，可用于荒山的绿化和美化，也是风景区、风景林、公园秋景林的主要树种。另外，漆树含有对人体致敏物质，具有自我保护功能，使得人们不敢随意乱砍滥伐，非常有利于生态环境保护，在实施西部大开发以及长江、黄河、珠江中，上游地区生态环境建设中，漆树已被确定为三江流域防护林建设，中西部退耕还林，绿化荒坡野郊的重要造林树种。

3. 黄栌属 *Cotinus* Adans.

落叶灌木或小乔木。单叶互生，全缘。花杂性或单性异株，成顶生圆锥花序；萼片、花瓣、雄蕊各为 5 枚。果序上有许多羽毛状不育花之伸长花梗；核果歪斜。

本属资源约 5 种，产于东亚、南欧及北美洲。我国产 3 种。

黄栌 *C. coggygria* Scop.

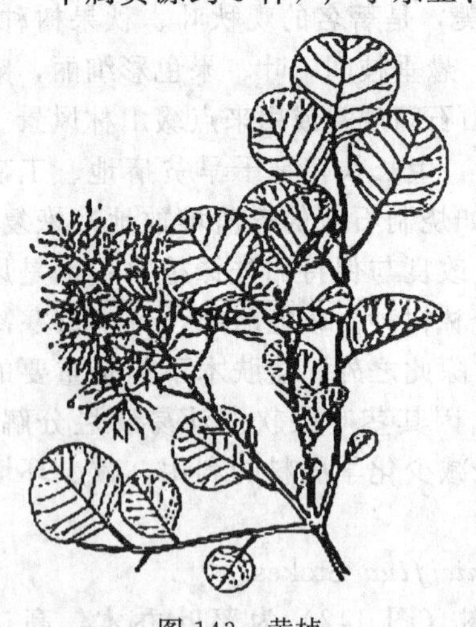

图 143 黄栌

【形态特征】 黄栌（图 143）为落叶灌木或小乔木，高达 5～8m，树冠圆形，干皮暗灰褐色，小枝紫褐色，被蜡粉。单叶互生，通常倒卵形，先端圆或微凹，全缘，无毛或仅背面脉上有短柔毛，侧脉顶端常 2 叉状；叶柄细长。花小，杂性，黄绿色，圆锥花序顶生。核果肾形，有多数不育花的紫绿色羽毛状细长花梗宿存。花期 4～5 月，果熟期 6～7 月。

【产地与分布】 我国华北以南有分布。其正种（*C. coggygria* Scop.）：原产南欧，中国不产。

【生态习性】 喜光，也耐半阴，耐寒，耐干旱和贫瘠和耐盐碱，但不耐水湿。在深厚、肥沃而排水良好的沙质壤土生长最好。生长快；根系发达。萌蘖性强，砍伐后易形成次生林。抗有毒气体，对二氧化硫有较强的抗性，对氯化物抗性较差。

【繁殖方式】 播种、压条、扦插、分株。

【品种资源】

① 毛黄栌（var. *pubescens* Engl.）：小枝有短柔毛，叶近圆形，两面脉上密生灰白色绢状柔毛。

② 垂枝黄栌（var. *pendula* Dipp.）：枝条下垂，树冠伞形。

③ 紫叶黄栌（var. *purpurens* Rehd.）：叶片紫色，花序有暗紫色毛。

【园林应用】 形态造景：黄栌叶片秋季变红，鲜艳夺目，著名的北京香山红叶即为本种。每值深秋，层林尽染，游人云集。初夏花后有淡紫色羽毛状的伸长花梗宿存树梢很久，成片栽植时，远望宛如万缕罗纱缭绕林间，故英名有“烟树”（Smoke-tree）之称。在园林中宜丛植于草坪、土丘或山坡，也可混植于其他树群尤其是常绿树群中，能为轩林增添秋色。此外，可在郊区山地、水库周围营造大面积的风景林，或作为荒山造林先锋树种。

生态造景：喜光，也耐半阴，可用于阳面绿化。耐寒，可用于北方地区园林绿化。耐干旱和贫瘠，可用于贫土地绿化，或是点缀岩石园，也是荒山绿化优良材料，为荒山造林的先锋树种。耐盐碱，可用于盐碱地绿化。但不耐水湿，故不可用于湿地绿化。抗有毒气体，可用于工矿区绿化。

二十、卫矛科 *Celastraceae*

乔木、灌木或藤本。单叶，对生或互生，羽状脉；托叶小而早落或无。花整齐二性，有时单性，聚伞花序；花4～5数，萼小，宿存；有发达花盘，雄蕊与花瓣同数且互生。常为蒴果，浆果，核果、翅果；种子常具假种皮。

本科约40属，430种，广布于热带、亚热带及温带各地。中国产12属，200余种，全国都有分布。

1. 卫矛属 *Euonymus* L.

落叶或常绿，乔木或灌木，稀为藤木，无毛，无刺；枝常近四棱，或为圆状。叶对生，极少互生或轮生，边缘具锯齿或全缘；叶柄短；托叶条状，脱落。花通常两性，成腋生聚伞或复聚伞花序，稀单花，总花梗长，花序基部和小花梗上有苞片；花各部4～5数，花萼开展或外卷，花瓣平展，圆形至线形，绿白色或紫色，稀具斑点，全缘或流苏状；雄蕊4～5枚，花丝短，雄蕊着生于肉质花盘边缘，花药阔肾形，纵裂。蒴果瓣裂，有角棱或翅，果皮革质，花柱脱落，种子具橘红色肉质假种皮。

本属资源共约200种，中国约有120种。

(1) 丝棉木（白杜，明开夜合）*Euonymus bungeanus* Maxim

【形态特征】 丝棉木（图144）为落叶小乔木，高达6～8m；树冠圆形或卵圆形。小枝细长，绿色，无毛。叶对生，卵形至卵状椭圆形，先端急长尖，基部近圆形，缘有细锯齿。花淡绿色，花部4数，3～7朵成聚伞花序。蒴果粉绿色，4深裂；种子具橘红色假种皮。花期5月；果10月成熟。

【产地与分布】 产于中国北部、中部及东部，辽宁、河北、河南、山东、山西、甘肃、安徽、江苏、浙江、福建、江西、湖北、四川均有分布。

【生态习性】 喜光，稍耐阴；耐寒，对土壤要求不严，耐干旱，也耐水湿，而以肥沃、湿润而排水良好之土壤生长最好。根系深而发达，能抗风；根蘖萌发力强，生长速度中等偏慢。对二氧化硫的抗性中等。

【繁殖方式】 繁殖可用播种、分株及硬枝扦插等法。

【品种资源】 栽培变种：

垂枝丝绵木（cv. *pendulus*）：枝细长下垂。

图144 丝棉木

1—花枝；2—花序

【园林应用】 形态造景：枝叶秀丽，小枝细长，绿色，小花淡绿色，粉红色蒴果挂满枝头，种子具桔红色假种皮，亦颇可观，是良好的园林绿化及观赏树种。可作园景树、独赏树，观花观果树种。落叶小乔木，夏季绿荫浓浓，故可作庭荫树。也宜植于林缘、草坪、路旁、湖边及溪畔，形成优美的景观效果。

生态造景：喜光，稍耐阴，可用于阴面区绿化。耐寒，因此可用于北方地区园林绿化。对土壤要求不严，耐干旱，也耐水湿，而以肥沃、湿润而排水良好之土壤生长最好，故可用于湿地绿化。根系发达，抗风，可用作防护林及固土护坡树种。抗毒气，可用于工矿区绿化。根蘖萌发力强，生长速度中等偏慢，因此形成景观时间较长。

(2) 大叶黄杨 *E. japonicus* Thunb.

【形态特征】 大叶黄杨（图 145）为常绿灌木或小乔木，高达 8m，小枝绿色，稍四棱形。叶革质而有光泽，椭圆形至倒卵形，先端尖钝，基部广楔形，缘有细钝齿，两面无毛。花绿白色，4 数，5～12 朵成密集聚伞花序，腋生枝条端部。蒴果近球形，熟时 4 瓣裂，淡粉红色，假种皮橘红色。花期 5～6 月，果熟期 9～10 月。

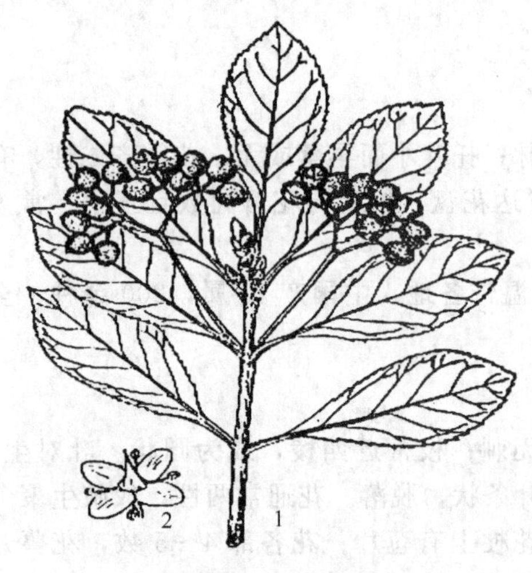

图 145 大叶黄杨

1—花枝；2—花

【产地与分布】 原产于日本南部，我国南北各省均有栽培。

【生态习性】 喜光，但也能耐阴，喜温暖湿润的海洋气候及肥沃湿润土壤，也能耐干旱贫瘠，不耐寒，极耐修剪整形，生长较慢，寿命长。对各种有毒气体及烟尘有很强的抗性。

【繁殖方式】 扦插、嫁接、压条、播种。

【品种资源】

① 金边大叶黄杨（cv. *Ovatus Aureus*）：叶缘金黄色。

② 金心大叶黄杨（cv. *Aureus*）：叶中脉附近金黄色有时叶柄及枝端也变成黄色。

③ 银边大叶黄杨（cv. *Albo-marginatus*）：叶边缘有窄白色条边。

④ 金斑大叶黄杨（cv. *Aureo-variegatus*）：叶较大，卵形，有奶油黄色边缘及色斑。

⑤ 银斑大叶黄杨（cv. *Argenteo-variegatus*）：叶有白色斑及白色边缘。

⑥ 杂斑大叶黄杨（cv. *Virdi-variegatus*）：叶较大，鲜绿色，并有深绿色和黄色斑。

⑦ 金叶大叶黄杨（cv. *Aureus*）：叶黄色。

⑧ 宽叶银边大叶黄杨（cv. *Latifolius Albo-marginatus*）：叶较宽大，有不规则白色宽边。

⑨ 狭叶大叶黄杨（cv. *Microphyllus*）：叶较狭小，长 1.2～2.5cm；并有金斑、银边等品种。

【园林应用】 形态造景：枝叶繁茂，四季常青，叶色亮绿，且有许多花叶、斑叶变种，是美丽的观叶树种。蒴果近球形，淡粉红色，假种皮橘红色。还是良好的观果树种。可作为观叶盆栽树种，其花叶、斑叶变种更宜盆栽，用于室内绿化及会场装饰等。而且在园林中也常用作背景种植材料，亦可丛植于草地边缘，或列植于园路两旁，是园林中基础种植、街道绿化的材料。

生态造景：喜光，但也能耐阴，可用于阴面绿化。喜温暖湿润的海洋气候及肥沃湿润土壤，适于湿地绿化。不耐寒，可在南方地区进行植物造景。耐整形修剪，有作绿篱者用，若加以修剪成型，更适合用于规则式对称配植。在上海、杭州一带常将其修剪成圆球形或半球形，用于花坛中心或对植于门旁。生长较慢，寿命长。形成景观所需时间长，但景观持续时间较长。对各种有毒气体及烟尘有很强的抗性，可用于工矿区绿化。

(3) 华北卫矛 *E. maackii* Rupr. in Bull.

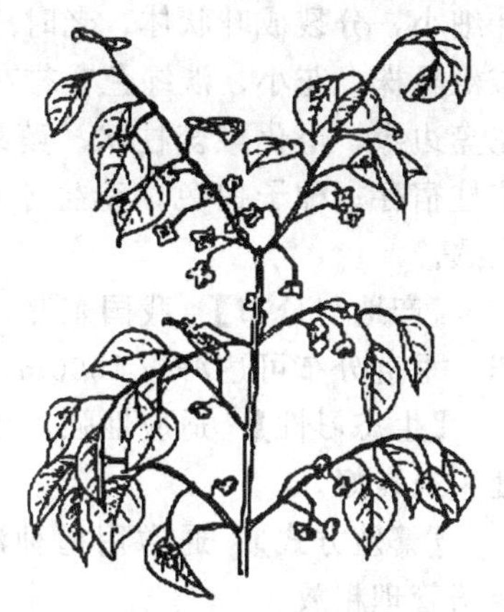

图 146 华北卫矛

【形态特征】 华北卫矛（图 146）为落叶灌木或小乔木，高约 4m，干皮暗灰色，交错浅纵裂。枝圆柱状，近四棱，无毛。一年生小枝绿色或绿褐色，秋季变红或紫褐色，二年生枝灰褐色。芽小，卵状圆锥形，萌发枝芽稍长。叶对生，披针状长圆形或卵状长圆形，先端渐尖或长渐尖，基部楔形或近圆形，边缘为锐尖细锯齿，稍老的部分呈微波状，绿色，革质，光滑；叶柄为叶片长的 1/6～1/4；托叶小，细裂成狭条状。聚伞花序，具 10 余花，萼裂片 4 枚，三角状近圆形，较短，与花瓣同色；花瓣 4 枚，长圆状倒卵形，先端钝，花淡黄白色。蒴果无翅，倒圆锥形，深 4 裂，熟时粉红色；种子粉红色，假种皮橘红色。花期 6 月，果熟期 9 月。

【产地与分布】 东北三省均有分布。

【生态习性】 喜阳，喜湿，深根性，生于林缘或山坡肥沃湿润土壤上，平地栽培生长良好。

【繁殖方式】 播种、扦插均能繁殖。

【园林应用】 形态造景：树形优美，枝叶繁茂，一年生小枝绿色或绿褐色，叶色鲜绿，花淡黄白色，蒴果粉红色，假种皮红色，夏季绿荫浓浓，是优良的园景树，独赏树，观花观果小乔木。也可点缀于草坪之上，形成疏林草坪的景观效果。或是植于林缘，丰富植物景观层次。也可作专类园树种。

生态造景：喜阳，可用于阳面绿化。喜湿，可用于湿地绿化。深根性，可用于作防护林或固土护坡树种。生于林缘或山坡肥沃湿润土壤上，为肥土树种。

2. 南蛇藤属 *Celastrus* L.

落叶，稀常绿，藤木。枝髓心充实、片状或中空；芽鳞数枚，复瓦状排列。单叶互生，有锯齿，有柄。花小，杂性异株，绿白色，成总状、复总状或聚伞花序，顶生或腋生；花部 5 数，内生花盘杯状，全缘或钝齿状；雄蕊 5 枚，着生于花盘的边缘；子房上位，2～4 室，每室胚珠 2，柱头 3 裂，花柱短。蒴果近球形，通常黄色，3 瓣裂，开裂后轴状胎座宿存，每瓣有种子 1～2，具肉质红色假种皮。

图 147 南蛇藤

本属资源共约 50 种，分布于热带和亚热带；中国约产 30 种，全国都有分布，以西南最多。

(1) 南蛇藤 *Celastrus orbiculatus* Thunb

【形态特征】 南蛇藤（图 147）为落叶藤木，长达 12m，丛生。树皮黄褐色、灰褐色或淡紫褐色；小枝圆，灰褐色，髓心充实白色，皮孔大而隆起；芽小，褐色，扁卵形。叶互生，近圆形或椭圆状倒卵形，先端突短尖或钝尖，基部广楔形或近圆形，缘有钝齿，齿尖向下面弯曲，上面绿色，下面淡绿色，无毛；托叶细小，分裂成叶状体，老时渐脱落。短总状花序腋生，或在枝端成圆锥状花序与叶对生，雌雄异株，花小，淡绿色；雄花萼片5枚，花瓣5枚，长圆状卵形，雄蕊5枚，着生于杯状花盘边缘，退化雌蕊柱状。蒴果近球形，鲜黄色顶部刺尖，3瓣裂，每室有种子1～2粒，花柱宿存；种子白色，着生于蒴果基部，外包肉质红色假种皮。花期5月；果9～10月成熟。

【产地与分布】 我国东北、华北、华东、西北、西南及华中均有分布；朝鲜、日本也产。垂直分布可达海拔1500m，常生于山地沟谷及林缘灌木丛中。

【生态习性】 适应性强，喜光，也耐半阴，耐寒冷；在土壤肥沃而排水良好及气候湿润处生长良好。

【繁殖方式】 通常用播种法繁殖，种子出苗率可达95%以上；扦插、压条也可进行。栽培管理粗放。

【园林应用】 形态造景：本种入秋后叶色变红，鲜黄色的果实开裂后露出鲜红色的假种皮，可观美丽的秋色叶和果实，丰富园林植物色彩。在园林绿地中应用颇有野趣，植于庭园供观赏。藤本植物，枝叶繁茂，可作棚架绿化或垂直绿化材料，是观赏价值较高的垂直绿化素材。也可植于湖畔、溪边、坡地、林缘及假山、石隙等。其果枝也可作瓶插材料。

生态造景：喜光，也耐半阴，可用于阴面绿化。耐寒冷，是北方地区绿化优良材料。在土壤肥沃而排水良好及气候湿润处生长良好，可用于湿地绿化。

(2) 刺叶南蛇藤 *C. flagellaris* Rupr. in Bull.

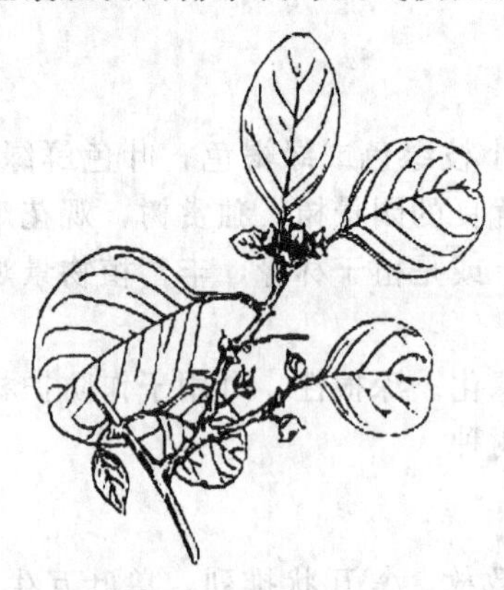

图148 刺叶南蛇藤

【形态特征】 刺叶南蛇藤（图148）为藤本灌木，丛生或单生，匍匐地面或缠绕树干上升，长达40m，有不定根；干皮红褐色，小枝有短钩刺状托叶；冬芽淡褐色。叶互生，椭圆形、卵形或圆形，先端短渐尖或钝圆，基部广楔形形或近圆形，边缘有细锯齿，齿端为刺芒状，上面绿色，无毛，下面淡绿色，沿脉疏生柔毛；托叶短钩刺状，向下弯曲。花单生，稀为2～3朵一束，簇生，具短花梗；花单性；萼钟形，5裂，裂片圆形或长圆形，淡绿色；花瓣匙状长圆形，黄绿色。蒴果扁球状，成熟时3瓣裂；种子卵圆形，黄褐色，假种皮橘红色。花期6～7月，果熟期8～9月。

【产地与分布】 东北三省均有分布。

【生态习性】 喜湿，耐阴，常生于山谷、河岸低湿地的林缘或灌丛中，抗毒气，生长迅速。

【繁殖方式】 种子或扦插繁殖。

【园林应用】 形态造景：干皮红褐色，冬芽淡褐色，花黄绿色，假种皮红色，秋叶红色，为良好的秋色叶树种，可作为观花、观美丽的秋色叶、观果植物。藤本植物，右旋缠绕生长，可作垂直绿化资源，用于美化棚架或墙壁。是观赏价值较高的垂直绿化素材。也可植于湖畔、溪边、坡地、林缘及假山、石隙等，可作为地被植物而广泛应用。其果枝也可作瓶插材料。

生态造景：喜湿，可用于湿地绿化。耐阴，可用于阴面区绿化，常生于山谷、河岸低湿地的林缘或灌丛中。抗有毒气体，可用于工矿区绿化。生长迅速，可以较快的速度形成园林景观。

二十一、槭树科 *Aceraceae*

乔木或灌木。叶对生，单叶或复叶；无托叶。花单性、杂性或两性，小而整齐，萼片4～5枚，花瓣4～5枚或无，雄蕊4～10枚，雌蕊由2心皮合成。翅果，两侧或周围有翅，成熟时由中间分裂，每裂瓣有1种子；种子无胚乳。

本科资源共2属，约200余种，主产北半球温带地区；中国产2属，约140余种。

槭树属 *Acer* L.

乔木或灌木。冬芽外被覆瓦状的鳞片2枚。叶对生，单叶掌状裂或不裂，或奇数羽状复叶；无托叶。雄花与两性花同株，或雌雄异株；萼片5枚，花瓣5枚，成总状、圆锥状或伞房花序；萼片有时合生，有时无花瓣；花盘常大而为球形，稀分裂或无花盘；雄蕊4～10枚，常为8枚；花柱2裂。果实两侧具长翅，成熟时由中间分裂为二，各具一枚果翅和一枚种子。

本属资源约200种，分布于亚洲、欧洲及美洲。我国约140种。

(1) 五角枫（色木槭）*Acer mono* Maxim.

【形态特征】五角枫（图149）为落叶乔木，高可达20m。树皮灰色或灰褐色，纵裂；幼枝淡黄色或灰色，较细，被短柔毛，稀无毛，发亮，老枝灰色或暗灰色，无毛，具圆形皮孔；冬芽圆球形，芽鳞卵形，表面无毛或边缘有睫毛。单叶对生，叶常掌状5裂，裂深达叶中部或三分之一处，偶有3裂或7裂，基部常为心形，裂片卵状三角形，先端渐尖或尾状锐尖，全缘，上面暗绿色，无毛，下面淡绿色，主脉5条，掌状，出自基部，两面无毛或仅背面脉腋有簇毛，网状脉两面明显隆起；叶柄细长，无毛。花杂性，同株，黄绿色，多朵成顶生伞房花序，与叶同时开放，无毛，生于有叶的枝上；花瓣5枚，白色，椭圆形或椭圆状倒卵形；花梗纤细，无毛。翅果幼时紫褐色，成熟时淡黄色或淡黄褐色；果核扁平或微隆起，表面无明显皱纹；果翅长圆形，果翅展开成钝角，长约为果核之2倍。花期5月；果9～10月成熟。

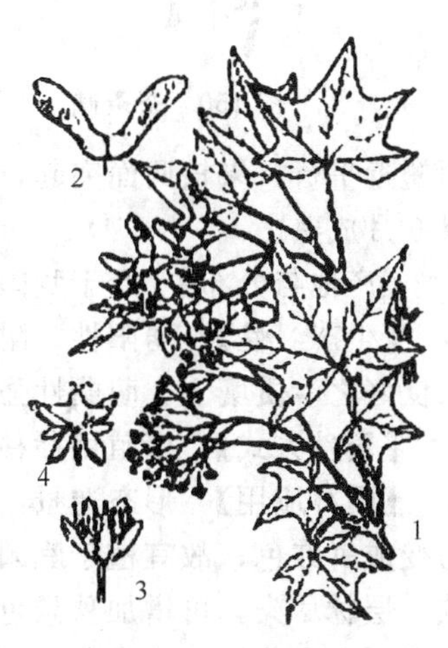

图149 五角枫
1—花枝；2—翅果；3—雌花；4—雄花

【产地与分布】广布于我国东北、华北及长江流域各省；俄罗斯西伯利亚东部、蒙古、朝鲜和日本也有分布，是我国槭树科中分布最广的一种。

【生态习性】弱阳性，稍耐阴；喜温凉湿润气候，过于干冷及高温处均不见分布。对土壤要求不严，在中性、酸性及石灰性土上均能生长，但以土层深厚、肥沃及湿润之地生长最好。自然界多生长于阴坡山谷及溪沟两边。生长速度中等，深根性；很少病虫害。

【繁殖方式】主要用种子繁殖。

【园林应用】形态造景：本种树形优美，叶、果秀丽，入秋叶色变为红色或黄色，为良好的秋色叶树种，观美丽的秋色叶。宜作山地及庭园绿化树种，与其他秋色叶树种或常绿树配植，彼此衬托掩映，层林尽染，可增加秋景色彩之美。冠大荫浓，夏季郁郁青青，也可用作庭荫树。落叶乔木，管理粗放，少病虫害，也可以作行道树。也可以点缀于草坪之上，形成疏林草坪的景观效果。或是片植营造风景林。也可以列植，作背景树或是障景树。还可作专类园用。

生态造景：弱阳性，稍耐阴；可用于阴面造景。喜温凉湿润气候，宜植于暖气候地区。

耐水湿，可在湿地进行造景。对土壤要求不严，在中性、酸性及石灰性土上均能生长，故适用范围比较广。但以土层深厚、肥沃及湿润之地生长最好，是肥土树种。抗有毒气体，可用于工矿区绿化。深根性，用于作防护林树种或用于固土护坡。生长速度中等，形成景观时间不需很长。

(2) 茶条槭 *Acer ginnala* Maxim

图 150　茶条槭

【形态特征】 茶条槭（图 150）为落叶灌木或小乔木，高 6～10m。树皮灰色，粗糙；枝细，绿色或紫褐色，老枝灰黄色，冬芽卵圆形，较小，深褐色。单叶对生，叶卵状椭圆形，通常 3 裂，有时不裂或具不明显之羽状 5 浅裂，中裂片特大，卵形或长卵形，先端长渐尖，侧裂片较小，先端锐尖，斜展或近平展，基部圆形或近心形，缘有不整齐重锯齿，表面通常无毛，背面脉上及脉腋有长柔毛；叶柄细长。花杂性，同株，伞房花序圆锥状，顶生，花轴与花梗稍有毛，多花，淡绿色或带黄色；萼片缘有长柔毛；花瓣白色。翅果深褐色；小坚果扁平，长圆形，具细脉纹，幼时有毛，两翅近平行，果核两面突起，果翅张开成锐角或近于平行，相重叠，紫红色。花期 5～6 月；果 9 月成熟。

【产地与分布】 产于我国东北、内蒙古、华北及长江中下游各省；日本也产。

【生态习性】 弱阳性，耐半阴，在烈日下树皮易受灼害；耐寒，也喜温暖；喜深厚而排水良好之沙质壤土。萌蘖性强，深根性，抗风雪；耐烟尘，较能适应城市环境。

【繁殖方式】 繁殖用播种法。

【园林应用】 形态造景：本种树干直而洁净，花有清香，秋季果翅红色美丽，秋叶又很易变成鲜红色，故宜植于庭园观赏，尤其适合作为秋色叶树种点缀园林及山景，彼此衬托掩映，层林尽染，可增加秋景色彩之美。由于冠大荫浓，管理较粗放，少病虫害，故也可栽作行道树及庭荫树。或是散植于草坪之上，形成疏林草坪的景观效果。或是片植营造风景林。也可以列植，作背景树或是障景树。还可作专类园用。

生态造景：弱阳性，耐半阴，可用于阴面造景。耐寒，可用于东北地区园林绿化。耐水湿，可在湿地进行造景。萌蘖性强，深根性，固可作防护林树种或植于荒山防止水土流失。抗有毒气体，可用于工矿区绿化。抗风雪；耐烟尘，是城市绿化不可多得的绿化树种。

(3) 复叶槭（梣叶槭，羽叶槭，糖槭）*Acer negundo* L.

【形态特征】 复叶槭（图 151）为落叶乔木，高达 20m；树冠圆球形，树皮暗灰色，浅纵裂；小枝粗壮，绿色，有时带紫红色，无毛，有白粉，具圆形皮孔；冬芽卵形，褐色，密被灰白色绒毛。奇数羽状复叶对生，小叶卵形或长椭圆状披针形，先端尖或短渐尖，基部楔形，缘有不规则缺刻，具短缘毛；顶生小叶常 3 浅裂，其叶柄甚长于侧生小叶之柄，两侧小叶基部歪斜或近圆形，上面绿色，有光泽，下面黄绿色，叶背沿脉或脉腋有毛；复叶柄黄绿色，生短绒毛。花单性异株，黄绿色，无花瓣及花盘；雄花为伞房状花序，有长梗，成下垂簇生状，有柔毛，花萼小，钟形，有毛，雄蕊花丝伸长似毛发状，花药线形；雌花为下垂总状

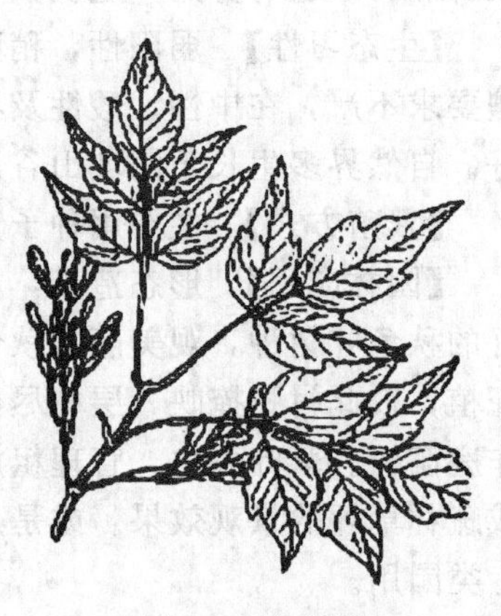

图 151　复叶槭

花序，总花梗长，萼片基部合生。翅果淡黄褐色；小坚果长圆形，扁平，中央部凹入，具疏细脉纹，无毛；果翅狭长，两翅向内稍弯曲，展开成锐角；果梗细长黄褐色，微有毛。花期4～5月，叶前开放；果8～9月成熟。

【产地与分布】 原产北美东南部；中国东北、华北、内蒙古、新疆及华东一带都有引种。

【生态习性】 喜光，喜冷凉气候，耐干冷，喜深厚、肥沃、湿润土壤，稍耐水湿。在中国东北地区生长良好，华北尚可生长，但在湿热的长江下游却生长不良，且多遭病虫危害，复叶槭易遭天牛幼虫蛀食树干，要注意及早防治。生长较快，寿命较短。抗烟尘能力强。

【繁殖方式】 主要用种子繁殖，扦插、分蘖也可。

【品种资源】 在国外有金叶‘*Aureum*’、金边‘*Elegans*’、宽银边‘*Variegatum*’、金斑‘*Aureo-variegatum*’、矮生‘*Nana*’等品种。

【园林应用】 形态造景：本种树形优美，树冠圆球形，枝叶茂密，叶、果秀丽，尤其叶片入秋变为黄色，颇为美观，是良好的秋色叶树种，与其他秋色叶树种或常绿树配植，彼此衬托掩映，层林尽染，可增加秋景色彩之美。可作园景树，独赏树，观叶树种。冠大荫浓，宜作庭荫树。管理较粗放，可作为行道树。因具有速生优点，在北方也常用作“四旁”绿化树种。或散植于草坪之上，可形成疏林草坪的景观效果，也可以列植，作背景树或是障景树。也可以作专类园树种。

生态造景：喜光，可用于阳面绿化。喜冷凉气候，耐干冷，是东北地区不可多得的绿化树种，喜深厚、肥沃、湿润土壤，耐水湿，可用于湿地造景。抗有毒气体，可在工矿区绿化。生长较快，可在较短时间内形成园林景观，但是寿命较短，景观持续时间不长久，抗烟尘能力强，适于城市绿化。

(4) 平基槭（元宝枫、华北五角枫）*Acer truncatum* Bunge.

【形态特征】 平基槭（图152）为小乔木，高8～10m。干皮灰褐色或深褐色，深纵裂，幼枝绿色，并带绯红色，有光泽，老枝灰褐色，具圆形皮孔；冬芽较小，卵形或卵圆形，鳞片锐尖，外被短柔毛。叶常5掌状深裂或浅裂，稀7裂或3裂，裂片较窄，长三角形，先端锐尖或尾状锐尖，基部截形或近截形，稀近于稍心状截形，边缘全缘，上面绿色，平滑无毛，下面色稍淡，幼时脉腋间有丛毛，主脉5条，掌状；叶柄无毛。花杂性，同株，常呈顶生状，直立的伞房花序，无毛；萼片5枚，黄绿色，长圆形，先端钝；花瓣5枚，淡黄色或白色，长圆状倒卵形。翅果，幼时淡绿色，熟时淡黄色或淡褐色，小坚果卵圆形，稍凸或扁平；翅长圆形，常与小坚果等长，两翅张开夹角为钝角，稀锐角。花期5月，果期8～9月。

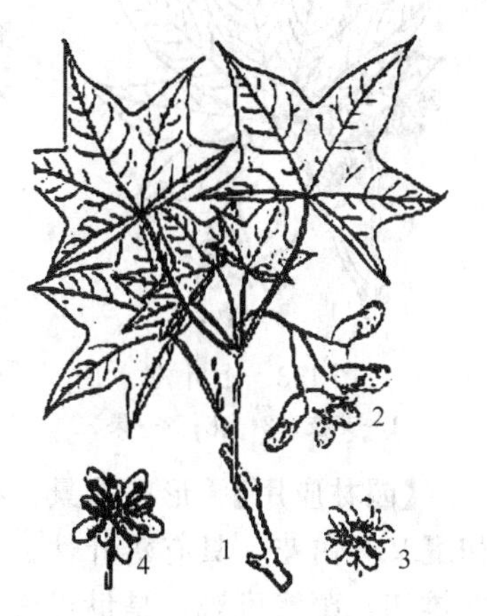

图152 平基槭
1—枝；2—翅果；3—雄花；4—雌花

【产地与分布】 东北三省均有栽培。

【生态习性】 喜湿，常生于低海拔的半阴坡或阳坡湿润山谷疏林中；稍耐阴，喜侧方蔽荫，喜温和气候条件，喜肥，在土层深厚、肥沃、疏松的酸性土上生长良好，在低山较干燥和阳坡、沙丘、轻碱性土也可生长；根系比较发达，抗风，生长较快，寿命长。

【繁殖方式】 用种子繁殖。

【园林应用】 形态造景：树形优美，冠大荫浓，叶、果秀丽，尤其秋季满树红叶，颇为美观，作庭荫树、行道树及园景树，是北方园林中著名的观秋叶树种。或散植于草坪之上，可形成疏林草坪的景观效果，也可以列植，作背景树或是障景树。也可以作专类园树种。或是片植营造风景林。形成层林尽染的风景林效果。

生态造景：喜湿，可用于湿地绿化。稍耐阴，喜侧方蔽荫，可用于阴面绿化。根系比较发达，抗风，可营造防护林。喜肥，在土层深厚、肥沃、疏松的酸性土上生长良好，为肥土树种。又因其具有速生优点，在北方也常用作“四旁”绿化树种。生长较快，寿命长。可在较短的时间内达到景观效果，且景观持续时间长。

二十二、七叶树科 *Hippocastanaceae*

乔木，稀灌木，落叶，稀常绿。冬芽大型，常具黏液。掌状复叶，对生，小叶3～9枚，无托叶。花杂性同株，不整齐，成顶生圆锥花序；萼片4～5裂，花瓣4～5枚，大小不等，基部爪状；雄蕊5～9枚，长短不等，花盘环状或偏在一边。蒴果3裂，种子大，球形，无胚乳。

本科资源2属，30余种，广布于北温带。我产国1属，约10种。

七叶树属 *Aesculus* L.

落叶乔木，稀灌木。掌状复叶具长柄，小叶5～9枚，有锯齿。圆锥花序直立而多花；花萼钟状或管状，花瓣具爪。

本属资源约30种，产于北美、东南亚及欧洲东南部。我国产约10种，引入栽培2种。

七叶树 *A. chinensis* Bunge

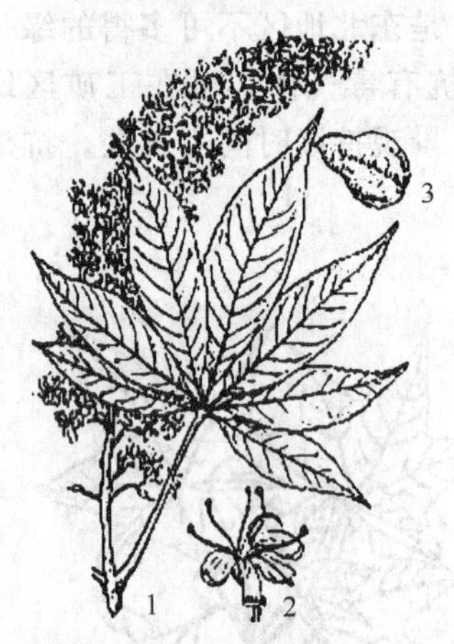

图153　七叶树
1—花枝；2—花；3—果

【形态特征】七叶树（图153）为落叶乔木，高达25m。干皮灰褐色，长方形片状剥落，有圆形或椭圆形淡黄色皮孔；小枝粗壮，栗褐色，光滑，无毛；冬芽大，具树脂。小叶倒卵状长椭圆形至长椭圆状倒披针形，先端渐尖，基部楔形，叶缘具细锯齿，仅背面脉上疏生柔毛。花杂性，花小，白色，边缘有纤毛；圆锥花序，由5～10朵小花构成。蒴果球形或倒卵形，黄褐色。花期5月，果熟期9～10月。

【产地与分布】我国黄河流域有分布。

【生态习性】喜光，稍耐阴，喜温暖湿润气候，也能耐寒，喜深厚、肥沃、湿润而排水良好的土壤。深根性，萌芽力不强；生长速度中等偏慢，寿命长。

【繁殖方式】播种、扦插繁殖。

【园林应用】形态造景：树形优美，树干耸直，冠大荫浓，叶大而形美，遮荫效果好，初夏又开白花，具有落叶性，是良好的庭荫树、园景树、行道树。孤植或丛植于草坪上，姿态雄伟，蔚然可观，是世界著名的观赏树种之一。中国许多古刹名寺，如杭州灵隐寺、北京大觉寺、卧佛寺、潭柘寺等处都有大树。在建筑前对植、路边列植、丛植于草坪、山坡都很合适。为防止树干遭受日灼之害，可与其它树种配植。也可作疏林草坪景观。

生态造景：喜光，稍耐阴，可用于阳面绿化。喜温暖湿润气候，故宜植于温暖地区，喜深厚、肥沃、湿润而排水良好的土壤。属肥土树种。深根性，可用于固土护坡或荒山绿化。生长速度中等偏慢，寿命长，景观形成时间稍长，但可长久维持。

二十三、无患子科 *Sapindaceae*

乔木或灌木，稀为草质藤本。叶常互生，羽状复叶，稀掌状复叶或单叶；多不具托叶。

花单性或杂性，整齐或不整齐，成圆锥、总状或伞房花序；萼片4～5裂；花瓣4～5枚，有时无；雄蕊8～10枚，花丝常有毛，花丝发达。蒴果、核果、坚果、浆果或翅果；种子有假种皮或无。

本科资源约150属，2000种，产热带、亚热带，少数产温带；中国产25属，56种，主产长江以南各地。

1. 栾树属 *Koelreuteria*

落叶乔木。芽鳞2枚。1或2回奇数羽状复叶，互生，小叶有齿或全缘。花两性，不整齐，萼片5深裂；花瓣5或4枚，鲜黄色，大小不等，披针形，基部具2反转附属物；成大形圆锥花序，通常顶生。蒴果具膜质果皮，膨大如膀胱状，成熟时3瓣开裂；种子球形，黑色。

本属资源4种，除1种产于斐济群岛外，我国均产。

栾树　*K. paniculata* Laxm.

【形态特征】 栾树（图154）为落叶乔木，高达15m。树冠近球形，干皮灰褐色，细纵裂，皮孔明显；无顶芽。1回奇数羽状复叶，小叶卵形或卵状椭圆形，具粗齿或缺裂，近基部常有深裂片，顶端尖或渐尖，背面沿脉有毛。花小，金黄色，顶生圆锥花序，宽而疏散。蒴果三角状卵形，顶端尖，成熟时红褐色或橘红色。花期6～7月，果熟期9～10月。

图154　栾树

【产地与分布】 我国北部及中部有分布。

【生态习性】 喜光，耐半阴，耐寒，耐旱，耐贫瘠，喜生于石灰质土壤，也能耐盐渍及短期水涝。深根性，萌蘖力强；生长速度中等，幼树生长较慢，以后渐快。抗烟尘。

【繁殖方式】 播种繁殖，分蘖、插根也可。

【品种资源】

① 全缘叶栾树（*Koelreuteria integrifolia* Merr.）：落叶乔木，高达17～20m，胸径1m；树冠广卵形。树皮暗灰色，片状剥落；小枝暗棕色，密生皮孔。2回羽状复叶，小叶长椭圆状卵形，先端渐尖，基部圆形或广楔形，全缘，或偶有锯齿，两面无毛或背脉有毛。花黄色，成顶生圆锥花序。蒴果椭球形，顶端钝而有短尖。花期8～9月；果10～11月成熟。

② 复羽叶栾树（*Koelreuteria bipinnata* Franch.）：落叶乔木，高达20以上。2回羽状复叶，小叶卵状披针形或椭圆状卵形，先端渐尖，基部圆形，缘有锯齿。花黄色，顶生圆锥花序，蒴果卵形，红色。花期7～9月；果9～10月成熟。

③ 秋花栾树（cv. *September*）：花期晚，8～9月开花。北京常见栽培。

【园林应用】 形态造景：本种树形端正、优美，枝叶茂密而秀丽，冠大荫浓，叶春季为红色，入秋后叶为黄色，夏季开花，满树金黄，十分美丽，是理想的绿化、观花赏叶树种。宜作庭荫树、行道树及园景树。或与其他树种配植，彼此衬托掩映，层林尽染，可增加秋景色彩之美。也可点缀于草坪之上，形成疏林草坪的景观效果。也或片植营造风景林。

生态造景：喜光，耐半阴，可用于阴面绿化。耐寒，可用于北方地区园林绿化。耐旱耐贫瘠，可用于贫土地绿化、或点缀岩石园。抗有毒气体、烟尘，可在工矿区绿化。深根性，萌蘖力强，可用于水土保持、荒山绿化。生长速度中等，幼树生长较慢，以后渐快。可较快地形成园林景观。

2. 文冠果属 *Xanthoceras* Bunge

本属形态特征同种。

本属仅1种，中国特产。

文冠果（文官果）*Xanthoceras sorbifolia* Bunge.

图155 文冠果

1—花枝；2—果；3—种子

【形态特征】 文冠果（图155）为落叶小乔木或灌木，高达8m；常见多为3～5m，并丛生状。树皮灰褐色，粗糙条裂；小枝幼时紫褐色，有毛，后脱落；冬芽卵形，有芽鳞。奇数羽状复叶，互生；小叶对生或近对生，长椭圆形至披针形，先端尖，基部楔形，缘锯齿，表面光滑，背面疏生星状柔毛；无柄或近无柄。花杂性，整齐，圆锥花序，多花；花较大，径约2cm，花柄纤细；萼片5枚，长椭圆形；花瓣5枚，白色，基部有由黄变红之斑晕，有脉纹；花盘5裂，裂片背面各有一橙黄色角状附属物。蒴果大型，具木质厚壁，室背3瓣裂。种子球形，暗褐色。花期4～5月；果8～9月成熟。

【产地与分布】 原产于中国北部，河北、山东、山西、陕西、河南、甘肃、辽宁及内蒙古等省区均有分布。

【生态习性】 喜光，也耐半阴；耐严寒和干旱，不耐涝；对土壤要求不严，在沙荒、石砾地、黏土及轻盐碱土上均能生长，但以深厚、肥沃、湿润而通气良好的土壤生长最好。深根性，主根发达，萌蘖力强。生长尚快，3～4年生即可开花结果。

【繁殖方式】 主要用播种法繁殖，分株、压条和根插也可。一般在秋季果熟后采收，取出种子即播，也可用湿沙层积贮藏秋冬，翌年早春播种。

【品种资源】 栽培变种：

紫花文冠果（cv. *Purpurca*）：花紫红色。为近年发现，已开始推广应用。

【园林应用】 形态造景：本种花序大而花朵密，春天白花满树，且有秀丽光洁的绿叶相衬，更显美观，花期可持续20余天，并有紫花品种，是优良的观花树种。在园林中配植于草坪形成缀花草坪。或植于路边、山坡、假山旁或建筑物前都很合适。植于林缘，丰富园林景观层次。

生态造景：喜光，也耐半阴；可用于阴面绿化。耐严寒，可用于北方地区园林绿化。抗盐碱，可用于盐碱地绿化。耐旱耐贫瘠，适于点缀山石，也适于山地、水库周围风景区大面积绿化造林，深根性，主根发达，萌蘖力强。能起到绿化、护坡固土作用。但以深厚、肥沃、湿润而通气良好的土壤生长最好，属肥土树种。生长尚快，可较快形成园林景观。

二十四、鼠李科 *Rhamnaceae*

乔木或灌木，稀藤本或草本；常有枝刺或托叶刺。单叶互生，稀对生；有小托叶，早落或宿存，或有时变为刺。花小，整齐，两性或杂性，成腋生聚伞、圆锥花序，或簇生；花小，黄绿色；萼片4～5裂，裂片镊合状排列，与花瓣互生，花瓣极凹；花瓣4～5或无；雄蕊4～5枚，与花瓣对生，常为内卷之花瓣所包被；具内生花盘，花盘明显发育。核果、蒴果或翅状坚果。

本科资源约50属，600种，广布于温带至热带各地；中国产14属，129种。

1. 枣属 *Zizyphus* Mill.

落叶灌木或乔木。单叶互生，具短柄，叶基3或5出脉，有齿或全缘；托叶常变为刺。花小，两性，黄白色，成腋生短聚伞花序；花部5数。核果，具1核，1～3室，每室1

种子。

本属资源约100种，主要分布于亚洲和美洲的热带和亚热带地区。我国产12种，3变种，各地多有栽培，主要产于西南和华南。

枣树 *Z. jujuba* Mill.

【形态特征】 枣树（图156）为落叶乔木，高达10m。干皮灰褐色，条裂，枝有长枝、短枝和脱落性小枝三种，枝光滑，小枝之字形弯曲；常有托叶刺，一枚长而直伸，另一枚短小而向后勾曲；当年生枝常簇生于短枝上，冬季脱落。单叶互生，叶卵形或卵状长椭圆形，叶缘有细钝齿，基部三出脉，叶片较厚，近革质，具光泽。花小，两性，黄绿色，有香气，5数，2～3朵簇生于叶腋。核果大，卵形或矩圆形，熟后暗红色或淡褐色，具光泽，味甜；核坚硬，两端尖。花期5～6月，果期8～9月。

图156 枣树

【产地与分布】 全国各地均有分布。

【生态特征】 强阳性，对气候、土壤适应性较强。喜干冷气候及中性或微碱性的沙壤土，耐干旱、瘠薄，对酸性、盐碱土及低湿地都有一定的忍耐性，根系发达，深广。萌蘖力强，抗风沙，适应性强。耐修剪。

【繁殖方式】 用分蘖、嫁接、根插法繁殖。

【品种资源】

① 龙枣（cv. *Tortuosa*）：又名龙爪枣。枝及叶柄均卷曲，果小质差，生长缓慢。

② 酸枣（var. *spinosa* Hu.）：又名棘。常呈灌木状，但也可长成高10余米的大树，托叶刺明显，一长一短，长者伸直，短者向后钩曲。叶较小，核果小，近球形，味酸，果核两端钝。

③ 无刺枣（var. *Inemmis* (Bunge) Rehd.）：枝无托叶刺，果较大；各地栽培的种大多为此变种。

④ 葫芦枣（cv. *Lagenaria*）：果实中部收缩成葫芦形，食用；可兼作园林绿化树种。

【园林应用】 形态造景：是我国栽培最早的果树，已有3000多年的栽培历史，品种很多。树干苍劲，冠大荫浓，分枝点高，花小，黄绿色，夏季绿荫浓浓，秋季红果累累，可观花、观果，可作行道树、庭荫树、园景树。或片植营造风景林。

生态造景：强阳性，可用于阳面绿化。抗盐碱，可用于盐碱地绿化。耐贫瘠，抗风沙，适应性强，根系发达，深广，萌蘖力强，可以营造防护林，甚至沙漠绿化。由于良好的生态适应性，城市绿化中具有广泛的应用前景。

2. 鼠李属 *Rhamnus* L.

落叶或常绿，灌木或小乔木；枝端常具刺；冬芽具鳞片或裸露，顶芽有或无而变刺。单叶互生或近对生，羽状脉，通常有锯齿；托叶小，早落。花小，绿色或白色，两性或单性异株，簇生或为伞形、聚伞、总状花序；花萼钟形或漏斗状钟形，4～5浅裂；萼片、花瓣、雄蕊各为4～5枚，花瓣短于萼片，基部具短爪，有时无花瓣。核果浆果状，基部为萼筒所包，具2～4核，核骨质或软骨质，开裂或不开裂，每核1种子，种子倒卵形或长圆状倒卵形，背面或背侧有沟。

本属资源约200种，分布于温带至热带，主要集中于亚洲东部和北美洲西南部。我国产57种，14变种，遍布全国，以西南和华南种类最多。

图 157　金刚鼠李

金刚鼠李　*Rhamnus diamantiaca* Nakai in Bot.

【形态特征】 金刚鼠李（图 157）为落叶灌木，高 1～3m。多分枝，全株近无毛，小枝对生或近对生，具长短枝，小枝暗紫色，有光泽，末端有针刺；腋芽小，卵形，锐尖，灰褐色，下部鳞片裂开。叶纸质或薄纸质，在长枝上对生或近对生，偶有互生，在短枝上簇生，宽卵形、卵圆状菱形或倒卵形，先端突尖或短渐尖，基部楔形，边缘有圆齿状锯齿，两面无毛或上面沿中脉有疏柔毛，下面脉腋有疏柔毛，上面暗绿色，下面淡绿色；叶柄上面有沟，带紫红色，无毛。花单性，雌雄异株，4 基数，有花瓣，通常数朵簇生于短枝端或长枝下部叶腋处；花冠为漏斗状钟形，具退化雄蕊。果近球形或倒卵状球形，成熟时黑色或紫黑色，具 2 或 1 分核，基部有宿存的萼筒；种子倒卵性，黑色，背侧有长为种子 1/4～1/3 的短沟。花期 5～6 月，果成熟期 9 月。

【产地与分布】 东北三省均有分布。

【生态习性】 喜光，生于林缘。

【繁殖方式】 用种子繁殖。

【园林应用】 形态造景：树形优美，叶色清新秀丽，可作庭园树或是作园路树。可点缀于草坪之上，形成缀花草坪，也可片植营造风景林，或是植于林缘，丰富园林景观层次。

生态造景：喜光，可用于阳面绿化。耐旱耐贫瘠，可用于岩石园绿化。

二十五、葡萄科 *Vitaceae*

藤本，常具与叶对生之卷须，稀直立灌木或小乔木。单叶或复叶，互生；有托叶。花小，两性或杂性；成聚伞、伞房或圆锥花序，常与叶对生；花萼 4～5 浅裂；花瓣 4～5 枚，镊合状排列，分离或基部合生，有时顶端连接成帽状并早脱落。浆果。

本科 12 属，约 700 种，分布热带至温带；中国产 7 属，100 余种，南北均有分布。

1. 爬山虎属（地锦属）*Parthenocissus* planch.

落叶或常绿藤本；树皮具皮孔；小枝具白色髓；卷须顶端常扩大成吸盘；冬芽圆形，外具 2 或 4 枚鳞片。叶互生，掌状复叶或单叶而常有裂，具长柄。花两性，稀杂性，聚伞花序与叶对生；花萼小，花部常 5 数。浆果，内含 1～4 种子。

属内资源共约 15 种，产北美洲及亚洲；中国约 9 种。

(1) 地锦（三叶地锦）*Parthenocissus tricuspidata*（Sieb. et Zucc. Planch.）

【形态特征】 地锦（图 158）为攀援藤本。枝条粗壮多分枝。小枝呈土褐色，生有多数短小分枝卷须，卷须顶端具圆形吸盘，吸着于它物上；短枝粗而短，布满叶痕。叶互生，在短枝端两叶呈对生状，叶宽卵形，先端通常三裂、三深裂及部分叶不分裂，叶基部心形，边缘具锐粗锯齿，上面平滑无毛，暗绿色，有光泽，下面淡绿色，沿脉上有柔毛；秋叶变红色或紫色。聚伞花序常腋生于短枝端，一般成对，花梗短而无毛，常比叶柄短数倍；花两性，淡黄绿色，小形；萼片 5 枚，截形；花瓣 5 枚，长圆形。浆果球形，蓝紫色，有白粉；种子种皮坚硬。花期在 6 月，果期在 9～10 月。

【产地与分布】 辽宁有野生。我国从吉林到广东均有分布。朝鲜、日本也有分布。

【生态习性】 适应性强，喜光、喜湿、能耐阴，南北向墙面均能生长。生于山坡及杂木林内，林缘。对土壤及气候适应能力很强；生长快。对氯气抗性强。常攀附于岩壁、墙垣和树干上。

【繁殖方式】 播种、分根、扦插均能繁殖。2～3年苗出圃。

【园林应用】 形态造景：攀缘藤本，是垂直绿化最佳树种，秋叶变红色，是美丽的秋色叶树种。可观美丽的秋色叶。本种是一种优美的攀缘植物，能借助吸盘爬上墙壁或山石，枝繁叶茂，层层密布，入秋叶色变红，格外美观。常用作垂直绿化建筑物的墙壁、围墙、假山、老树干等，短期内能收到良好的绿化、美化效果。夏季对墙面的降温效果显著。

图158 地锦

生态造景：适应性强，喜光、能耐阴，可用于阴面区绿化。喜湿、可用于湿地绿化。抗有毒气体，可工矿区绿化。

(2) 美国地锦（五叶地锦，美国爬山虎）*Parthenocissus quinquefolia* planch.

【形态特征】 美国地锦（图159）为落叶藤木；幼枝带紫红色；卷须与叶对生，5～12分枝，顶端吸盘大。叶互生，掌状复叶，具长柄，小叶质较厚，具短柄，卵状长椭圆形至倒长卵形，先端尖，基部楔形，缘具大齿，表面暗绿色，平滑无毛，背面稍具白粉并有毛。聚伞花序集成圆锥状，较疏散，与叶对生，花轴与花梗皆无毛；萼近5齿，截形；花瓣5枚，黄绿色。浆果近球形，成熟时蓝黑色，稍带白粉，具1～3种子，种皮质地坚硬。花期6～7月；果9～10月成熟。

图159 美国地锦

【产地与分布】 原产美国东部；中国有栽培。

【生态习性】 喜温暖气候，也有一定耐寒能力；耐阴。生长势旺盛，但攀缘力较差，在北方常被大风刮下。抗有毒气体。

【繁殖方式】 通常用扦插繁殖，播种、压条也可。

【园林应用】 形态造景：藤本植物，可作垂直绿化资源。幼枝带紫红色，到了秋季，叶色变为红色，格外美观。可作为秋色叶树种，观美丽的秋色叶。能借助卷须和吸盘爬上墙壁或山石，枝繁叶茂，层层密布，入秋叶色变红，格外美观。常用作垂直绿化建筑物的墙壁、围墙、假山、老树干等，短期内能收到良好的绿化、美化效果。夏季对墙面的降温效果显著。

生态造景：喜温暖气候，有一定耐寒能力，可在东北地区进行绿化造景。耐阴，可用于阴面区造景。耐水湿，也可用于湿地造景。抗有毒气体，适于工矿区绿化。

2. 葡萄属 *Vitis* L.

攀援落叶藤本，通常以卷须攀援上升。茎无皮孔，老则条状剥落，髓心褐色。借卷须攀缘，卷须与叶对生。单叶互生，掌状裂，很少为掌状复叶，叶缘有齿。圆锥花序与叶对生，花杂性异株，稀同株；花部5基数，萼片小而不明显，花瓣顶部连接成帽状，开花时整体脱落。肉质浆果含2～4种子，种子梨形，腹面有两道沟，基部嘴状，种皮坚硬。

本属资源60余种，分布于温带及亚热带。我国约有38种，南北均有分布。

山葡萄 *V. amurensis* Rupr.

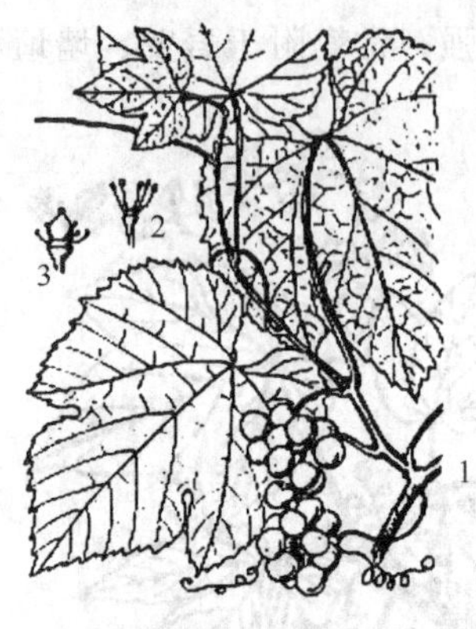

图 160　山葡萄

1—果枝；2—雄蕊；3—雌花

【形态特征】 山葡萄（图 160）为藤本，枝条粗壮，长达 15m 以上，幼枝淡紫色、绿色或黄褐色，光滑或具柔毛，具细条纹，有节，多少成之字形生长，有与叶对生的卷须。叶互生，广卵形，3～5 掌状浅裂，裂片先端尖，边缘具粗齿，两面无毛，或下面有短柔毛，基部狭心形，两侧微靠拢，常闭锁或呈锐角形。圆锥花序与叶对生，雌雄异株，多花，花小形，黄绿色；雌花序成圆锥状而分枝，具稀疏的长毛，萼片小，5 裂，花瓣 5 枚，雌蕊退化。浆果，球形，黑色，具浓厚的带蓝色的果霜而呈深蓝色。花期 5～6 月，果熟期 8～9 月。

【产地与分布】 东北三省均有分布。

【生态习性】 生长快，耐寒，能忍耐－40℃严寒。极耐荫。

【繁殖方式】 用种子、压条繁殖。

【园林应用】 形态造景：圆锥花序与叶对生，黄绿色或紫红色，浆果球形，秋季硕果累累。红叶满枝，是优秀的观果、观秋叶的垂直绿化资源。可美化园林棚架，既可观赏、遮荫，又可结合果实生产。庭院、公园、疗养院及居民区均可栽植。

生态造景：耐寒，是北方地区的绿化树种。生长快，可较快形成园林景观效果。耐阴，可以在阴面绿化。

二十六、椴树科 *Tiliaceae*

乔木或灌木，稀草本；常具星状毛。髓心、皮层具黏液细胞；树皮富含纤维。单叶互生；常为三出脉；托叶小而早落。花通常两性，整齐；聚伞花序，或由小聚伞花序组成圆锥状花序；萼片 3～5 枚，镊合状排列；花瓣 5 或无。蒴果、核果、坚果或浆果。

本科约 60 属，400 种，广布于热带、亚热带，少数产温带；中国 9 属，约 80 余种，南北都有分布，主产长江以南各省区。

椴树属 *Tilia* L.

落叶乔木；内皮富含纤维；冬芽大，外具鳞片，无顶芽。单叶互生，有长柄，叶基常不对称，心形或截形；托叶膜质，大型，舌状，早落。花两性，整齐，聚伞花序下垂，总梗约有其长度一半与舌状苞片合生；花小，黄白色，有香气；萼片、花瓣各 5 枚；有时具花瓣状退化雄蕊并与花瓣对生。坚果状核果，或浆果状，球形、卵形或倒卵形，有 1～3 种子；种子具胚乳；子叶掌状 5 裂。

本属共约 50 种，主产北温带；中国约有 35 种，南北均有分布。

(1) 紫椴　*Tilia amurensis* Rupr.

【形态特征】 紫椴（图 161）为落叶乔木，高 30m，胸围 1m。树冠卵形；幼树皮黄褐色，老时暗灰色，浅纵裂，呈片状脱落；小枝之字形曲折，无毛，或疏生灰白色蛛丝状柔毛，后脱落，皮孔明显，微凸起，老枝褐色。叶宽卵圆形，萌生枝叶更大，基部心形，先端尾尖，背面叶脉簇生毛，边缘具粗尖锯齿，齿端具内弯的芒尖，偶具 1～3 裂片；叶柄无毛。复伞房花序，花序无毛；具 30～20 朵带状

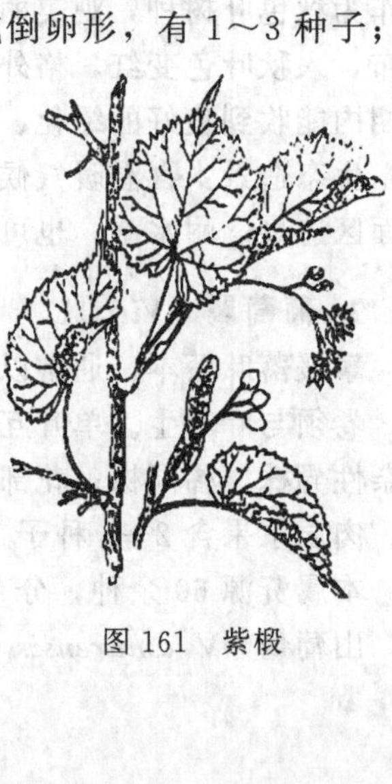

图 161　紫椴

膜质苞片，下部二分之一与花序柄联合；花黄白色，极香。坚果椭圆状卵形或球形，被灰褐色星状毛层，无纵脊，果皮薄；具种子1～3粒，种子褐色，倒卵形。花期6～7月，果期9月。

【产地与分布】 产于黑龙江、辽宁、华北等省，其中以长白山和小兴安岭林区为最多。

【生态习性】 喜光，稍耐侧方庇荫。喜温凉湿润气候，较耐寒，其耐寒性随年龄的增长而加强，对土壤要求比较严格，尤其在土层深厚的排水良好的沙壤土上生长最好，不耐水湿和沼泽地。抗烟和抗毒性强，虫害少，深根性树种，萌蘖性强。生长较慢。

【繁殖方式】 播种繁殖。

【园林应用】 形态造景：树姿优美，树冠开展，幼树皮黄褐色，小枝之字形曲折，叶形奇特，秋季苞片变黄，秋叶变黄，可观美丽的秋色叶，花黄白色，极香，也可做观花树种，或是作香花园树种，管理粗放，少病虫害，因此宜作行道树、园景树。冠大荫浓，也可植于庭园内作庭荫树。或是植于草坪之上，形成疏林草坪的景观效果。

生态造景：喜光，稍耐侧方庇荫，可用于阳面绿化。喜温凉湿润气候，较耐寒，适于温暖地区绿化之用。对土壤要求比较严格，尤其在土层深厚的排水良好的沙壤土上生长最好，不耐水湿和沼泽地，故不宜在湿地绿化。抗烟和抗毒性强，可在工矿区绿化。深根性树种，萌蘖性强，可用于固土护坡。生长较慢，形成园林景观速度较慢。

(2) 糠椴 *Tilia mandshurica* Rupr. et Maxim.

图162 糠椴

【形态特征】 糠椴（图162）为乔木，高达20m；树冠宽卵形，树皮灰色，纵裂，裂沟深；幼枝密生浅褐色星状绒毛，冬芽大而圆钝；芽鳞7～8枚，密被棕色星状短柔毛。叶广卵圆形，先端短渐尖或突长尖，基部心形，缘有带尖头的粗齿，表面疏生星状毛，背面灰白色，密生星状毛，但脉腋无簇毛；萌生枝叶更大，先端有时2～3浅裂，密被浅灰色星状短绒毛；后渐脱落。聚伞花序，花序轴密被浅黄褐色星状短绒毛；膜质苞片倒披针形，先端钝或稍尖，基部渐狭，上面近无毛，下面有密星状短绒毛，两面网脉明显，具短柄或近无柄；花萼5片，披针形，两面密被灰色星状短绒毛；花瓣5枚，黄色。坚果近球形，密被黄褐色星状短绒毛，基部有5棱，果皮较厚。花期7月，果期9月。

【产地与分布】 主产我国东北，华北也有分布。

【生态习性】 喜光，也相当耐阴，耐寒性强，喜凉润气候，喜生于潮湿山地或干湿适中的平原；喜深厚、肥沃而湿润之土壤，在微酸性、中性和石灰性土壤上均生长良好，但在干瘠、盐渍化或沼泽化土壤上生长不良。深根性，萌蘖性强；生长速度中等。不耐烟尘。

【繁殖方式】 多用播种法繁殖，分株、压条也可。

【园林应用】 形态造景：本种树冠整齐，枝叶繁多，树姿优美，遮荫效果好，叶形奇特，叶大浓绿，花蜜纯香，素雅庄重，是不可多得的园林绿化树种，可作行道树、庭荫树、园景树。花香，可作夜花园，香花园。也可点缀于草坪之上，形成疏林草坪景观效果。

生态造景：喜光，也相当耐阴，可作阴面绿化树种。耐寒性强，适于寒冷地区绿化。喜凉润气候，喜生于潮湿山地或干湿适中的平原，可用于湿地绿化。喜深厚、肥沃而湿润之土壤，属肥土树种。在干瘠、盐渍化或沼泽化土壤上生长不良，故不宜在盐碱地应用。深根性，萌蘖性强；可用于保持水土。生长速度中等，可较快形成园林景观效果。

二十七、锦葵科 *Malvaceae*

草本或木本，灌木或乔木。单叶，互生，常为掌状脉及掌状裂；有托叶。花两性，形大，单生或成蝎尾状聚伞花序；萼片5裂，常具副萼；花瓣5枚，在芽内旋转状；雄蕊多数，花丝合生成筒状，花药1室，花粉有刺。蒴果，室背开裂或分裂为数果瓣。种子多具油质胚乳。

本科资源约50属，1000种，广布于温带至热带各地；中国约有16属，50余种。

木槿属 *Hibiscus* L.

草本或木本，灌木或乔木。花大，两性，常单生叶腋；萼片5齿裂，宿存；花瓣钟形；基部与雄蕊筒合生。蒴果。种子有毛或乳状突起。

本属资源200～300种，广泛分布于热带。我国近24种（含引种），大多用于观赏。

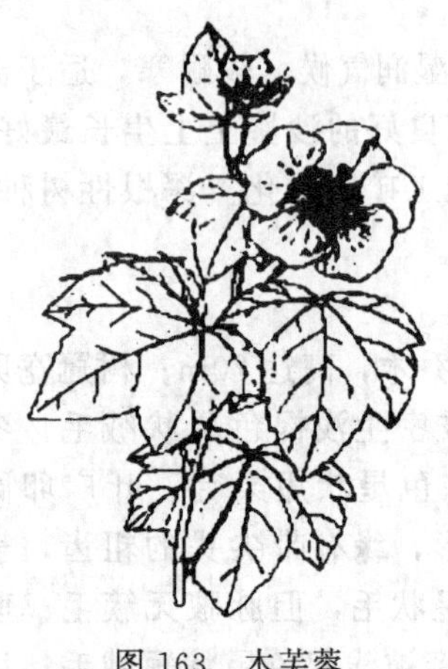

图163 木芙蓉

(1) 木芙蓉 *Hibiscus mutabilis* L.

【形态特征】 木芙蓉（图163）为落叶灌木或小乔木，株高1～2m，枝条密被星状短柔毛，单叶互生，掌状，5～7裂，裂片三角形，先端尖，基部心形，叶缘具钝锯齿，两面被毛。花生于叶腋或枝顶，有单瓣、半重瓣、重瓣，花色有红、粉、白、黄等。花期9～11月间次第开放。果期10～11月，并宿存于枝头至翌年。

【产地与分布】 原产中国，黄河流域至华南均有栽培。

【生态习性】 深根性，根粗壮稍具肉质，喜温暖湿润、阳光充足的环境，亦耐旱，略耐阴。其生性粗放，对土质要求不严，在疏松、透气、排水良好的沙壤土中生长最好。耐修剪。对二氧化硫有一定的抗性。

【繁殖方式】 扦插、压条、播种、分株繁殖。

【品种资源】 变型及栽培：

① 重瓣木芙蓉（f. *Plenus*（Andrews）S. Y. Hu）：花为重瓣。福建、广东、湖南、湖北、云南、江西和浙江等省有栽培。

② 醉芙蓉（*Versicolor*）：花在一日中会变化各种色彩，初开为纯白色，渐变淡黄、粉红，最后变为红色。

【园林应用】 形态造景：木芙蓉秋季开花，花大美丽，花色及花型随品种不同有着丰富的变化。一般都是朝开暮谢，如“醉芙蓉”早晨初开花时为白色，至中午为粉红色，下午又逐渐呈红色，至深红色则闭合凋谢。由于每朵花开放的时间有先有后，常常在一株木芙蓉上同时有白、鹅黄、粉红等不同颜色的花朵，绚丽夺目。植于池畔、水滨，形成“芙蓉照水”的园林景观。花清姿雅质，如锦似绣，非常美丽。是著名的花灌木，适合公园、庭院的绿化，也可盆栽观赏。

生态造景：适宜近水环境，在水畔种植形成水影花光，潇洒脱俗。特别是当花凋谢时，落于水中顺水飘荡，形成花溪，让人回味。对二氧化硫有一定的抗性，可先作分车绿带行道树，对氨气较敏感，可在工矿区种植作指示树。

人文造景：人们形容其“晓妆如玉暮如霞”，谓之“醉木芙蓉”。宋代苏东坡就留下“溪边野芙蓉，花水相媚好”的诗句。宋代王安石在《木芙蓉》中写道：“水边无数木芙蓉，露染胭脂色未浓；正似美人初醉著，强抬青境欲妆慵。”木芙蓉开花在秋季，百花快要凋谢的时候开花正艳，也故名“拒霜花”，苏东坡在《木芙蓉》中这样描述芙蓉：“千林扫作一番黄，只有芙蓉独自芳；唤作拒霜知未称，细思却是最宜霜”。木芙蓉为成都市花，成都被称为“蓉城”。

(2) 木槿 *H. syriacus* L.

【形态特征】 木槿（图 164）为落叶灌木或小乔木，高 3～4m。小枝幼时密被绒毛，后渐脱落。叶菱状卵形，中部以上常3裂，基部楔形，边缘有钝齿，幼时两面疏生星状毛。花单生叶腋，单瓣或重瓣，有淡紫、红、白等色；花大，小苞片线形，有星状毛，花萼钟形；雄蕊柱和花柱不伸出花冠。蒴果卵圆形，密生星状绒毛。花期 6～9 月，果熟期 9～11 月。

图 164 木槿

1—花枝；2—花苞；3—果

【产地与分布】 原产东亚，我国自东北南部至华南均有栽培。

【生态习性】 喜光，耐半阴；喜温暖湿润气候，也耐寒；适应性强，耐干旱贫瘠，不耐积水，耐修剪，抗二氧化硫、氯气。

【繁殖方式】 播种、扦插、压条繁殖。

【品种资源】

朱槿（*H. rosa-sinensis* L.）：又称扶桑。落叶灌木，高达 6m。叶宽卵形或狭卵形，基部近圆形，边缘有不整齐粗齿或缺刻，两面无毛或仅背面沿侧脉疏生星状毛；花萼钟形，裂片卵状披针形；花冠漏斗形，淡红色或玫瑰红色；雄蕊柱和花柱长，伸出花冠外。蒴果卵状球形。夏秋开花。

栽培品种很多：

单瓣的有：纯白‘*Totus Albus*’、皱瓣纯白‘*W. R. Smith*’、大花纯白‘*Diana*’、（花径约 12cm，多花）、白花褐心‘*Monstrosus*’、白花红心‘Red Heart’、白花深红心‘*Dorothy Crane*’、蓝花红心‘Blue Bird’、浅蓝红心‘*Hamabo*’、紫蓝‘*Coelestis*’、大花粉红‘Pink Giant’（花径 10～20cm）、玫瑰红‘*Wood-bridge*’（花玫瑰粉红色，中心变深）等；

重瓣和半重瓣的有：

粉花重瓣‘*Flore-plenus*’（花瓣白色带粉红晕）、美丽重瓣‘*Speciosus Plenus*’（粉花重瓣，中间花瓣小）、白花重瓣‘*Albo-Plenus*’、白花褐心重瓣‘*Elegantissimus*’、白花红心重瓣‘*Speciosus*’、桃紫重瓣‘*Amplissmus*’、桃色重瓣‘*Anemonaeflorus*’、玫瑰重瓣‘*Ardens*’、桃红重瓣‘*Paeoniflorus*’（花桃色而带红晕）、紫花半重瓣‘*Purpureus*’、桃白重瓣‘*Pulcherrimus*’（花桃色而混合白色）、青紫重瓣‘*Violaceus*’等花色品种。

【园林应用】 形态造景：夏秋开花，花有淡紫、红、白等色，花期长而且花朵大，且有许多不同花色，花型的变种和品种，是优良的园林观花树种。也宜丛植于草坪、路边或林缘。形成缀花草坪的景观效果。也可片植营造风景林，或是配植于林缘，丰富园林景观层次。

生态造景：喜光，耐半阴，可用于阴面绿化，耐旱，耐贫瘠，可用于干旱贫瘠地和岩石园绿化。喜温暖湿润气候，故宜在温暖地区应用。也颇耐寒，可用于北方地区绿化。但不耐积水，不宜在湿地绿化。萌蘖性强，耐修剪，常作围篱及基础种植材料，因具有较强抗性，故也是工厂绿化的良好树种。

二十八、梧桐科 *Sterculiaceae*

乔木或灌木，稀为藤本或草本，常被星状毛。茎皮富含纤维，常具黏液。单叶，稀掌状复叶，互生，托叶早落。花单性、两性或杂性，圆锥、聚伞、总状或伞房花序腋生，稀顶生；花萼3～5裂，稍合生或分离，镊合状排列；花瓣5或缺，分离或基部与雌雄蕊合生，旋转覆瓦状排列。多为蒴果或蓇葖果，稀浆果或核果。

约68属，1100种，主产热带、亚热带地区，个别种可至温带。中国有19属，82种，多分布于华南至西南山区，其中引入栽培6属，9种，多为用材及特用经济树种。

梧桐属　*Firmiana* Marsili

落叶乔木或灌木。叶掌状分裂，互生。圆锥花序，稀总状花序，顶生或腋生；花单性或杂性同株，花萼5深裂近基部；无花瓣；雄蕊柄顶端具花药15（10～25），合生成筒状。蓇葖果具柄，果皮膜质，成熟前沿腹缝线开裂成叶状；种子球形，3～4枚着生果皮边缘。子叶扁平而薄。

共约15种，分布于亚洲和非洲南部。中国产3种。

图165　梧桐

梧桐（青桐、耳桐、青皮树、桐麻）*Firmiana simplex*（L.）W. F. Wight.

【形态特征】梧桐（图165）为落叶大乔木，树干挺直，高达16m。树皮青绿色或灰绿色，平滑。小枝粗壮，绿色。叶心形，3～5掌状分裂，无毛或稍被毛，基脉5～7出。裂片三角形，顶端渐尖，全缘；叶柄与叶片近等长。圆锥花序顶生，花小，淡黄绿色，萼片5深裂近基部，裂片长条形，向外反卷曲，外面密生淡黄色星状毛，内面基部被绒毛；花瓣缺。蓇葖果4～5裂，纸质，成熟前裂开成叶状，有毛；种子形如豌豆，2～4颗着生果瓣边缘，成熟时棕色，有皱纹，可食。花期7月，果熟期11月。

【产地与分布】原产我国黄河流域以南，东至台湾，北至河北，西至湖北、四川、贵州、云南，南达海南。日本有分布。

【生态习性】喜光，幼年稍耐阴；喜温暖、湿润的气候和肥沃的沙质土壤。肉质根，不耐水湿。深根性，萌芽力弱，不耐修剪。对多种有毒气体抗性较强，而且生长快，特别是从第三年起生长尤快，寿命较长。发叶晚，落叶早，入秋则梧桐叶凋落最早，被认为是临秋的标志，故有“梧桐一叶落，天下尽知秋”的谚语。

【繁殖方式】播种法繁殖，扦插、分根也可。

【园林应用】形态造景：梧桐树干端直，树皮光滑绿色，无刺无毒、洁净可爱。叶大而形美，绿荫浓密，夏季宛如一把大伞，撑出一片绿色浓荫，是为极佳的庭荫树种，其英文名为“Chinese parasol tree”，即中国伞树，树如其名。

《群芳谱》云：“梧桐皮青如翠，叶缺如花，妍雅华净，赏心悦目，人家斋阁多种之”。可见梧桐很早就被植为庭院观赏树。梧桐与棕榈、芭蕉、竹子等相配，是体现我国民族风格的传统配植方法。梧桐早在汉代就被用于行道树，这与其优美的树形及优良的生态特性分不开。在现代园林绿化中，将梧桐用于行道树既能丰富道路景观，同时又能体现乡土特色，有助于塑造鲜明的地方形象；还可适于草坪、庭院、宅前、坡地、湖畔孤植或丛植。

生态造景：喜光，配植于阳光充足之处；对土壤要求不严，对多种有毒气体抗性较强，而且生长快，特别是从第三年起生长尤快，寿命长，因此，梧桐可作为厂矿地的绿化树种，成片种植更可增加叶面积，提高净化效果。

人文景观：在中国传统文化中，“凤凰、牡丹、梧桐”都是吉祥之物，传说中的“感知日月正闰”、“凤栖梧桐”、“剪桐疏爵”与梧桐作为祥瑞的化身典故密不可分，最常见的是被用于帝王园林或大户宅院。梧桐高直疏秀、青翠洁净的形态特征，让人联想到君子高直、高洁的品性，在古代诗词中十分常见。梧桐与竹均“虚心有节”，一落叶一常绿，可共同比喻君子。如白居易《云居寺孤桐》“亭亭五丈余，高意犹未已”，王维《奉寄韦太守陟》“寒潭映衰草，高馆落疏桐”，李白《与贾至舍人于龙兴寺剪落梧桐枝望邕湖》“剪落青梧枝，邕湖坐可窥”都写出了梧桐的高直疏秀、苍翠可爱。

二十九、山茶科 *Theaceae*

乔木或灌木，常绿或半常绿。单叶互生，羽状脉；无托叶。花常为两性或单性雌雄异株，单生或数朵簇生，多单生于叶腋，稀形成花序；苞片 2 至多数；萼片 5～7，常宿存，有时和花瓣或苞片逐渐过渡；花瓣 5，稀 4 或更多，基部合生，稀分离，白色、红色或黄色。蒴果、核果或浆果，室背开裂，浆果不开裂。种子胚乳少或缺，子叶肉质。

约 36 属，700 余种，产热带至亚热带。我国 15 属，480 种，主产长江流域以南地区。该科多种树种为名贵观赏树种，在我国有着悠久的历史和深厚的文化渊源。

约 30 属，500 余种，产热带至亚热带；中国产 15 属，400 余种，主产长江流域以南。

山茶属 *Camellia* L.

山茶科最原始的一属。常绿小乔木或灌木。芽鳞多数。叶革质，羽状脉，有锯齿，具短柄。花两性，单花或数朵簇生叶腋；苞片 2～6 或更多，萼片大小不等，有时不分化为苞片及萼片，称苞被；花白色、红色或黄色，花瓣 5～12 瓣，基部常连生。蒴果，室背开裂，中轴与果瓣同时脱落；种子形大，无翅。

约 280 种，分布于东北回归线两侧。我国 238 种，以云南，广西，广东及四川为最多。茶树和山茶属的原始种类，都是中国原产。

约 220 种，中国产 190 余种，分布于南部及西南部。

山茶（山茶花、曼陀罗树、晚山茶、耐冬、川茶、海石榴）*Camellia japonica* L.

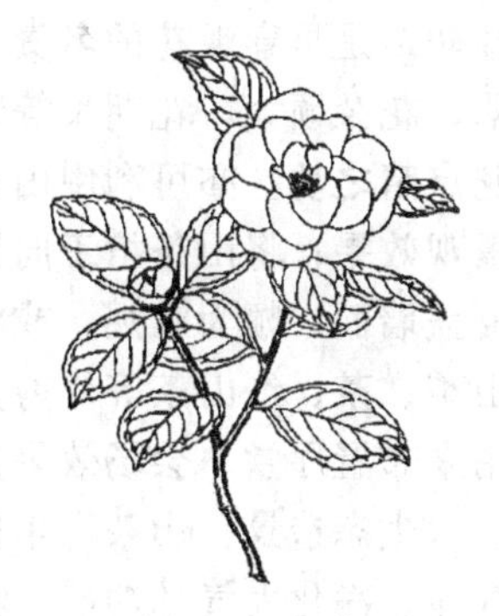
图 166　山茶

【形态特征】 山茶（图 166）为常绿灌木或小乔木，高达 10～15m。叶卵形、倒卵形或椭圆形，叶端短钝渐尖，叶基楔形，叶缘有细齿，叶表有光泽，侧脉 7～8 对，苞被片被绢毛，花后脱落。花单生或对生于枝顶或叶腋，红色，无梗，花瓣近圆形，顶端微凹；萼密被短毛，边缘膜质。蒴果近球形，无宿存花萼；种子椭圆形。花期 1～5 月；果秋季 9～10 月成熟。

【产地与分布】 产于我国山东、江西、四川、浙江、广东、广西、福建及台湾，日本、朝鲜也有分布。山茶的露地栽培以浙江、福建、四川、湖南、江西、安徽、中国台湾、广东、广西及云南等省区较多。

【生态习性】 喜半阴，忌烈日。喜温暖气候，略耐寒，一般品种能耐－10℃的低温；耐暑热，但超过 36℃生长受抑制。喜空气湿度大，忌干燥。肉质根，喜湿、忌涝，对海潮风有一定的抗性；喜肥沃、疏松的微酸性土壤，pH 值以 5.5～6.5 为佳。对二氧化硫、氟化氢、硫化氢的抗性强，对氟、氯的吸收能力强。

【繁殖方式】 可用扦插、嫁接、压条、播种和组织培养等繁殖，以扦插、嫁接为主。

【品种资源】

当今世界山茶花品种已发展到 5000 余个，中国有 300 余个。根据其雄蕊的瓣化、花瓣的自然增加、雄蕊的演变、萼片的瓣化等情况不同，将山茶品种分为单瓣类、半重瓣类、重瓣类3大类，12个花型：

① 单瓣类：花瓣1～2轮，5～7片，基部连生，多呈筒状，结实。其下只有单瓣型。

② 复瓣类：花瓣3～5轮，20片左右，多者近50片。其下分为4个型，即复瓣型、五星型、荷花型、松球型。

③ 重瓣类：大部雄蕊瓣化，花瓣自然增加，花瓣数在50片以上。其下分为7个型，即托桂型、菊花型、芙蓉型、皇冠型、绣球型、放射型、蔷薇型。

常见变种有以下八种：

① 白山茶（var. *alba* Lodd.）：花白色。

② 白洋茶（var. *alba-plena* Lodd.）：花白色，重瓣。

③ 红山茶（var. *anemoniflora* Curtis）：亦称杨贵妃，花粉红色，花型似秋牡丹，有5枚大花瓣，外轮宽平，内轮细碎，雄蕊有变成狭小花瓣者。

④ 紫山茶（var. *lilifolia* Mak.）：花紫色，叶呈狭披针形，似百合的叶形。

⑤ 玫瑰山茶（var. *magnoliaeflora* Hort.）：花玫瑰色，近于重瓣。

⑥ 重瓣花山茶（var. *polypetala* Mak.）：花白色而有红纹，重瓣，枝密生，叶圆形。

⑦ 金鱼茶（var. *spontanea forma trifida* Mak.）：又称鱼尾山茶，花红色，单瓣或半重瓣，叶端3裂如鱼尾状，又常有斑纹。

⑧ 朱顶红（var. *chutinghung* Yu）：花形似红山茶，但为朱红色，雄蕊仅2～3枚。

【园林应用】 形态造景：山茶树冠多姿，叶色翠绿，花大艳丽，花期长，花期正值冬末春初，是早春观花的名贵树种。利用乔木类如西南红山茶、滇山茶等树体高大优美，荫浓叶翠，花朵硕大，花期长等特点，可孤植于草坪或者对植于道路两旁、广场入口之处，大有画龙点睛之功。亦可利用山茶自然树形，高低错落，三五成群，成丛成片，以此突出山茶花的景观效果；将山茶植于向阳温暖的墙面之外，附以攀登墙架，使山茶枝干顺墙面而升，继而覆盖墙面，颇为壮观，或将山茶树冠修剪成球形、伞形、圆柱形，供观赏应用；也可将怒江山茶、茶、红山茶等修剪为与环境协调的绿篱形式，也可片植为山茶专类园。北方宜盆栽，用来布置厅堂、会场效果甚佳。近年山茶还成为盆景的良好素材。

生态造景：山茶喜半阴，忌烈日，可作栽培群落的第二层；此外，山茶有抗烟尘与有害气体、净化大气的功能，在工业烟尘浓、废气多、含硫化合物多，空气污染严重的地方，山茶仍然能正常生长，而且能大量吸收硫，在有害气体污染的工矿区及道路用山茶进行绿化，可以起到保护环境、净化空气的作用。

人文景观：山茶自古为我国庭院重要观赏花木之一，其花期之长，可连续4～5个月之久；花朵之硕大，花形之奇异，色彩之艳丽，似"青女行霜下晓空"，深受人们怜爱。古人视同儿女，喻为"儿女之花"。宋代苏东坡诗云："萧萧南山松，黄叶陨劲风，谁邻儿女花，焰火咏雪中"。其叶色常绿，树姿幽美，且树龄可长达数百年不衰，至今在百刹寺庙还可见到许多明清种植的山茶古树。

三十、藤黄科 *Guttiferae*

草本、灌木或乔木。具树脂道或油腺。单叶，对生或轮生，全缘，常有透明腺点或斑点，无托叶。花两性或单性，整齐，通常为聚伞花序；萼片、花瓣通常2～6，雄蕊通常多数，基部多合生成数束。果实为蒴果、核果或浆果；种子无胚乳。

本科约45属，1000余种；中国约6属，64种。

金丝桃属 *Hypericum* L.

多年生草本或灌木。单叶对生，有时轮生，无柄或具短柄，全缘，有透明或黑色腺点。花常黄色，成聚伞花序或单生；萼片5，斜形，旋转状；雄蕊通常多数，分离或成3～5束。蒴果室间开裂，罕为浆果状；种子圆筒形，无翅。

约300种；中国产50种。

(1) 金丝桃 *Hypericum chinense* L.

图167 金丝桃

【形态特征】金丝桃（图167）为常绿、半绿或落叶灌木，高1m左右。多分枝，小枝圆柱状，红褐色，光滑无毛。单叶对生，长椭圆形，无柄，具透明油腺点，全缘。花鲜黄色，花单生或3～7朵成聚伞花序，萼片5，花瓣5，雄蕊多数，5束，较花瓣长，花柱细长，顶端5裂。花期5～9月，果熟期8～9月。蒴果卵圆形。

【产地与分布】原产我国华北至华南地区，河南、河北、陕西、江苏、浙江、台湾、福建、江西、湖北、四川、广东等省均有分布。日本也有。

【生态习性】喜光照，耐半阴，喜温暖湿润气候，在－16℃也可安全过冬，生命力强健。宜于肥沃疏松、排水良好沙质坡土生长。根系发达，耐修剪，萌生性强。根肉质，过干或积水处长势不好，耐干燥，忌积水，忌日光曝晒。

【繁殖方式】可用播种、扦插、分株或高压法。

【园林应用】形态造景：金丝桃花叶秀丽，花期长，灿若云霞，花鲜黄色，雄蕊散露花外，灿如金丝，花冠似桃，故名金丝桃，是南方庭园中常见的观赏花木。可用于花坛和分车带绿化，也宜成片种植在庭院内、假山旁及路边、草坪、溪边等处，也可作为切花材料。

生态造景：不太耐寒，华北多盆栽观赏；喜光照，耐半阴，可做阳面绿化，配植于阳光充足之处；忌积水，不宜用于湿地绿化。

(2) 金丝梅 *Hypericum patulum* Thunb.

图168 金丝梅

【形态特征】金丝梅（图168）为半常绿或常绿灌木。小枝拱曲，有两棱，红色或暗褐色。单叶对生，长椭圆形或广披针形，顶端圆钝或尖，基部渐狭或圆形，叶柄极短，叶面深绿色，叶背粉绿色，有稀疏的油腺点。花金黄色，雄蕊5束，离生，花单生于枝端，或成聚伞花序。蒴果卵形，有宿存萼。花期4～8月，果熟期6～10月。

【产地与分布】产于我国陕西、四川、云南、贵州、江西、湖南、湖北、安徽、江苏、浙江、福建等省。

【生态习性】为温带、亚热带树种，性喜光，略耐阴，稍耐寒。喜排水良好、湿润肥沃的沙质壤土，忌积水，在轻壤土上生长良好。根系发达，萌芽力强，耐修剪。

【繁殖方式】多用分株法繁殖，播种、扦插也可。

【园林应用】形态造景：园林用途同金丝桃。金丝梅绿叶、黄花，十分美丽，适于庭院绿化和盆栽观赏。可丛植、群植于草地、花坛边缘、墙隅一角及道路转角处，也可用作花境。

生态造景：喜光照，略耐阴，可做阳面绿化，配植于阳光充足之处；忌积水，不宜用于湿地绿化。萌芽力强，耐修剪，可作绿篱。

三十一、柽柳科 *Tamaricaceae*

落叶小乔木、灌木，草本或木本。小枝纤细。叶小，多为鳞形，互生；无托叶。花小，两性，整齐，萼片、花瓣各 4～5 枚，覆瓦状排列；雄蕊与花瓣同数或为其 2 倍，或多数而成数群。蒴果 3～5 裂；种子有毛。

本科共 4 属，约 100 种；中国 3 属，28 种。

柽柳属 ***Tamarix* L.**

落叶小乔木或灌木。小枝纤弱，圆柱状；叶鳞片状，抱茎。叶鳞形，先端尖，无芽小枝秋季常与叶具落。花小，两性，总状花序，或再集生为圆锥状复花序；萼片、花瓣各 4～5 枚。蒴果 3～5 裂；种子小，多数，端具无柄的簇生毛，无胚乳。

本属共 75 种；中国约 16 种，全国均有分布，而以北方为多。

柽柳（三春柳、西湖柳、观音柳）*T. chinensis* L.

图 169　柽柳

1—花枝；2—枝叶放大；3—花；4—去花瓣之花；5—花瓣；6—花盘；7—子房纵剖面；8—果；9—种子；10—花程式

【形态特征】 柽柳（图 169）为灌木或小乔木，高 5～7m。树皮红褐色；枝细长而常下垂，带紫色，有光泽。叶鳞形，叶端尖，叶背有隆起的脊。总状花序侧生于去年生枝上，春季开花，而总状花序集成顶生大圆锥花序者夏、秋开花；花粉红色，苞片条状钻形，萼片、花瓣及雄蕊各为 5 枚。蒴果 3 裂。主要在夏秋开花；果 10 月成熟。

【产地与分布】 原产中国，分布极广，自华北至长江中下游各省，南达华南及西南地区。

【生态习性】 性喜光，耐寒、耐热、耐烈日曝晒，耐干旱、耐水湿，抗风、耐盐碱土，能在含盐量达 1%的重盐碱地生长。深根性，根系发达，萌芽力强，耐修剪和刈割；生长较速。

【繁殖方式】 可用播种、扦插、分株、压条等法繁殖，通常多用扦插法。

【园林应用】 形态造景：姿态婆娑，枝叶秀美，树皮红褐色；枝细长而常下垂，带紫色。春季开花和夏、秋开花；花粉红色，花期很长，故可用于春、秋季造景的观花种类，常作为园景树供观赏。也可点缀于草坪之上，形成疏林草坪景观。

生态造景：性喜光，可用于阳面绿化。耐寒、可用于北方地区园林绿化。耐干旱又耐水湿，适应范围比较广，可在干旱贫瘠地和湿地绿化，抗风又耐盐碱土，是优秀的防风固沙植物，也是良好的改良盐碱土树种，在盐碱地上种柽柳后可有效地降低土壤的含盐量。萌芽力强，耐修剪和刈割；生长较速，可作篱垣用。耐热、耐烈日曝晒，可以在沙漠地区进行园林绿化和造景。

三十二、瑞香科 *Thymelaeaceae*

灌木或乔木，稀草本。单叶，互生、对生或近对生，全缘，羽状脉，叶柄短，无托叶。

花辐射对称，两性或单性异株，芳香，头状、伞形、穗状或总状花序；花萼常花瓣状、萼筒状，4～5裂，裂片覆瓦状排列；花瓣通常缺或被鳞片所代替，与萼裂片同数，稀为其倍数。坚果、核果、浆果或核果，稀蒴果，种子1，有或无胚乳，胚直生，子叶肉质。
本科约42属，500种，广布于温带至热带；中国产9属，约90种。

结香属　*Edgeworthia* Meissn.

落叶灌木。枝疏生而粗壮，茎皮强韧。叶互生，具短柄，全缘，通常聚集于分枝顶部。花两性，排成无柄或具柄、腋生的头状花序，先于叶或与叶同时开放；花被筒状，端4裂，扩展，喉部无鳞片。核果包藏于宿存的萼管基部，果皮革质。

共4种，分布于喜马拉雅地区以至日本。我国均产。

结香（金腰带、黄瑞香、打结花、萝花、雪里开）*Edgeworthia chrysantha* Lindl.

【形态特征】 结香（图170）为落叶灌木，高达2m。枝条粗壮，但十分柔软，棕红色，常三叉分枝。叶互生，长椭圆形至倒披针形，先端急尖，基部楔形并下延，表面疏生柔毛，背面被长硬毛，具短柄，常簇生枝端，全缘。先叶开花，花黄花，芳香，40～50朵聚成下垂的假头状花序，花被筒长瓶状，外被绢状长柔毛，裂片花瓣状。核果，果卵形，果皮硬脆。花期3～9月，果期7～8月。

图170　结香
1—花枝；2—花被筒；3—花序

【产地与分布】 北自我国河南、陕西，南至长江流域以南各省区（广东、广西、云南）均有分布。生于海拔2800m以下山区疏林内。村边及田埂上有栽培。

【生态习性】 喜半阴，也耐日晒。为暖温带植物，喜温暖，耐寒性略差。根肉质，忌积水，宜排水良好的砂质土壤。萌蘖力强。

【繁殖方式】 落叶后至发芽前可行分株繁殖，2～3月或6～7月均可行扦插繁殖。

【园林应用】 形态造景：结香姿态优雅，柔枝长叶，花多而成簇，芳香，先叶开放，分外醒目。适植于庭前、路旁、水边、石间、墙隅。花期早，且时间长，正值冬季大雪纷飞的时节，一团团小花与一簇簇的白雪构成一幅绝妙的佳景，北方多盆栽观赏。枝条柔软，弯之可打结而不断，常整成各种形状。

生态造景：性喜半阴，栽种植在半阴处为好，最好背靠北墙面向南，盛夏可避烈日，冬春可晒太阳。盆植从秋季到翌年春季宜放在日照较好的地方，盛夏置于半阴处，过晒叶易发黄，过阴则花少香味淡。

三十三、胡颓子科　*Elaeagnaceae*

灌木，稀乔木。树体被盾状鳞片或星状毛。单叶互生，稀对生，全缘，羽状脉，无托叶。花两性或单性，稀杂性；单生或2～8朵簇生，或组成总状花序；萼筒状，4（2）裂，无花瓣，雄蕊与裂片同数或为其倍数。瘦果或坚果。为肉质萼筒所包，呈核果状。

本科资源3属，80余种，分布于北半球温带、亚热带。我国产2属，约60种。

1. 胡颓子属　*Elaeagnus* L.

落叶或常绿灌木或小乔木，有时有刺，通常全株有银白色或淡褐色腺鳞；冬芽小，卵圆形。叶互生，全缘，有短柄。花两性或杂性，单生或簇生叶腋，花被（花萼）钟状或管状，先端4裂；雄蕊4枚，花丝极短，生于花被喉部；花柱柱形，不外露。坚果包藏于花后增大的肉质花被管或花托内成核果状，长椭圆形，有条纹。

本属资源约 50 种，产欧洲、亚洲和北美洲。我国约 40 种，各省均有分布。黑龙江省仅有引入栽培 1 种。

沙枣（银柳胡颓子、银柳、桂香柳）*Elaeagnus angustifolia* L.

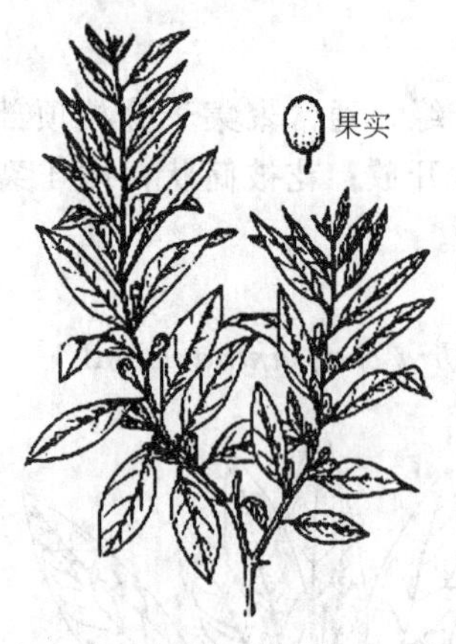

图 171　沙枣

【形态特征】 沙枣（图 171）为落叶灌木或小乔木，高可达 6～7m；全部被银白色腺鳞；树皮暗灰色，片状纵裂；枝常有刺。单叶互生，长圆状披针形至狭长圆形，先端钝尖，基部宽楔形或近圆形，全缘。花两性，1～3 朵腋生，黄色，芳香；花被（花萼）钟形，裂片与花被管近等长。坚果为核果状，椭圆形或近圆形，萼筒宿存，熟时肉质呈黄色，外有银白色或褐色鳞斑。花期 6 月；果 9～10 月成熟。

【产地与分布】 我省哈尔滨等地栽培。内蒙古、华北西北部及西北各省区有栽培。欧洲地中海沿岸、俄罗斯、印度也有分布。

【生态习性】 喜光，耐寒冷，抗干旱及风沙，也较能耐水湿、盐碱，根有根瘤菌，生长较迅速，病虫害少。

【繁殖方式】 可用播种、插条繁殖。

【品种资源】 变种：

刺沙枣（var. *spinosa* Ktze）：枝明显具刺。

【园林应用】 形态造景：可观花，观果，进行多季造景，作园景树，也用于美化庭园。也可片植营造风景林，或是点缀于草坪之上，可形成疏林草坪的景观效果。

生态造景：喜光，可用于阳面绿化，能耐严寒，可用于北方地区园林绿化，耐干旱和贫瘠土壤，可用于贫土地绿化，或是点缀岩石园。耐盐碱，可用于盐碱地绿化。枝叶繁茂而有刺，耐修剪，又能迅速的扩展植丛。能做刺篱，又是极好的防风固沙，保持水土和改良土壤树种，可用作防护林材料及“四旁”绿化。又是干旱风沙地区进行绿化的先锋树种。生长迅速，可很快形成园林景观。果枝亦可插瓶供室内观赏用。

2. 沙棘属　*Hippophae* L.

落叶灌木或乔木，具枝刺，幼嫩部分有银白色或锈色盾状鳞片或星状毛；冬芽小，有数片芽鳞。叶互生，狭窄，具短柄。花单性异株，排成短总状或葇荑花序，腋生；雌株上花序轴在花期后常变为小枝或刺，雄株上则常脱落；雄花无柄，有退化花被管及 2 镊合状花被片，雄蕊 4 枚，花丝短；雌花有短柄，花被筒短，2 裂，子房上位，1 室，风媒传粉。坚果，果实球形，包藏于花后增大的肉质花被管或花托内成浆果状，成熟时桔红色或红色。

属内资源共 3 种，中国产 2 种。

沙棘（醋柳、酸刺）*Hippophae rhamnoides* L.

【形态特征】 沙棘（图 172）为落叶灌木或小乔木，高可达 10m；枝灰色，有刺，幼枝有密集银白色或淡褐色腺鳞；冬芽小，卵形或近圆形，绿色。叶互生或近对生，线形或线状披针形，叶端尖或钝，叶基狭楔形，叶背密被银白色鳞片；叶柄极短。花小，淡黄色，先叶开放；总状花序着生于去年生枝上；雄花序的轴在花期后常脱落，雌花

图 172　沙棘

较雄花后开放，有短柄，花被筒状，先端 2 裂。果球形或卵形，熟时桔黄色或桔红色；种子 1，骨质，褐色，有光泽。花期 4～5 月；果 9～10 月成熟。

【产地与分布】 产于欧洲及亚洲西部和中部。中国的华北、西北及西南均有分布。

【生态习性】 喜光，能耐严寒，耐干旱和贫瘠土壤，耐酷热，耐盐碱。能在 pH9.5 和含盐量达 1.1%的地方生长。喜透气性良好的土壤，在黏重土壤上生长不良，能在沙丘流沙上生长。根系发达但主根浅。萌蘖性极强，生长迅速，耐修剪，又能迅速的扩展植丛。沙棘性强健，定植后无需特殊管理。对生长差的可平茬重剪促其发生新枝以达到复壮目的。

【繁殖方式】 可用播种、扦插、压条及分蘖等法繁殖。

【品种资源】 有金边‘*Atrea*’、银边‘*Variegata*’、金心‘*Maculata*’等观叶品种。

【园林应用】 形态造景：沙棘枝叶繁茂而有刺，夏季开淡黄色的花，秋季结桔黄色的果，可观花，观果，进行多季造景，作园景树，冠大荫浓，也可作庭荫树，用于美化庭园。也可片植营造风景林，或是点缀于草坪之上，可形成疏林草坪的景观效果。

生态造景：喜光，可用于阳面绿化，能耐严寒，可用于北方地区园林绿化，耐干旱和贫瘠土壤，可用于贫土地绿化，或是点缀岩石园。耐盐碱，可用于盐碱地绿化。枝叶繁茂而有刺，耐修剪，又能迅速的扩展植丛。宜作刺篱、果篱用。又是极好的防风固沙，保持水土和改良土壤树种，可用作防护林材料。又是干旱风沙地区进行绿化的先锋树种。生长迅速，可很快形成园林景观。果枝亦可插瓶供室内观赏用。

三十四、千屈菜科 *Lythraceae*

草本、灌木或乔木。枝常四棱形，有时有棘状短枝。叶对生，稀互生或轮生，全缘；无托叶。花两性，常辐射对称，很少左右对称，单生或簇生，或组成穗状、总状或聚伞形圆锥花序。花萼管状或钟状，平滑或有棱，有时有距，宿存，3～6（16）裂，镊合状排列，裂片间常有附属体，花瓣着生萼管，与萼裂片同数，很少无花瓣，在花芽内褶皱状。果革质或膜质，果实开裂或不开裂，种子多数，有翅或无翅，无胚乳，子叶平展，稀折叠。

约 25 属，550 种，主要分布于热带和亚热带地区，尤以热带美洲最盛，少数延伸至温带。我国有 11 属，48 种，广布于各地。

紫薇属 *Lagerstroemia* L.

落叶、常绿灌木或乔木。冬芽端尖，具 2 芽鳞。叶对生或在小枝上部互生，叶柄短，托叶小而早落。花两性，整齐，成圆锥花序；花梗具脱落性苞片；萼陀螺状或半球形，革质，常具棱或翅，6（5～8）裂片；花瓣 5～8，通常 6，有长爪，瓣边皱波状。蒴果木质，多数于萼粘合，室背 3～6 瓣裂。种子多数，顶端具翅。

本属共 55 种，分布于亚洲东部、东南部、南部热带、亚热带地区，澳大利亚也产。我国 16 种，多数产长江以南，引入栽培 2 种。

紫薇（痒痒树、百日红、紫金花）*Lagerstroemia indica* L.

图 173　紫薇

【形态特征】 紫薇（图 173）为落叶灌木或小乔木，株高 2～6m，矮性种株高 30～100cm。老干光滑，枝干多扭曲，小枝四棱，无毛。叶对生或近对生，椭圆形至倒卵状椭圆形，先端尖或钝，基部广楔形或圆形，全缘，无毛或背脉有毛，具短柄。花瓣卷皱呈波浪状，花淡红色、紫或白色。顶生圆锥花序，花萼无棱，裂片 6，花瓣 6，皱褶，有长爪。蒴果近球形，幼时绿至黄色，熟时至干后紫黑色，室背开裂，基部有宿存花萼。花期 6～9 月，果 10～11 月成熟。

【产地与分布】 产于东南亚直至大洋洲，日本、朝鲜等国较多，而以我国为其分布中心和栽培中心。东至青岛、上海，南至台湾和海南，西至西安、四川灌县，北以北京、太原为界。

【生态习性】 亚热带阳性树种。喜暖湿气候，抗寒。喜光，略耐阴，喜肥，尤以石灰性土壤最好，好生于略有湿气之地；耐干旱，浅根性，萌蘖性强，耐修剪，寿命较长，树龄可达 200 年。对氨气、氯气、氯化氢、氟化氢的抗性较强，对二氧化硫的吸收能力强，还具有较强的杀菌及滞尘能力。

【繁殖方式】 播种、扦插或高压法。

【品种资源】

① 银薇（*L.* var. *alba* Nichols）：花白色或略带淡紫色，叶色绿。

② 翠薇（*L.* var. *amabilis*）：花淡紫色，叶翠绿，生长势较弱。

③ 红薇（*L.* var. *rubra* Lav.）：小枝微红，花桃红色。

④ 矮紫薇（*L.* cv. *Petite* Pinkie）：为近年从美国、日本引进的栽培种，其花色有桃红、紫红、自色及桃红镶白边等品种。因其株型低矮紧凑，花色富于变化，适应性强，发展前景看好。

【园林应用】 形态造景：紫薇干皮光洁，花色丰富，花朵缤纷、轻盈，“盛夏绿遮眼，此花红满堂”，是重要的夏秋花树种。可将体量较大的独干或丛生紫薇植于宽阔的大草坪，春观其嫩叶，夏观其繁花，秋观其蒴果，冬观其光滑的树干。

紫薇还常与针叶树相配取得和谐之美，与绿叶树配置于林缘，炎炎夏日，百花齐放，唯紫薇乱红摇于绿叶之间，绮丽动人，令人顿觉神清气爽，暑气顿消；与建筑及园林小品配植亦甚为雅致；也可在庭院堂前对植两株，在门口、屋旁、窗前种植也甚宜人。还可利用紫微的花色以及某种紫薇叶色的季相变化，成片种植于山地或地形起伏的绿地中，形成夏季“山花烂漫”、秋季“层林尽染”的自然美景。还可作为盆栽进行观赏，进入办公室及居民家庭。此外，矮生紫薇是从国外引进的一个新的丛生型品种，它开花早且多，矮化性状好，在园林中作为优良的木本地被花卉，常与色叶植物，如金叶女贞、紫叶小檗等配植成大色块，作为低层花灌木配于林缘，修剪成球型点缀于草坪绿地等。

生态造景：紫薇稍耐阴，可作为低层花灌木配植于小乔木和大乔木的林缘。紫薇较耐水湿，可植于水滨，将紫薇配植地水溪、池畔，花开花谢时形成“花低池小水萍萍，花落池小片片轻”的景致。紫薇不仅花色美、花期长，且对多种有害气体有较强抗性，因而广泛应用于各工业区及工厂区。

人文景观：紫薇在中国庭院中栽培有 1500 年的历史，紫薇寿命可过数百年，至今广州中山公园、昆明、苏州、成都等地都保存有 500～700 年的古紫薇，近年在湖北神农架及四川等地发现几百年以上的野生老紫薇，枝叶仍茂盛，年年繁花似锦。紫薇花期长，自夏季开放，至秋不绝，长达 100 多天，因此有“百日红”的别名。宋代诗人杨万里留有“似痴如醉弱还侍，露压风欺分外斜。谁道花红无百日，紫薇长放半年花。”来赞颂紫薇花开盛况。

三十五、石榴科 *Punicaceae*

落叶灌木或小乔木。小枝先端常成刺尖（由短枝退化而成）；芽小，具 2 芽鳞。单叶，对生或近对生，全缘，无托叶。花两性（有部分的花子房不育），单生或成聚伞花序，整齐，常周位，宿存筒状或壶状萼筒（也称花托），与子房合生，萼片 5～8，肉质，镊合状排列；花瓣 5～7，生萼筒边缘，覆瓦状排列。浆果，外种皮革质，外种皮肉质多汁，内种皮木质，无胚乳。

本科共1属，2种，产地中海地区至亚洲中部；中国自古引入1种。

石榴属 *Punica* L.

形态特征与科同。

2种，分布于地中海地区至喜马拉雅及索科特拉岛。中国自古引入1种。

石榴（安石榴、海石榴、天浆、金罂）*Punica granatum* L.

【形态特征】 石榴（图174）为落叶灌木或小乔木，高5～7m。小枝有4棱，无毛，先端常成刺状，有短枝。叶倒卵状、长椭圆形或窄椭圆形，常2～8cm，无毛而有光泽，在长枝上对生，短枝上簇生。花瓣朱红色、白色或黄色，花萼钟形，红色或黄色，质厚。浆果近球形，古铜黄色或古铜红色，具宿存花萼；种子多数，有肉质外种皮，内种皮木质。花期5～6（7）月，果9～10月成熟。

图174 石榴

【产地与分布】 原产于伊朗、阿富汗等小亚细亚国家。现在我国南北各地除极寒地区外，均有栽培，其中以陕西、安徽、山东、江苏、河南、四川、云南及新疆等地较多。京、津一带在小气候条件好的地方尚可地栽。

【生态习性】 强阳性树，喜光；喜温暖气候，有一定的耐寒能力，能耐短期低温，在－15℃以下有冻害。对土壤要求不严，能适应土壤pH4.5～8.2范围，在排水良好的肥沃沙壤土或石灰性土壤上生长良好，果实丰产。萌发性较强，耐干旱，生长速度中等，插条苗3年生开始结果，7～25年为盛果期，50年后衰老，寿命较长，可达200年以上。在气候温暖的南方，一年有2～3次生长；对二氧化硫、氯气、氟化氢、二氧化氮、二硫化碳等抗性较强，并能吸收硫和铅，也具有滞粉尘能力。

【繁殖方式】 播种、扦插、压条、分株、嫁接等法繁殖。

【品种资源】 石榴经数千年的栽培驯化，发展成为果石榴和花石榴两大类。

Ⅰ. 果石榴：花多瓣，以食用为主，亦有观赏价值，我国已有70多个品种：

① 以花色分：

红花种：生长势强，果形大。

白花种：花瓣、果皮、籽粒均为白色。

② 以风味分：

酸石榴：枝条软绵，曲而不折，叶窄而长，果形规整，果皮光亮，果嘴外张；

甜石榴：枝条易于折断，叶宽而短，果形不规整，果嘴闭合。

③ 以果皮颜色分：有红皮、青皮（黄绿皮）及白皮三种。

④ 以籽粒色泽、软硬分：有白籽、红籽、淡红籽及软、硬籽石榴。

Ⅱ. 花石榴：观花兼观果，品种主要依据花色和单重瓣分。

常见的栽培品种有：

① 石榴（*P*. cv. *Albescens*）：也称银榴。花白色，单瓣，每年开花一次，比其他品种花略迟开半月。果黄白色。

② 千瓣白石榴（*P*. var. *Multiplex* Sweet）：花白色，重瓣，花期长。

③ 黄石榴（*P*. var. *Flavescens* Sweet）：花单瓣，色微黄，果皮也为黄色。花重瓣者称

“千瓣黄石榴”。

④ 千瓣红石榴（*P.* var. *Pleniflora* Hayne）：亦称重瓣红石榴、千层红石榴。花大，重瓣，红色。

⑤ 玛瑙石榴（*P.* var. *Lagrellei* Hayne）：花重瓣，有红色、黄白色条纹。

⑥ 月季石榴（*P.* var. *Nana* Pers）：亦称月月石榴，四季石榴，火石榴。花红色，单瓣，花期长，自夏至秋均有花开，果熟时粉红色。

⑦ 千瓣月季石榴（*P.* cv. *Plena*）：花红色，重瓣，花期长，是优良的盆栽观赏品种。

⑧ 墨石榴（*P.* var. *Nigra* Hort）：花红色，较小，单瓣，果小，时熟时紫黑色，皮薄，味酸不堪食；供观赏。

此外，还有粉红、白花等品种。

【园林应用】 形态造景：石榴树姿健壮古朴，花色艳丽，花期长，初春新叶红嫩，入夏花繁似锦，仲秋硕果高挂，隆冬铁干虬枝，被誉为“天下之奇树，九洲之名果”。

石榴树的花果观赏效果显著，老龄石榴树的树干、树形极具观赏性，适宜孤植于开阔空旷的地点，如大片草坪、花坛中心、道路交叉口、道路转折点、缓坡、平阔的湖池岸边等处；由二三株或一二十株石榴树较紧密地种植在一起，最宜成丛配植于茶室、露大舞池、剧场游廊外或民族形式建筑所形成的庭院中；由二三十株以上至数百株石榴树或和其他乔灌木成群配植，在园林中可作背景、伴景用，在大的自然风景区中也可作主景，如随着山路的曲折而形成石榴丛林，夏季观花，秋季则果实累累，点点朱金悬于碧枝之间；盆栽可用作花卉装饰材料，也是阳台和屋顶花园的适宜花卉。石榴老桩可制作高雅盆景，老北京传统有四合院中摆荷花缸和石榴树的配置手法。

生态造景：石榴是喜光树种，要种植在阳光充足的地方，以保证生长良好，花多花大，果实累累；耐干旱，对有毒气体抗性强，亦可在有污染源的工厂和干旱地带栽植。石榴较耐盐碱，在石灰性土壤上生长良好，可作为盐碱地或石灰性土地的绿化树种加以利用。

人文景观：石榴是汉代张骞出使西域时将种子带回国的。中国视石榴为吉祥物，石榴多籽，人们借“榴开百子”来祝愿子孙繁衍，家族兴旺昌盛。石榴花色艳丽如火且花期较长，正值花少的夏季，所以更加引人注目，古人有“春花落尽石榴开，阶前栏外遍植栽，红艳满枝染夜月，晚风轻送暗香来。”的诗句为证。在西班牙，石榴为国花，是富贵、吉祥、繁荣的象征。

三十六、五加科 *Araliaceae*

乔木、灌木或木质藤本，稀多年生草本。植物体常具星状毛，有时具皮刺。单叶、掌状或羽状复叶，常互生；托叶常与叶柄基部合生成鞘状，稀无托叶。伞形或头状花序，稀穗状和总状，或再组成复花序；花两性或单性，稀杂性同株或异株；花萼与齿裂或不裂；花瓣5～10枚，镊合状或覆瓦状排列，分离或合生成帽盖状；雄蕊与花瓣同数，或为其倍数，稀多数；子房下位。浆果或核果。

本科约80属，900余种，广布于热带至温带地区。中国有21属，160多种，除新疆外，各省均有分布。

1. 八角金盘属 *Fatsia* Dcne. et Planch.

常绿无刺灌木或小乔木。单叶，叶片掌状5～9裂，无托叶。伞形花序组成顶生圆锥花序；花两性或单性；萼筒全缘或有5小齿；花瓣5枚，镊合状排列；雄蕊5枚；子房5或10室；花柱5或10个，分离；花盘宽圆锥形。果近球形或卵形，黑色。

本属共 2 种，一种产于日本，另一种产于台湾。

八角金盘　*Fatsia japonica*（Thunb.）Dcne. et Planch.

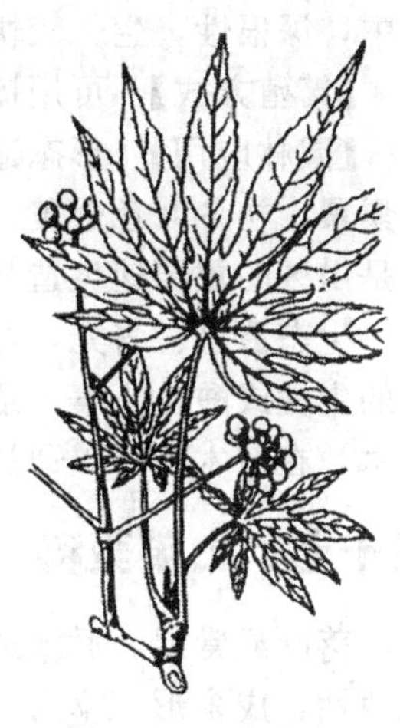
图 175　八角金盘

【形态特征】八角金盘（图 175）为常绿灌木，常丛生，高达 5m。髓心白而较大。叶掌状 7～9 深裂，径 13～40cm，基部心形或截形，裂片长椭圆形，先端渐尖，边缘有粗锯齿，有时金黄色，幼时下面及叶柄被褐色茸毛，后脱落；侧脉两面隆起；叶柄长 10～30cm。花黄白色，径约 3mm；萼近全缘，无毛；花瓣卵状三角形，长 2.5～3mm；花丝与花瓣等长；子房 5 室。果径约 8mm，熟时紫黑色。花期 10～11 月，果期翌年 4 月。

【产地与分布】 原产于日本，我国南北均有栽培。

【生态习性】 喜温暖湿润的气候，耐阴，不耐干旱，耐寒性不强，要求土壤肥沃，排水良好。对有害气体抗性较强并有一定的吸硫能力。

【繁殖方式】 可用播种或扦插繁殖。

【品种资源】

① 白斑八角金盘：叶面有白色斑点；

② 黄斑八角金盘：叶面有黄色斑点；

③ 黄纹八角金盘：叶面有黄色细纹；

④ 裂叶八角金盘：叶掌状深裂，各裂片再分裂；

⑤ 银边八角金盘：叶缘白色；

⑥ 波缘八角金盘：叶缘皱缩、波状；

⑦ 矮八角金盘：植株矮小，叶稠密，长势旺盛。

【园林应用】 形态造景：八角金盘叶大而常绿，绿叶扶疏，婀娜可爱，是上好的观叶树种，常于江南公园、庭院、街道绿地丛植、群植等；也可盆栽，供室内绿化及场景布置。

生态造景：因其耐阴，可用于高架桥下等阳光不足之处绿化。近年在城市立交桥下种植，形成桥下园林景观。对有害气体有一定的抵抗力，故可用于工矿区绿化。种植八角金盘要做好排水沟，预防积水造成烂根。因其叶片大而枝条较脆弱，抗风能力较差，种植地应选背风处。可用于室内消除因装修而残存甲醛等有害气体，

2. 刺楸属　*Kalopanax* Miq.

单种属，属的特征见种的描述。

刺楸　*Kalopanax septemlobus*（Thunb.）Koidz.

图 176　刺楸

1—花枝；2—果；3—花

【形态特征】 刺楸（图 176）为落叶乔木，高达 30m。树皮灰褐色，纵裂，与枝干密被粗大硬皮刺。单叶互生或簇生，近圆形，径 10～25cm 或更大；掌状 5～7 裂，裂片宽三角状卵形或卵状长椭圆形，先端渐尖，基部心形或截形，边缘有细锯齿，无毛或幼时疏被短柔毛；叶柄长 6～30cm。顶生圆锥花序，长 15～25cm；花小，白色或淡绿色。果球形，径 4～5mm，熟时蓝黑色。花期 7～8 月，果期 9～10 月。

【产地与分布】 分布我国南北各省。日本、朝鲜有分布。

【生态习性】 喜光，喜湿润肥沃、土层深厚的酸性或中性土壤；耐旱，耐贫瘠，对气候适应性较强，多生于山地疏

林中，深根性，生长较快，少病虫害。

【繁殖方式】 可用播种或扦插繁殖。

【园林应用】 形态造景：刺楸冠大荫浓，枝干多刺，叶大而裂，夏日满树白花，秋日硕果累累，初冬叶色金黄，是较好的观花观叶观果树种，常作庭荫树、园景树孤植造景。同时又是山区的重要速生造林树种。

生态造景：喜光，可用于阳面绿化。耐旱耐贫瘠，可用于街道及岩石园绿化。喜温润肥沃的中性或酸性土壤，适应性强，在阳坡、干瘠条件下都能生长，速生。为培育主干明显的乔木，在苗木期可以通过截干和抹芽措施。

三十七、山茱萸科 *Cornaceae*

落叶或常绿，乔木或灌木，稀藤本或草本。单叶对生，稀互生或轮生，全缘，无托叶，花两性，成伞形，伞房，聚伞花序；萼筒与子房合生，花萼上部 3～5 裂或不裂；花瓣 4～5 枚。多为核果，少数为浆果状核果，或为核果组成的肉质聚花果；种子含胚乳。

约 14 属，160 余种，主产北半球，中国产 5 属，40 种。

1. 梾木属 *Cornus* L.

乔木或灌木，稀草本，多为落叶性。芽鳞 2 枚，先端尖锐。单叶对生，稀互生，全缘，常具 2 叉贴生柔毛；有叶柄。花小，两性，排成顶生聚伞花序，花序下无叶状总苞；花部 4 数。果为核果，具 1～2 核。

本属共百余种，中国产 28 种，分布于东北、华南及西南，而主产于西南。

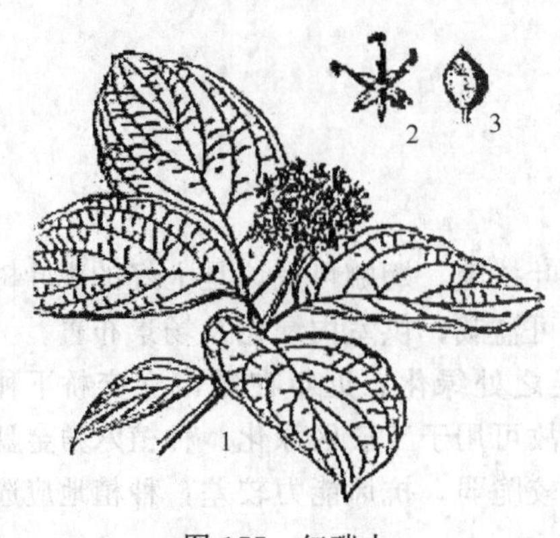

图 177 红瑞木

1—花枝；2—雌雄蕊；3—果

(1) 红瑞木 *Cornus alba* L.

【形态特征】 红瑞木（图 177）为落叶灌木，高可达 3m。枝血红色，分枝角度大，小枝无毛，初时常被白粉；髓大而白色。叶对生，卵形或椭圆形，叶端尖，叶基圆形或广楔形，全缘，叶表暗绿色，叶背粉绿色，两面均疏生贴生柔毛。秋叶变红色。花小，黄白色，排成顶生的伞房状聚伞花序。核果斜卵圆形，成熟时白色或稍带蓝色。花期 5～6 月；果 8～9 月成熟。

【产地与分布】 分布于我国东北、内蒙古及河北、陕西、山东等地。朝鲜、俄罗斯也有分布。

【生态习性】 性喜光，强健耐寒，喜略湿润土壤。根系发达耐潮湿。

【繁殖方式】 可用播种、扦插、分株等法繁殖。

【品种资源】 栽培变种有珊瑚‘*Sibirica*’（茎色亮泽，珊瑚红色，冬季尤为美丽）、金叶‘*Aurea*’、斑叶‘*Elegantissima*’、银边‘*Variegata*’、金边‘*Spaethii*’等。

【园林应用】 形态造景：红瑞木的枝条终年鲜红，秋叶也为红色均美丽可观。此外尚有银边、黄边等变种。最宜丛植于庭园草坪，形成缀花草坪景观。在建筑物前或常绿树间，又可栽作自然式绿篱，赏其红枝与白果。如与云杉、白桦等树种配植，在冬季衬以白雪，可相映成趣，色彩更为显著。可在雪地进行造景。

生态造景：性喜光，可用于阳光充足地方的绿化。强耐寒性，是东北地区的重要绿化资源。根系发达，又耐潮湿，可湿地绿化，植于河边、湖畔、堤岸上，可有护岸固土的效果。

(2) 灯台树　*Cornus controversa* Hemsl.

【形态特征】 灯台树（图 178）为落叶乔木，高 15～20m，枝条呈层分布，干皮暗灰色，老时浅纵裂，枝紫红色，无毛。叶互生，常集生于枝梢，卵状椭圆形至广椭圆形，叶面深绿色，叶背灰绿色，被丁字形毛。顶生伞房状聚伞花序，花小，白色。核果球形，熟时由紫红色变为紫黑色。花期5～6 月，果熟期 9～10 月。

图 178　灯台树

1—果枝；2—花；3—果

【产地与分布】 我国东北南部以南分布。

【生态习性】 喜光，稍耐阴，喜温暖湿润气候，有一定耐寒性。在深厚肥沃、湿润但排水良好的土壤上生长良好。

【繁殖方式】 用播种、扦插繁殖。

【品种资源】 栽培变种：

斑叶灯台树（cv. *Variegata*）：叶具银白边缘及色斑。

【园林应用】 形态造景：树形整齐，树干端直，大枝呈层状生长宛若灯台，形成美丽的圆锥状树冠；枝紫红色，花色洁白素雅，果实熟时由紫红色变为紫黑色，是优良的观赏树形、观花、观果树种，管理粗放，少病虫害，可作行道树，冠大荫浓，枝叶繁多，也可作园景树，或是作庭荫树，用于美化庭园，或与草坪配植，形成疏林草坪的景观效果。也可片植营造风景林，列植作背景或是障景树。

生态造景：喜光，稍耐阴，故可用于阳面绿化。耐水湿，可用于湿地绿化。

图 179　偃伏梾木

(3) 偃伏梾木　*C. stolonifera* Michx.

【形态特征】 偃伏梾木（图 179）为落叶灌木，高 2～3m，枝条血红色或鲜红紫色，分枝角度小，小枝被糙伏毛。单叶对生，叶椭圆形或长圆状卵形，全缘，叶面深绿色，近无毛，叶背粉白色，先端渐尖，秋叶变红色。花白色。核果白色球形或近球形，经冬不落。种子暗灰色，表面光滑，呈扁圆形。花期 5～6 月，果熟期 7～9 月。

【产地与分布】 原产于北美，哈尔滨市现有栽培。

【生态特征】 喜光，耐旱，耐寒。

【繁殖方式】 播种及扦插繁殖。

【园林应用】 形态造景：偃伏梾木的枝条终年鲜红，秋叶也为红色均美丽可观。最宜丛植于庭园草坪、建筑物前或常绿树间，又可栽作自然式绿篱，赏其红枝红叶与白果。如与云杉、白桦等树种配植，在冬季衬以白雪，可相映成趣，色彩更为显著。可在雪地造景。

生态造景：喜光，可用于阳面绿化。耐旱，可用于贫土地绿化或是点缀岩石园，耐寒，是东北地区不可多得的绿化树种，根系发达，又耐潮湿，适于湿地绿化，植于河边、湖畔、堤岸上，可有护岸固土的效果。

2. 四照花属　*Dendrobenthamia* Hutch.

灌木至小乔木。花两性，排成头状花序，花序下有大型总苞片。核果椭圆形或卵形。

中国产 15 种，主产于长江以南。

四照花　*D. japonica*（DC.）Fang var. *chinensis*（Osborn）Fang

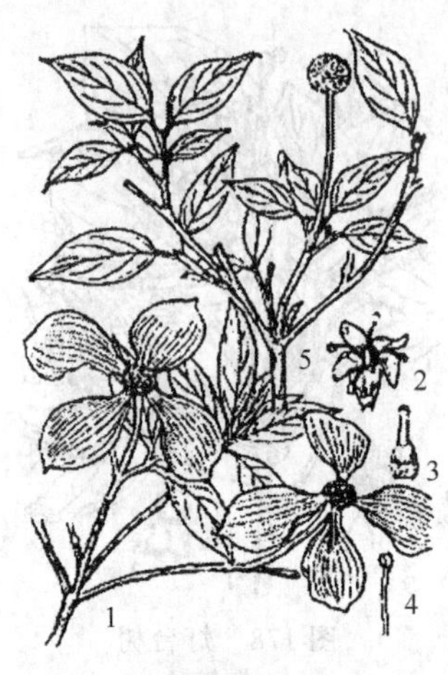

图 180　四照花
1—花枝；2—花；3—雌蕊；4—雄蕊；5—果枝

【形态特征】 四照花（图 180）为落叶灌木至小乔木，高达 9m，小枝细，绿色，后变褐色，光滑。叶对生，厚纸质，卵状椭圆形或卵形，基部圆形或广楔形，全缘，背面粉绿色，有白色柔毛，脉腋有淡褐色毛。花小，成密集头状花序近球形，序基有 4 枚白色花瓣状总苞片，椭圆状卵形。核果聚为球形的聚合果，肉质，成熟后变紫红色。花期 5～6 月，果熟期 9～10 月。

【产地与分布】 我国河南以南有分布。

【生态习性】 性喜光，稍耐阴，喜温暖湿润气候，有一定的耐寒力。喜湿润而排水良好的沙质土壤。

【繁殖方式】 分蘖、扦插、播种繁殖。

【品种资源】 其原种为：

东瀛四照花（*D. japonica*（DC.）Fang）：产日本和朝鲜，我国华东地区偶有栽培。与四照花的主要区别是：叶薄纸质，背面淡绿色，脉腋有白色或淡黄色簇毛。

【园林应用】 形态造景：树形整齐，初夏开花，白色总苞覆盖满树，是一种美丽的庭园观花树种，配植时可用常绿树为背景而丛植于草坪、路边、林缘、池畔，能使人产生明丽清新之感。核果聚为球形的聚合果，成熟后变紫红色，也是良好的观果种类。也可片植于草坪之上，形成疏林草坪的景观效果。或是植于林缘，丰富园林植物景观层次。

生态造景：性喜光，稍耐阴树种，可作阴面区绿化。喜温暖湿润气候，可在温暖地区进行植物造景功能。有一定的耐寒力，河南以南地区可以生长良好。喜湿润而排水良好的沙质土壤。故可用于湿地造景。

合瓣花亚纲 *Metachlamydeae*

一、杜鹃花科 *Ericaceae*

常绿或落叶灌木，罕为小乔木或乔木。单叶互生，罕对生或轮生；全缘，罕有锯齿；无托叶。花两性，辐射对称，或稍两侧对称，单生或簇生，常排成总状、穗状、伞形或圆锥花序；花萼宿存，4～5 裂；花冠合瓣，4～5 裂，罕离瓣。蒴果，罕浆果或核果。种子细小。

本科约 75 属，1350 余种，分布于寒带、温带及热带的高山上。中国产 20 属，约 800 种。

杜鹃花属 *Rhododendron* L.

常绿或落叶灌木，罕小乔木。枝有毛，无毛或具鳞片。叶芽、花芽单生或为混合芽。叶互生，全缘，罕为毛状小锯齿。花常多朵组成顶生伞形花序式的总状花序，偶有单生或簇生；萼片小而 5 深裂，罕 6～10 裂，花后不断增大；花冠钟形、漏斗状或管状，通常为两侧对称，稀为辐射对称；裂片与萼片同数，复瓦状排列。蒴果通常木质，椭圆形、卵形或近球形；种子小，有的种子两端伸长成翼状。

本属资源约 800 种，中国产 600 余种，分布于全国，尤以四川、云南的种类最多，是杜鹃花属的世界分布中心。

本属植物花大色美，是世界著名的观赏植物，又有治疗气管炎哮喘和强心的药效。

(1) 兴安杜鹃 *Rhododendron dauricum* Linn

【形态特征】 兴安杜鹃（图181）为半常绿灌木，高1～2m，多分枝；树皮淡灰色或暗灰色；小枝细而弯曲，暗灰色，萌枝或长枝稍粗，稍长，幼枝褐色，有鳞片和柔毛；芽卵形或长卵形，芽鳞广卵形。叶近革质，散生，椭圆形，两端钝，顶端有短尖头，上面绿色，有疏鳞片，下面淡绿色，有密鳞片，彼此接触成覆瓦状，叶柄有微毛。花序侧生枝端（同时也有顶生）；花芽鳞早落，花梗有微毛，无鳞片；花粉红色，先花后叶，花萼短，外面有密鳞片；花冠宽漏斗状，外面有鳞毛。蒴果矩圆形，有鳞片，先端开裂。花期4～5月，果期8月。

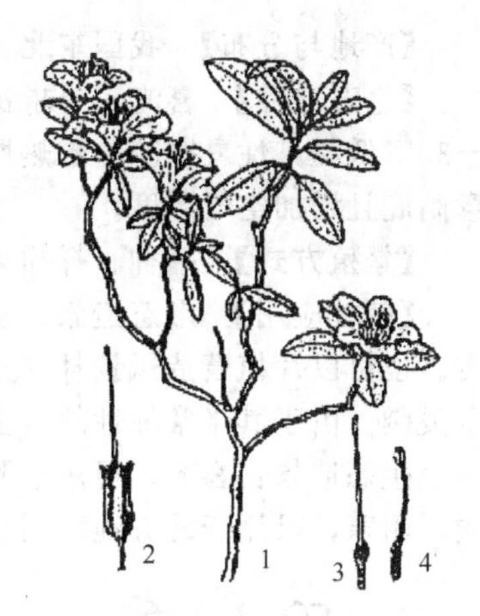

图181 兴安杜鹃
1—花枝；2—花萼；3—花柱；4—雄蕊

【产地与分布】 产于我国大兴安岭、小兴安岭、完达山脉、长白山、辽宁东部林区、内蒙古。此外朝鲜、日本、俄罗斯也有分布。兴安杜鹃为黑龙江山区高海拔干旱山脊的林内花灌木，多丛生成片，又是东北柞木林下具代表性的灌木之一。

【生态习性】 阳性树种，耐干燥瘠薄土或石砾土，要求散性土，多生于山在、顶稻子上，或排水良好的山坡。喜酸性土，为酸性土的指示植物，耐绝对低温度－50℃，喜生于空气湿度大的林内环境中。

【繁殖方式】 播种和扦插繁殖。

杜鹃分根，扦插也可以繁殖，扦插于早春开花后，嫩枝长出5～10cm时进行，扦穗扦于塑料棚内沙床上，方法简单易行。

【品种资源】 东北地区还有五种杜鹃区别如下：

① 照白杜鹃（*R. micranthum*）：花白且小，花径8mm。

② 小叶杜鹃（*R. parvifolium*）：叶小，长1～1.5cm，宽3～6mm，枝叶有腺鳞，花紫红色。

③ 迎红杜鹃（*R. mucronulatum*）：叶先端尖，花大红色。

④ 牛皮杜鹃（*R. aureum*）：叶革质小枝匍匐，花大淡黄色，花径3cm。

⑤ 大字杜鹃（*R. schlippenbachii*）：叶大纸质，花粉红色，花径5cm。

在大兴安岭加格达奇发现白花兴安杜鹃（var. *albiflorum* Turcz.）：花冠雪白；黑龙江森林植物园有引种栽培。

【园林应用】 形态造景：杜鹃叶未绿，花先发，艳丽夺目，清香淡雅，作为报春植物应用。可以布置专类园，半常绿，早春开花，适于城市观赏绿化。

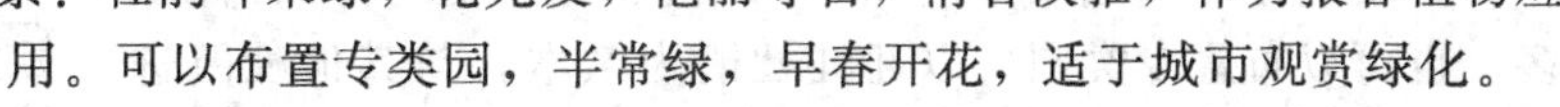

生态造景：阳性树种，可用于阳面绿化。耐干燥瘠薄土或石砾土，可用于贫土地绿化。喜酸性土，为酸性土指示植物。所以是酸性土地区绿化的良好植物材料，更是营造风景林的素材，配植林缘，丰富景观层次。

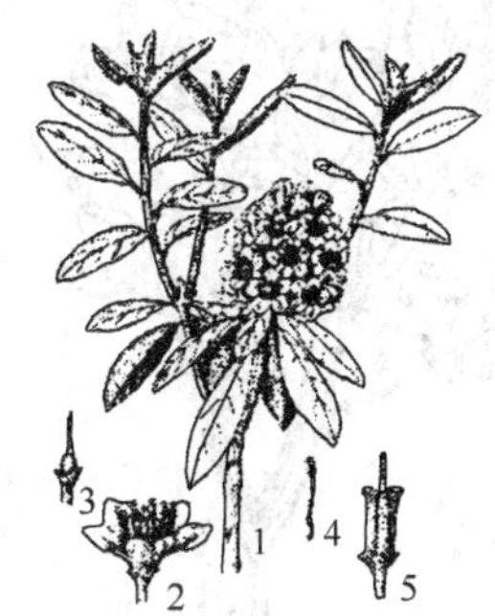

图182 照山白
1—花枝；2—花；3—雌蕊；4—雄蕊；5—果

(2) 照山白（照白杜鹃） *R. micranthum* Turcz.

【形态特征】 照山白（图182）为半常绿灌木，高1～2m，多分枝。枝条细弱。叶集生枝端，革质，互生，长圆形或倒披针形，近全缘，稍反卷。总状花序顶生，多花密集；花冠钟形，有白毛。蒴果长圆形。花萼、花冠、子房、蒴果均被鳞片。花期6月，果期8～9月。

【产地与分布】 我国东北、西北、华北、华中、西南等省区。朝鲜也有分布。

【生态习性】 喜光，要求凉爽气候，适应性强，我国最耐寒的杜鹃之一，能耐－20～－30℃低温，性喜寒凉，耐热性差，对土壤要求不严，但喜微酸性土。花期较晚，夏季应注意荫庇且增加空气湿度。

【繁殖方式】 播种、扦插繁殖。

【园林应用】 形态造景：夏季可观花，宜丛植或片植于庭园作庭园树、花灌木用于观赏。也可以片植营造风景林或是植于林缘处丰富园林植物景观层次。品种众多，也可以布置专类园。由于其半常绿性故可多季造景。

生态造景：喜光，可用于阳面绿化，在空气湿度大的地段种植，花量较大。要求凉爽气候，耐寒，可用于北方地区园林应用。喜微酸性土，适于酸性土地区园林绿化。引种到低海拔或南方要充分考虑能否越夏。抗性强，能耐－20～－30℃低温，用于高寒地区园林绿化。

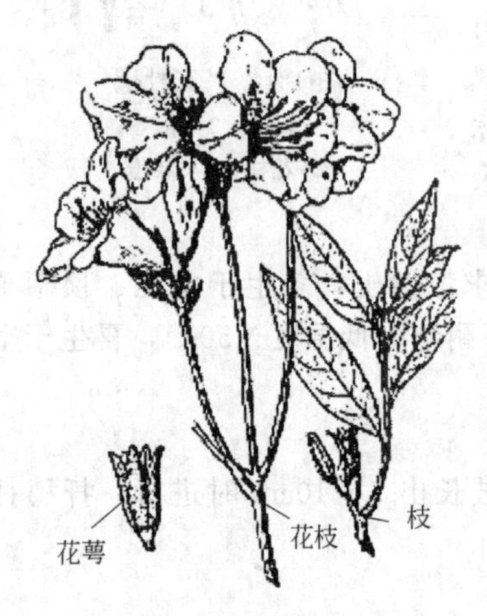

图 183　蓝荆子

(3) 蓝荆子（迎红杜鹃） *R. mucronulatum* Turcz.

【形态特征】 蓝荆子（图 183）为灌木，高 1～2m，多分枝；干皮多浅灰色，稍开裂；小枝较粗，幼时带绿色，干后褐色；花芽椭圆形，被褐色广卵形芽鳞，鳞片有缘毛状腺鳞。叶厚，纸质，互生，狭椭圆形至椭圆形，先端锐尖至短渐尖，基部楔形，上面绿色或草绿色，散生白色腺鳞，下面浅绿色，有褐色腺鳞，中脉隆起，两面通常无毛，边缘全缘或在中部以上有不明显的浅圆齿，幼叶两面密被腺鳞。花 1～3 朵着生在去年生枝的顶端，多先叶开花，稀与叶近同时开放；花梗几无，授粉后渐伸长；具白色腺鳞；花萼短，5 裂片，有白缘毛；花冠宽漏斗状，淡紫红色，花冠外面下部有白绒毛。蒴果，短圆柱形，暗褐色，密被褐色腺鳞，花柱宿存。花期 4 月下旬至 5 月中旬，果熟期 6～7 月。

【产地与分布】 我国东北三省均有栽培。

【生态习性】 耐阴，耐寒。喜空气湿润。抗旱耐贫瘠。

【繁殖方式】 用种子繁殖。

【园林应用】 形态造景：树形优美，枝叶繁茂，早春先花后叶，花朵艳丽夺目，淡紫红色，可观花，常用于庭园树、花灌木应用。也可片植营造风景林，或是植于林缘处，丰富园林植物景观层次。品种众多，也可以布置专类园。以迎红杜鹃为亲本，与其他杜鹃进行杂交育种，育成了大批性状优良的杂交后代，花色不仅有玫瑰红、玫瑰紫、玫瑰粉，还有粉红、大白花和香气芬芳的品种，花期最早的可在元旦前开放。在美国露地种植的迎红杜鹃，在树木发新叶时开花，格外醒目。

生态造景：是生态适应最强的杜鹃之一，耐阴，可作阴面绿化。耐寒，可用于东北地区园林绿化。抗旱耐贫瘠，可用作岩石园绿化、荒山绿化。喜湿润，可以在湿地或林内绿化。

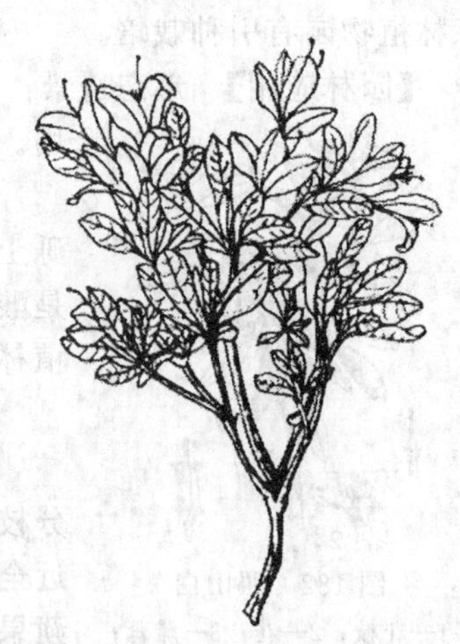
图 184　石岩

(4) 石岩 *Rhododendron obtusum* (Lindl.) Planch

【形态特征】 石岩（图 184）为常绿或半常绿（在寒冷

地区）灌木，高1～3m，有时呈平卧状，分枝多，幼枝上密生褐色毛。春叶椭圆形，端钝，基楔形，缘有睫毛，叶柄有毛，叶表、背均有毛而以中脉为多；秋叶狭长倒卵形或椭圆状披针形，质厚而有光泽，长1～2.5cm，宽0.6cm。花2～3朵与新梢发自顶芽，花冠橙红至亮红色，上瓣有浓红色斑，漏斗形，径2.5～4cm；雄蕊5枚，药黄色；萼片小，卵形，淡绿色，有细毛。蒴果卵形，长0.6～0.7cm。花期5月。

【产地与分布】 日本和我国有引种。常与本地栽培种杂交。

【生态习性】 喜生酸性土壤，不耐水湿，不耐盐碱。

【繁殖方式】 播种繁殖。

【品种资源】 通过杂交育种已经产生多个栽培变种，主要有：

① 石榴杜鹃（var. *kaempferi*（Planch）Wills.）：又叫山牡丹，花暗红色，重瓣性极高，上海、杭州有露地栽培。

② 矮红杜鹃（f. *amoenum* Komastu）：花朵顶生，紫红色有二层花瓣，正瓣有浓紫色斑，花丝淡紫色。叶小。

③ 久留米杜鹃（var. *sakamotoi* Komatsu）：为日本久留米地方所栽的杜鹃总称，品种繁多，按其叶形、花色及花型进行分类，不少于数百种。

【园林应用】 形态造景：其花2～3朵与新梢发自顶芽，花冠橙红色至亮红色、花冠裂片上有深红色斑点，花药黄色，极富观赏价值。是盆栽或园林绿化中的良好花灌木资源，可供观赏。

生态造景：通过人工栽培驯化，其生态适应能力大幅度提高，可以在多种园林环境中种植，但水湿和盐碱地仍不能适应。

(5) 杜鹃 *Rhododendron simsii* Planch.

图185 杜鹃

【形态特征】 杜鹃（图185）为半常绿灌木，高1～3m，枝干细直，皮薄光滑，淡红色至灰白色，质坚而脆。枝、叶与花序出自同一顶芽，分枝多，近轮生，小枝和叶被棕色扁平糙伏毛。叶纸质，全缘，有毛，椭圆状卵形或倒卵形；具二型性，即春叶宽而薄，冬季脱落。夏叶小而厚，冬季部分宿存。总状花序顶生，有花2～6朵，3～4月先叶后花；花冠宽漏斗形，5裂，长约4cm，口径3～5cm；红色至深红色，萼部有深紫红色点。雄蕊5～10枚，花丝白色，花药紫色，花柱伸出花冠之外。蒴果卵圆形，有毛，长0.8cm，10月成熟；种子棕黄色，细小，每果实中多达百粒以上。

【产地与分布】 范围广，北缘我国河南、山东，南至珠江流域，东及福建、台湾，西达四川、云南、贵州。

【生态习性】 喜生于气候凉爽，光照充足，空气湿度大，酸性肥沃疏松土壤的环境，野外生长在阴坡上也耐瘠薄，不耐积水，耐热，不耐寒。

【繁殖方式】 可分株、压条、扦插，播种等。

【品种资源】 以本种为亲本，已经有许多栽培品种，花色有白、红、粉红、紫、朱红、洋红等，有单瓣也有复瓣、重瓣，是栽培最广泛的类型。

【园林应用】 形态造景：杜鹃花为世界名花，色艳红，多而灿烂，适于园林坡地，花境、花坛等处应用，也可盆栽或加以整形修剪。在生长地区多有野生，早春开花，满山遍野都是红花，无论阴坡阳坡，均有其生长（除石灰岩山体外），有的在林间、林缘，有的在灌木丛中，有的在溪边，有的在悬崖石缝中，在灌木丛中常成为优势种，绵延至整个山坡，开花时红成一片，气势十分壮阔，是营造风景林的最佳资源。

生态造景：喜酸性土壤和充足的光照，不宜在林下作花灌木配植，可用于酸性土及阳面绿化。耐瘠薄，可用于岩石园及街道绿化。习性粗放，具有很强大的适应能力，所以园林应用前景广阔。

二、柿树科　*Ebenaceae*

乔木或灌木。单叶互生，罕对生，全缘，无托叶。花单性异株或杂性，辐射对称，单生或排成聚伞花序，腋生；萼 3～7 裂，宿存；花冠 3～7 裂。浆果多肉质；种子具硬质胚乳；子叶大，叶状，种脐小。

本科资源共 6 属，450 种，主要分布于热带和亚热带地区；中国产 1（2）属，约 41 种。

柿树属　*Diospyros* L.

落叶或常绿乔木或灌木；无顶芽，芽鳞 2～3。叶互生。花单性异株，罕杂性；雄花为聚伞花序，花的基数为 4～5 枚；萼常 4 深裂，绿色；花冠壶形或钟形，白色，4～5 裂，罕 3～7 裂。浆果肉质，基部有增大的宿萼；种子较大，扁压状。

本属资源约 500 种，分布于全世界的热带至温带地区。我国产 57 种，主要分布于西南部至东南部。

(1) 柿树　*D. kaki* Thunb.

【形态特征】 柿树（图 186）为落叶乔木，高达 15m。树冠呈自然半圆形，干皮暗灰色，呈方块形小块状裂纹，冬芽先端钝，小枝密生褐色或棕色柔毛，后渐脱落。叶椭圆形、阔椭圆形或倒卵形，近革质，先端渐尖，基部宽楔形或近圆形，叶面深绿色而有光泽，叶背淡绿色。雌雄异株或同株，花冠钟状，花 4 基数，黄白色。浆果卵圆形或扁球形，橙黄色或鲜黄色；果肉富含汁液和单宁，味涩；栽培品种多无种子或少种子；萼宿存。花期 5～6 月，果熟期 9～10 月。

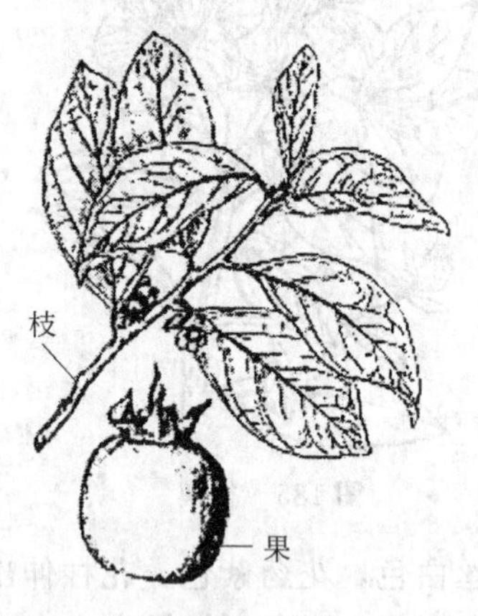

图 186　柿树

【产地与分布】 原产中国，河北长城以南有分布。

【生态习性】 性强健，适应性强。喜阳，喜温暖湿润，也耐旱，喜中性黏壤土、沙壤土及黄土，抗有毒气体。对环境的适应性强，病虫少，易管理。深根性，根系强大，吸水，吸肥的能力强，故不择土壤，在山地、平原、微酸、微碱性的土壤上均能生长；也很能耐潮湿土地，但以土层深厚肥沃、排水良好而富含腐殖质的中性壤土或黏质壤土最为理想。寿命很长，对氟化氢有较强的抗性。

【繁殖方式】 嫁接繁殖。

【品种资源】

① 磨盘柿：果扁圆形，个体大，耐寒。

② 高桩柿：果形较小，品质上等。

③ 尖柿：果实呈圆锥形，呈橙红色，抗逆性强。

变种：

野柿（var. *sylvestris*）：枝叶密生短柔毛；叶片较小而薄；果径不及 2cm。产我国中南、西南及沿海各省区。果可食，也可制柿饼。

【园林应用】 形态造景：树形优美，树冠呈自然半圆形，干皮暗灰色，呈方块形小块状裂纹，叶大，叶色浓绿有光泽，秋色叶红色，是良好的庭荫树、园景树。在9月中旬以后，果实渐变橙黄色或橙红色，极为美观，而因果实不易脱落，11月落叶以后仍能悬于树上，故观赏期极长，观赏价值很高，是极好的园林结合生产树种，可作观果树。冠大荫浓，故可作庭荫树。既适宜于城市园林又适于山区自然风景点中配植应用。也可植于空旷的草坪上，形成疏林草坪的景观效果。或列植作背景树。

生态造景：喜阳，可应用于阳面绿化。喜温暖湿润，可用于湿地绿化。以土层深厚肥沃、排水良好而富含腐殖质的中性壤土或黏质壤土最为理想，属肥土树种。耐旱，耐贫瘠，适合于干旱贫瘠地、岩石园绿化。抗有毒气体，尤其对氟化氢有较强的抗性，可在工矿区绿化也可用于实验室附近造景。深根性，根系强大，故可用于固土护坡。寿命很长，景观持续时间很长。对环境的适应性强，病虫少，易管理，由于良好的生态适应性，近年的园林绿化中，尝试作为行道树应用。

(2) 君迁子（软枣、黑枣） *Diospyros lotus* L.

【形态特征】 君迁子（图187）为落叶乔木，高达14m；树皮方块状裂。小枝幼时有灰色毛，后渐脱落；芽尖卵形，黑褐色，线形皮孔明显。叶薄革质，椭圆形，先端渐尖，基部宽楔形或近圆形，表面初密生柔毛，后脱落，背面灰色或苍白色。花单性异株，淡黄色或绿白色。浆果近球形，由黄变蓝黑色，外被蜡层，宿存萼片；种子小而多。花期5～6月，果熟期9～10月。

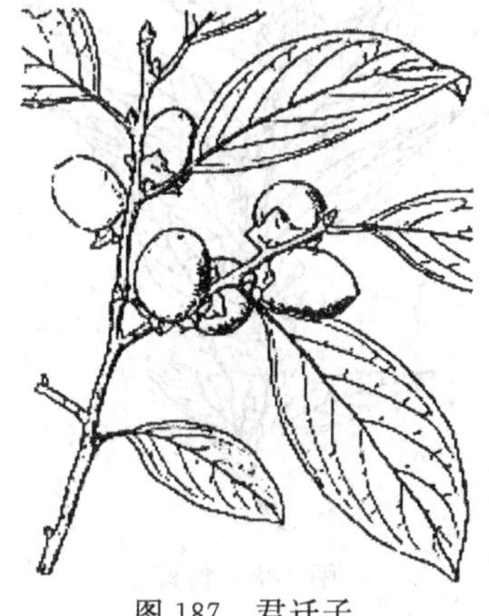

图187 君迁子

【产地与分布】 产于我国东北南部、华北至中南、西南各地；亚洲西部及日本也有分布。

【生态习性】 性强健，喜光，耐半阴；耐寒，耐干旱瘠薄能力比柿树强，很耐湿。喜肥沃深厚土壤，但对瘠薄土、中等碱土及石灰质土地也有一定的忍耐力。根系发达但较浅；生长较迅速。对二氧化硫有较强抗性。

【繁殖方式】 播种繁殖。

【园林应用】 形态造景：树形优美，树干挺直，树冠整齐，树皮方块状裂。果实蓝紫色，外被白粉，为观果观树形乔木，管理粗放，少病虫害，故可作行道树。冠大荫浓，叶色浓绿有光泽，也可作庭荫树。可点缀于草坪之上，形成疏林草坪的景观效果，或是列植，作背景树。

生态造景：性强健，喜光，耐半阴，可用于阴面绿化。耐寒，也可用于北方地区绿化。耐干旱瘠薄能力都较强，可用于干旱贫瘠地、岩石园绿化。很耐湿，可用于湿地绿化。喜肥沃深厚土壤，属肥土树种，也可在轻度盐碱地进行绿化。对二氧化硫有较强抗性，可用于工矿区绿化。根系发达，可用于固土护坡，防止水土流失，生长较迅速，很快能达到预期的景观效果。

三、木犀科 *Oleaceae*

灌木或乔木，稀藤本。叶对生，稀互生，单叶、三小叶或羽状复叶，全缘或具齿，有叶柄；无托叶。花两性，稀单性，辐射对称，组成圆锥、总状或聚伞花序，有时簇生或单生；花萼通常4裂，稀无萼；花冠合瓣，呈管状、漏斗状或高脚碟状，先端4～6（9）裂，稀分离或无花瓣。果为核果、蒴果、浆果或翅果。

本科约29属，600余种，广布温带、亚热带及热带地区。中国有12属，200种左右，南北各省区都有分布。不少种类为观赏树，有些种具特用经济价值，也有些种是优质用材料。

1. 雪柳属　*Fontanesia* Labill.

落叶灌木或小乔木，小枝四棱形。单叶对生，全缘或具细锯齿。花两性，圆锥花序间具叶；花萼小，4裂；花瓣4枚，分离，仅基部合生；雄蕊花丝较花瓣长。翅果，种子有胚乳。

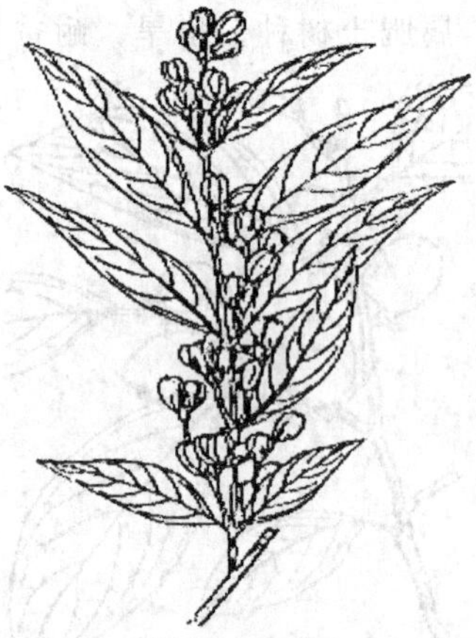

本属共2种，中国产1种。

雪柳　*F. fortunei* Carr.

【形态特征】 雪柳（图188）为落叶灌木，高达5m。干皮灰黄色，小枝细长，四棱形，无毛。叶披针形或卵状披针形，先端渐尖，基部楔形，全缘，叶柄短。花绿白色，微香，圆锥花序顶生或腋生，顶生花序长，腋生花序较短。翅果扁平，倒卵形。花期5～6月。果期8～9月。

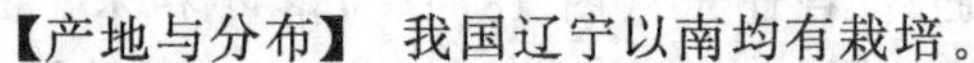

【产地与分布】 我国辽宁以南均有栽培。

【生态习性】 性喜光，喜温暖，较耐寒；喜肥沃、排水良好的土壤。

图188　雪柳

【繁殖方式】 播种、扦插繁殖。

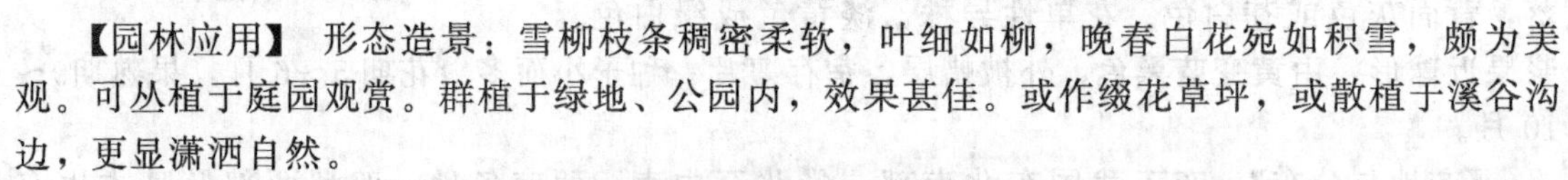

【园林应用】 形态造景：雪柳枝条稠密柔软，叶细如柳，晚春白花宛如积雪，颇为美观。可丛植于庭园观赏。群植于绿地、公园内，效果甚佳。或作缀花草坪，或散植于溪谷沟边，更显潇洒自然。

生态造景：性喜光，可用于阳面绿化。较耐寒；可应用于北方园林中。耐修剪，目前多栽培作自然式绿篱或防风林之下木，以及作隔尘林带等用。喜肥沃、排水良好的土壤，故在肥土地区生长良好。

2. 白蜡树属　*Fraxinus* L.

落叶乔木，稀灌木。树皮沟裂，稀片状剥裂；冬芽褐色或黑色，外被1～3对鳞片。奇数羽状复叶，对生；小叶常具齿。花小，杂性或单性，雌雄异株，组成圆锥花序；萼小，钟状，4裂或缺，脱落或宿存；花冠缺或存在，通常深裂，裂片2～4枚；花瓣2～6枚，分离或缺。翅果，翅在果顶伸长；种子单生，扁平，长圆形，具胚乳。

本属资源约70种，主要分布于温带地区；中国产20余种，各地均有分布。

(1) 水曲柳（满洲白蜡）　*Fraxinus mandshurica* Rupr.

【形态特征】 水曲柳（图189）为落叶乔木，高达30m，树干通直，浅纵裂；枝对生，小枝四棱形，绿色，无毛，皮孔明显，黄褐色；冬芽卵球形，黑色或近于黑色，鳞片边缘有黄褐色短柔毛。叶为奇数羽状复叶，对生，小叶无柄，叶轴具窄翅，叶椭圆状披针形，先端渐尖至长渐尖，基部生黄褐色绒毛，上面暗绿色，无毛，下面淡绿色，沿脉密生锈色绒毛，边缘有内弯的锐锯齿；叶柄极短，小叶着生处密生锈色绒毛。圆

图189　水曲柳

锥花序，单性异株，先叶开放，花序轴无毛；花萼钟状，4裂，早落；无花冠。翅果扭曲，矩圆披针形，翅先端钝圆或微凹，基部渐狭，下延至基部。花期5～6月，果10月成熟。

【产地与分布】 分布于我国东北、华北，以小兴安岭为最多，朝鲜、日本、俄罗斯也有分布。

【生态习性】 喜光，幼苗稍能耐阴；耐－40℃的严寒；喜潮湿但不耐水涝；喜肥，稍耐盐碱。主根浅、侧根发达，萌蘖性强，生长较快，寿命较长。

【繁殖方式】 用播种、扦插、萌蘖等法繁殖。种子休眠期长，春季播种育苗要经过高温催芽处理，不然隔年才能发芽出苗。

【品种资源】

花曲柳（*Fraxinus rhynchophylla* Hance）：又称大叶白蜡树。落叶乔木，高达19m。树皮较光滑，灰褐色。小叶倒卵形，顶生小叶片常特大，显著大于其他小叶片，锯齿疏而钝，叶轴之节部常被褐色毛。花无花冠；圆锥花序生于当年生枝上。

【园林应用】 形态造景：树形优美，树干通直，浅纵裂，小枝四棱形，冠大荫浓，枝繁叶茂，常用作行道树、庭荫树、园景树。也可以列植或片植，形成障景或是背景。或是点缀于草地之上，形成疏林草坪的景观效果。营造风景林，是北方著名的硬阔叶树种。

生态造景：喜光，幼苗稍能耐阴；生长前期可在阴面进行绿化。耐－40℃的严寒，是东北地区绿化主要树种之一。耐盐碱，可用于盐碱地绿化，喜潮湿，可作水边绿化材料。抗有毒气体、烟尘，适于工矿区绿化。主根浅、侧根发达，萌蘖性强，可用于固土护坡，防止水土流失。

(2) 白蜡树 *Fraxinus chinensis* Roxb.

【形态特征】 白蜡树（图190）为落叶乔木，高达15m，树冠卵圆形，干皮黄褐色，纵裂；小枝黄褐色，粗糙，无毛。小叶5～9枚，通常7枚，卵圆形或卵状椭圆形，先端渐尖，基部狭，不对称，叶面无毛，叶背沿脉有短柔毛。圆锥花序生于当年生枝上；花单性，雌雄异株；雄花密集，花萼小，钟状；雌花疏离，花萼大，无花瓣，花萼钟状。翅果倒披针形。花期4～5月，果熟期10月。

图190 白蜡树

【产地与分布】 我国东北中南部以南分布。

【生态习性】 喜光，稍耐阴；喜温暖湿润气候，颇耐寒，喜湿耐涝，也耐干旱；对土壤适应性强，碱性、中性、酸性土壤上均能生长；抗烟尘，抗多种有毒气体（二氧化硫、氯气、氟化氢），萌芽、萌蘖力均强，耐修剪。生长较快，寿命较长，可达200年以上。

【繁殖方式】 用播种、扦插繁殖。

【园林应用】 形态造景：树形优美，树干通直，树冠卵圆形，干皮黄褐色，枝叶繁茂而鲜绿，夏季绿荫浓，秋叶橙黄，分枝点高，管理粗放，少病虫害，是优良的行道树、庭荫树、园景树。也可列植作背景树，或是障景树。

生态造景：喜光，稍耐阴，可用于阴面绿化。喜温暖湿润气候，颇耐寒，可用于北方地区绿化造景。抗性强，耐旱，耐贫瘠，可营造防护林。耐水湿，抗烟尘和多种有毒气体，可用于湖岸绿化和工矿区绿化。萌芽、萌蘖力均强，耐修剪，可作造型树。生长较快，寿命较长，很快能达到景观效果而且持续时间长。

(3) 绒毛白蜡（津白蜡） *Fraxinus velutina* torr.

【形态特征】 绒毛白蜡（图191）为落叶乔木，高18m；树冠伞形，树皮灰褐色，浅丛

图 191　绒毛白蜡

裂。幼枝、冬芽上均生绒毛。小叶 3～7 枚，通常 5 枚，椭圆形至卵状披针形，顶生小叶较大，狭卵形，先端尖，基宽楔形，叶缘有锯齿，下面有绒毛。圆锥花序生于 2 年生枝上；花萼 4～5 齿裂；无花瓣。翅果长圆形，果翅较果体短，先端常凹。花期 4 月；果 10 月成熟。

【产地与分布】 原产于北美。20 世纪初我国济南开始引种，后黄河中、下游均有引种，以天津栽培最多，近年来，内蒙古南部、辽宁南部也有引种。

【生态习性】 喜光；耐水涝；不择土壤，耐盐碱；抗有害气体能力强。抗病虫害能力强。

【繁殖方式】 播种繁殖。

【园林应用】 形态造景：树形优美，树体高大，树形整齐，树冠伞形，幼枝、冬芽上均生绒毛。枝叶繁茂，绿荫浓，分枝点高，可用作行道树、庭荫树。或是列植作背景树、障景树。

生态造景：喜光，可用于阳面绿化。耐水涝，可用于湿地造景。耐盐碱，可用于盐碱地绿化。抗有害气体能力强，可用于工矿区绿化。对城市适应性强，具有耐盐碱、抗涝、抗有害气体和抗病虫和特点，是城市绿化的优良树种，尤其对土壤含盐量较高的沿海城市更为适用。目前已成为天津、连云港等城市的重要绿化树种之一。

3. 连翘属　*Forsythia* Vahl.

落叶灌木。枝条对生，枝髓部中空或呈薄片状；冬芽叠生，芽鳞多数。叶对生，单叶或少有羽状 3 出复叶，有锯齿或全缘；有柄。花两性，1～3（5）朵生于叶腋，先叶开放；萼片 4 深裂；花冠黄色，钟状，深 4 裂，裂片长于钟状筒。蒴果卵圆形，2 室，多数种子；种子有狭翅。

本属资源共 7 种，分布于欧洲至日本；中国有 4 种，产西北至东北和东部。

(1) 东北连翘（黄寿丹、黄花杆） *Forsythia mandshurica* Thunb.

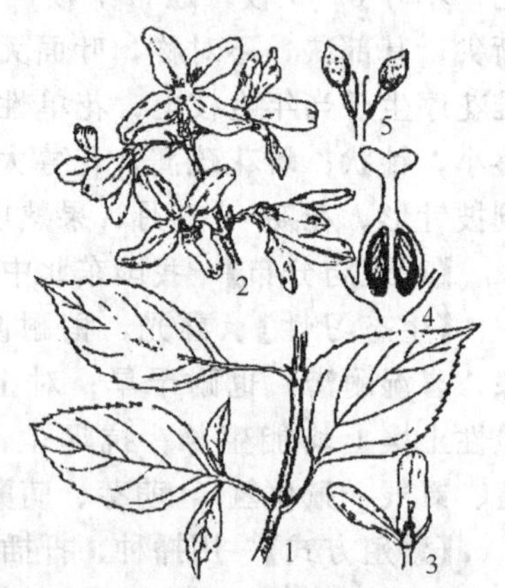

图 192　东北连翘

1—枝叶；2—花枝；3—花纵剖面；4—子房纵剖面；5—果

【形态特征】 东北连翘（图 192）为落叶灌木，高可达 3m。皮灰褐色或黄褐色；干丛生，直立或斜上；枝开展，拱形下垂；小枝黄褐色，稍四棱，皮孔明显，髓中空片状；芽黄褐色，卵形，芽鳞多数，有睫毛。单叶，对生，叶纸质，卵形、宽卵形或椭圆状卵形，无毛，端锐尖，基部圆形至宽楔形，缘有粗锯齿，上面绿色，无毛，下面深绿色，疏生短柔毛，沿中脉的中下部较密，边缘有不整齐粗锯齿，近基部全缘；柄疏生短柔毛。花先叶开放，通常单生，稀 3 朵腋生；花萼裂片 4 片，矩圆形，先端钝，有缘毛；花冠黄色，裂片 4 片，倒卵状椭圆形，先端微有齿；雄蕊 2 枚，着生花冠筒的基部；雌蕊长于或短于雄蕊。连翘有两种花，一种花的雌蕊长于雄蕊，另一种花的雄蕊长于雌蕊，两种花不在同一植株上生长，连翘有自花授粉不亲合的现象，而且不与同一类型的花受精。蒴果卵圆形，表面散生疣点，果熟时 2 瓣裂，种子有翅。花期 4～5 月。果期 8～9 月。

【产地与分布】 产于我国北部、中部及东北各省；现各地有栽培。

【生态习性】 喜光，有一定程度的耐阴性；耐寒；耐干旱瘠薄，怕涝；不择土壤；抗病虫害能力强。

【繁殖方式】 用扦插、压条、分株、播种繁殖，以扦插为主。硬枝或嫩枝扦插均可，于节处剪下，插后易于生根。

【品种资源】

① 垂枝连翘（var. *sieboldii* Zabel）：枝较细而下垂，通常可匍匐地面，而在枝梢生根；花冠裂片较宽，扁平，微开展。

② 三叶连翘（var. *fortunei* Rehd.）：叶通常为 3 小叶或 3 裂；花冠裂片窄，常扭曲高桩柿。

还有金叶‘*Aurea*’、黄斑叶‘*Variegata*’等栽培变种。

【园林应用】 形态造景：连翘枝条拱形开展，是优良的报春植物，早春花先叶开放，满枝金黄，艳丽可爱，是北方常见优良的早春观花灌木，宜丛植于草坪、角隅、岩石假山下，路缘、转角处，阶前、篱下及作基础种植，或作花篱等用；以常绿树作背景，与榆叶梅、绣线菊等配植，更能显出金黄夺目之彩；大面积群植于向阳坡地、绿地、公园，则效果更佳；也可用于分车带绿化。还可作为切花材料。

生态造景：喜光，有一定程度的耐阴性；可用于建筑阴影区绿化。耐寒，是东北地区的绿化树种之一，耐干旱瘠薄，可干旱贫瘠地绿化，山石点缀，作岩石园绿化。其根系发达，有护堤岸之作用。

(2) 金钟花 *Forsythia viridissima* Lindl.

【形态特征】 金钟花（图 193）为灌木，高可达 3m。皮灰褐色；枝条圆筒形，直立或斜上，嫩枝淡绿色，微呈四棱形，皮孔明显，髓心片状，表皮呈膜状脱落，萌生枝常呈拱形，先端常中空。单叶对生，叶形多变化，椭圆形，长圆形或圆状披针形，先端锐尖或渐尖，稀钝圆，基部楔形或宽楔形，上面暗绿色，脉凹下，下面绿色，脉隆起，边缘中部以上具不整齐粗锯齿或近全缘；叶柄无毛。花 1～3 朵，腋生，黄色，先花后叶；花萼 4 深裂，黄绿色，卵形至椭圆形，较花冠筒稍短，有睫毛；花冠裂片 4 枚，狭长圆形，先端钝圆；雄蕊 2 枚，着生于花冠筒基部，花丝短，与花冠筒近等长。蒴果卵形，2 室，基部圆形，先端嘴状，表面有灰白色疣状突起。花期 5 月，果熟期 8 月。

图 193 金钟花

【产地与分布】 产于我国长江以南地区，哈尔滨市有栽培。

【生态习性】 喜光，生于向阳、避风，排水良好的土地上。

【繁殖方式】 用种子、分株、扦插、压条繁殖。

【品种资源】 变种：

朝鲜金钟花（var. *koreana* Rehd.）：枝开展拱形，枝髓片状而节部具隔板。叶长达 12cm，较金钟花略宽，基部全缘，广楔形，中下部最宽。花较大而华美，深黄色，雄蕊长于雌蕊。原产朝鲜；我国东北地区一些城市有栽培，尤以辽宁为多。

【园林应用】 形态造景：早春花先叶开放，满枝金黄，艳丽可爱，是优良的报春植物，宜丛植于草坪、角隅、岩石假山下，路缘、转角处，阶前、篱下及作基础种植，以常绿树作背景，与榆叶梅、绣线菊等配植，更能显出金黄夺目之彩；大面积群植于向阳坡地、绿地、公园中，则效果更佳；也可用于分车带绿化。

图 194　金钟连翘

生态造景：喜光，生于向阳、避风，排水良好的立地上，可用于阳面绿化。耐干旱瘠薄，可在干旱贫瘠地绿化或做山石点缀，作岩石园绿化。也可作为切花材料或作花篱等用。

(3) 金钟连翘　*Forsythia*×*intermedia* Zabel

【形态特征】金钟连翘（图 194）是连翘与金钟花的杂交种，于 1880 年育成，性状介于两者之间。枝较直立，节间常具片状髓，节部实心。叶长椭圆形至卵状披针形，基部楔形，有时 3 深裂。开花时满树金黄色，十分美丽。在欧美园林中常见栽培，并有一些园艺变种。

【产地与分布】产我国长江以南地区，哈尔滨市有栽培。

【生态习性】喜光，生于向阳、避风的地点，喜排水良好的土质。

【繁殖方式】用种子、分株、扦插、压条繁殖。

【园林应用】形态造景：早春花先叶开放，满枝金黄，是优良的报春植物，宜丛植于草坪、角隅、岩石假山下，路缘、转角处，阶前、篱下及作基础种植，以常绿树作背景，与榆叶梅、绣线菊等配植，更能显出金黄夺目之彩；大面积群植于坡地、绿地、公园中，则效果更佳；也可用于分车带绿化。

生态造景：喜光，生于向阳、避风，排水良好的立地上，可用于阳面绿化。耐干旱瘠薄，可在干旱贫瘠地绿化或做山石点缀，作岩石园绿化。点缀园林中的微地形效果最佳。也可作为切花材料或作花篱等用。

4. 丁香属　*Syringa* L.

落叶灌木或小乔木，枝为假二叉分枝；冬芽卵形，外具数枚鳞片，顶芽常缺。叶对生，单叶，稀为羽状复叶；有柄，全缘，稀羽状深裂。花两性，组成顶生或侧生圆锥花序；萼钟状，4 裂，宿存；花冠漏斗状，具深浅不等 4 裂片。蒴果长圆形，果皮革质，室背开裂，每室内含有 2 种子；种子有翅。

本属资源约 30 种，分布于亚洲和欧洲。中国产 20 余种，自西南至东北各地都有。

(1) 辽东丁香　*Syringa wolfii* Schneid.

【形态特征】辽东丁香（图 195）为直立灌木，植株较粗壮；树皮暗灰色，有浅纵沟；幼枝粗壮，圆柱形，灰色至灰褐色，具明显长圆形皮孔，灰白色，无毛；芽大，广卵形，芽鳞多数，中脉明显隆起，被灰白色短柔毛。单叶对生，叶较大，椭圆形至卵状长椭圆形，先端突尖或短渐尖，基部阔楔形至近圆形，叶面网脉下凹，背面及叶缘有毛；全缘，具缘毛；叶柄无毛或疏毛。圆锥花序大而长，由顶芽发出；花冠淡蓝紫色，裂片内曲；花萼杯状，5 裂，裂片阔三角形或阔卵形，先端尖至圆截形，常有不规则的齿，无毛或疏生毛；花冠漏斗形，4 裂，裂片卵形，直立或先端显著内曲。蒴果先端钝，先端钝至锐尖，光滑。花期 5～6 月，果期 8～9 月。

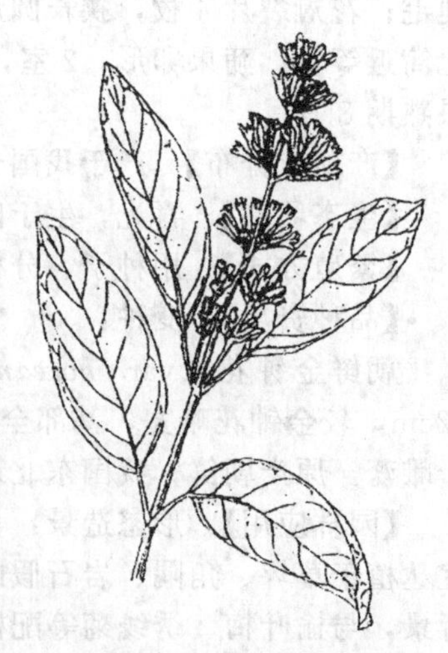

图 195　辽东丁香

【产地与分布】 主产于我国东北，华北也有分布。

【生态习性】 喜光耐阴、喜冷凉、湿润的环境，常野生于山谷、林缘。

【繁殖方式】 用种子繁殖。

【品种资源】

匈牙利丁香（*S. josikaea* Jacq. f.）：与辽东丁香很相似，主要区别是花药位于花冠筒喉部 3～4mm 以下。原产欧洲客尔巴阡山及阿尔卑斯山。我国 20 世纪 50 年代引入栽培。

【园林应用】 形态造景：著名花灌木，花芳香，为庭园观赏树种。花色淡雅大方，花期较晚，与多种其他丁香配植成专类园，可延长观赏效果。也可以点缀于草坪之上，形成缀花草坪的景观效果。或是植于林缘处，可丰富园林植物景观层次。唯其香气过浓，用量不宜过多，可作香花园、夜花园树种。

生态造景：喜光耐阴、喜冷凉、湿润的环境，可用于阴面绿化，或是冷凉地区绿化。喜湿润，可用于湿地绿化。

图 196 红丁香

(2) 红丁香 *Syringa villosa* vahl.

【形态特征】 红丁香（图 196）为灌木，高达 3m。树皮褐色；幼枝粗壮，淡褐色，圆筒形，皮孔椭圆形，灰白色，疏生，无毛；芽红褐色，广卵形，芽鳞多数，中脉明显隆起，有稀疏短睫毛。单叶对生，叶椭圆形至长圆形，端尖，基楔形，背面有白粉，沿中脉有柔毛，上面有明显皱褶，具光泽；全缘；叶柄无毛或疏毛。圆锥花序顶生，密集，花序分枝，有短柔毛；花紫红色至近白色，芳香，萼 4 浅裂，宽三角形，先端尖，疏生短柔毛或近无毛；花冠 4 裂，裂片开展且端钝；花柄具短柔毛。蒴果先端稍尖或钝。花期 5 月，果期 8～9 月。

【产地与分布】 产于我国北部，生高山灌丛及山坡砾石地。

【生态习性】 喜光，稍耐阴，阴地能生长，但花量少或无花；耐寒性较强；耐干旱，忌低湿；喜湿润、肥沃、排水良好的土壤。适应性强，生于河边或山坡砾石地。抗有毒气体。

【繁殖方式】 播种或嫁接繁殖。

【园林应用】 形态造景：红丁香枝叶茂密，花美而香，是我国北方各省区园林中应用最普遍的花木之一。广泛栽植于庭园、机关、厂矿、居民区等地。常丛植于建筑前、茶室凉亭周围；散植于园路两旁、草坪之中；与其他种类丁香配植成专类园、香花园、夜花园或是缀

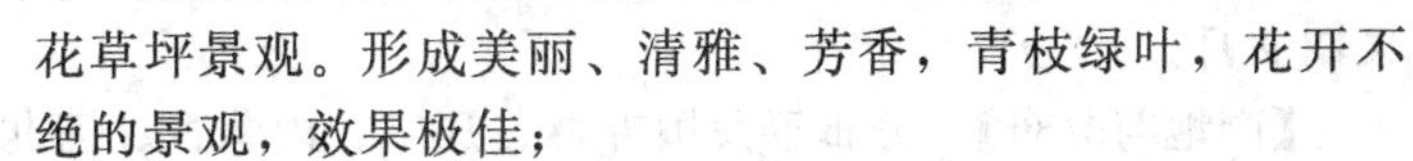

花草坪景观。形成美丽、清雅、芳香，青枝绿叶，花开不绝的景观，效果极佳；

生态造景：耐旱耐贫瘠，可应用于岩石园或是旱地贫地绿化。耐修剪，枝叶茂密，可作绿篱，抗有毒气体，可用于工矿区绿化。也可盆栽、促成栽培、切花等用。

图 197 小叶丁香

(3) 小叶丁香（四季丁香、绣球丁香） *Syringa microphylla* Diels

【形态特征】 小叶丁香（图 197）为灌木。树皮暗褐色；幼枝淡灰褐色，具绒毛，皮孔灰白色，明显；芽小，红褐色，先端尖，芽鳞多数，具稀疏短绒毛和睫毛。叶卵形至椭圆状卵形，先端钝至突尖，基部截形、圆形至阔楔形，两面及缘具毛，老时仅背脉有柔毛；全缘；叶柄具短绒毛。圆锥花序小，花序紧密，自侧芽生出，顶芽缺，花

细小，淡紫红色；花萼4浅裂，裂片三角形，先端尖，有稀疏短柔毛；花冠4裂，裂片长圆形，先端稍尖，花冠筒细，向上渐宽；花柄有短绒毛。蒴果小，披针形，常为镰刀状，先端稍弯，有瘤状突起。花期春、秋两季。花期5月，果期8～9月。

【产地与分布】 产于我国中部及北部地区。

【生态习性】 喜光，稍耐阴，阴地能生长，但花量少或无花；耐寒性较强；耐干旱；喜湿润、肥沃、排水良好的土壤。适应性强，生于河边或山坡砾石地。抗有毒气体。喜光，耐干旱瘠薄，生于石质山坡上。

【繁殖方式】 用播种、压条、嫁接繁殖。

【品种资源】 国外通常栽植的优良品种是'*Superba*'：花玫瑰粉红色，芳香，花数多；5月开花，能间断地开至10月。

【园林应用】 形态造景：有二度开花现象，花期春秋两季。小叶丁香枝叶茂密，花美丽而芳香，是我国北方各省区园林中应用最普遍的花木之一。广泛栽植于庭园、机关、厂矿、居民区等地。常丛植于建筑前、茶室凉亭周围；散植于园路两旁、草坪之中；与其他种类丁香配植成专类园、香花园、夜花园或是缀花草坪景观。形成美丽、清雅、芳香，青枝绿叶，花开不绝的景观，效果极佳。

生态造景：喜光，耐干旱瘠薄，生于石质山坡上。耐旱耐贫瘠，可应用于岩石园或是旱地贫地绿化。耐修剪，枝叶茂密，可作绿篱，抗有毒气体，可于工矿区绿化。可盆栽、切花等用。

图198 紫丁香
1—花枝；2—花序；3—花

(4) 紫丁香（华北紫丁香、丁香） *Syringa oblata* Lindl.

【形态特征】 紫丁香（图198）为灌木或小乔木，高可达4m；树皮暗褐灰色，有浅沟裂；枝条粗壮无毛，2年生枝黄褐色或灰褐色，有散生皮孔；冬芽球形，褐色，芽鳞多数，无毛。单叶对生，厚纸质至革质，叶广卵形，通常宽度大于长度，端锐尖，基心形或截形，全缘，两面无毛；叶柄无毛。圆锥花序自侧芽生出，顶芽缺，花大，紫红色，开后花色渐淡；花萼钟状，有4齿；花冠堇紫色，端4裂开展，花冠筒细长，呈管状；花柄无毛。蒴果长圆形，顶端尖，平滑。花期4～5月，果期9月。

【产地与分布】 分布于我国吉林、辽宁、内蒙古、河北、山东、陕西、甘肃、四川。朝鲜也有。

【生态习性】 喜光，稍耐阴，阴地能生长，但花少或无花；耐寒性较强；耐干旱，忌低湿；喜湿润、肥沃、排水良好的土壤。

【繁殖方式】 播种、扦插、嫁接、分株、压条繁殖。

【品种资源】 变种：

① 白丁香（var. *alba* Rehd.）：花白色；叶较小，背面微有柔毛。

② 紫萼丁香（var. *giraldii* Rehd.）：花序轴和花萼紫蓝色；叶先端狭尖，背面微有柔毛。

③ 佛手丁香（var. *plena* Hort.）：花白色，重瓣。

④ 朝鲜丁香（*S. dilate Nakai* in Bot. Mag.）：叶卵形，长达12cm，先端长渐尖，基部通常截形，无毛；花序松散，花冠筒长1.2～1.5cm。产朝鲜。

⑤ 湖北紫丁香（var. *hupehensis* Pamp.）：叶卵形，基部楔形；花紫色。产湖北。

【园林应用】 形态造景：紫丁香枝叶茂密，花美而香，是我国北方各省区园林中应用最普遍的花木之一。广泛栽植于庭园、机关、厂矿、居民区等地。常丛植于建筑前、茶室凉亭周围；散植于园路两旁、草坪之中；与其他种类丁香配植成专类园、香花园、夜花园或是缀花草坪景观。形成美丽、清雅、芳香，青枝绿叶，花开不绝的景区，效果极佳；

生态造景：喜光，稍耐阴，阴地能生长，但花量少或无花，可用于阳面绿化。耐寒性较强，可在北方地区进行绿化功能。耐旱耐贫瘠，可应用于岩石园或是旱地贫地绿化。喜湿润、肥沃、排水良好的土壤，故可在湿地、肥土地进行绿化。耐修剪，枝叶茂密，可作绿篱，抗有毒气体，可用于工矿区绿化。也可盆栽、促成栽培、切花等用。

图 199　暴马丁香
1—花枝；2—花；3—花冠

(5) 暴马丁香（暴马子、阿穆尔丁香） *Syringa amurensis* Rupr.

【形态特征】 暴马丁香（图 199）为灌木至小乔木，高可达 8m。树皮紫灰色或紫灰黑色，粗糙，具细裂纹，常不开裂；枝条带紫红色，有光泽，枝上皮孔显著，常 2～4 个横向连接，小枝较细；芽小，卵形，褐色，芽鳞多数，近无毛，有睫毛。单叶对生，叶卵形至卵圆形，端尖，基通常圆形或截形，背面侧脉隆起，全缘；叶柄无毛。圆锥花序大而疏散；花冠白色，筒短；花萼 4 浅裂，裂片宽三角形；花冠 4 裂，裂片卵状长圆形；花冠筒较萼稍长。蒴果矩圆形，先端钝，外具疣状突起，2 室，每室具 2 枚种子；种子周围有翅。花期 5 月底至 6 月，果期 9 月。

【产地与分布】 分布于我国东北、华北、西北东部。朝鲜、日本、俄罗斯也有。

【生态习性】 喜光；也能耐阴，耐寒，耐旱，耐瘠薄。喜潮湿土壤。

【繁殖方式】 一般用播种繁殖。可作其他丁香的乔化砧。

【品种资源】 其正种日本丁香（*S. reticulata*（Bl.）Hara）：叶片长 12～15cm，叶背有毛；花序长达 30cm。产日本。

【园林应用】 形态造景：树形优美，枝繁叶茂，花白色，花有香气，花期较晚，极具观赏性，宜作园景树、独赏树。还可用于专类园、夜花园、百花园。点缀于草坪之上，可形成疏林草坪的景观效果，可是植于林缘处，乔木配植丰富景观层次。

生态造景：喜光，也能耐阴，可用于阳面绿化。耐寒，是东北地区不可多得的园林绿化树种。耐旱，耐瘠薄，可用于贫土地绿化，或是旱地绿化，也可点缀岩石园。暴马丁香花期较晚，在丁香专类园中，可起到延长花期作用。

图 200　北京黄丁香
1—花枝；2—花；3—花冠

(6) 北京黄丁香（北京丁香） *Syringa pekinensis* Rupr.

【形态特征】 北京黄丁香（图 200）与暴马丁香很相似，主要区别点是：叶卵形至卵状披针形，基部广楔形，两面光滑无毛，侧脉在背面不隆起或略隆起。花黄白色，雄蕊比花冠裂片短或等长，有女贞花的香气。朔果先端尖。

【产地与分布】 产于我国北部地区。

【生态习性】 喜光；也能耐阴，耐寒，耐旱，耐瘠薄。喜潮湿土壤。

【繁殖方式】 播种繁殖。

【品种资源】 品种：

垂枝黄丁香（*Syringa pekinensis* var. *Pendula*）：枝条略下垂。

【园林应用】 形态造景：树形优美，枝繁叶茂，花黄白色，花有香气，花期较晚，极具观赏性，宜作园景树、独赏树。还可用于专类园、夜花园、百花园。点缀于草坪之上，可形成疏林草坪的景观效果，可植于林缘处，作为二层乔木配植丰富景观层次。是丁香家族中难得的黄色花系种类。

生态造景：喜光，也能耐阴，可用于阳面绿化。耐寒，是东北地区不可多得的园林绿化树种。耐旱，耐瘠薄，可用于贫土地绿化，或是旱地绿化，也可点缀岩石园。花期较晚，在丁香专类园中，可起到延长花期作用，是丁香家族中唯一的黄花造景资源。

图 201 流苏树

1—花枝；2—花；3—雌蕊

5. 流苏树属 *Chionanthus* L.

落叶灌木或乔木。单叶，对生，全缘或有小锯齿，有叶柄。花两性或单性异株，组成疏松的圆锥花序；花萼 4 裂；花冠白色，4 深裂至近基部，裂片狭长，花冠筒短。核果肉质，卵圆形。种子 1 粒。

本属资源 2 种，东亚、北美各 1 种。我国产 1 种，分布于西南、东南至东北地区。

流苏树 *C. retusus* Lindl. et paxt.

【形态特征】 流苏树（图 201）为灌木或乔木，高达 20m，干皮灰色，大枝皮常纸状剥裂，鳞芽叠生。叶卵形至倒卵状椭圆形，交互对生，先端常钝圆或微凹，全缘或偶有小齿，背面中脉基部有毛，近革质，叶柄基部常带紫色。花单性异株，花白色，花冠 4 裂片狭长，筒部短；成宽圆锥花序；核果卵圆形，蓝黑色。花期 4～5 月，果期 9 月。

【产地与分布】 我国山东以南均有分布。

【生态习性】 喜光，耐寒，耐旱，花期怕干热风。对土壤适应性强，生长较慢。

【繁殖方式】 播种、扦插、嫁接。

【品种资源】 变种：

齿叶流苏树（var. *serrulatus* G. koidz.）：叶缘有细锯齿，产我国台湾。

【园林应用】 形态造景：树形优美，花形奇特，可作园景树。花繁多，形奇特，秀丽可爱，可作缀花草坪。

生态造景：耐旱，耐贫瘠，可用于干旱贫瘠地绿化或岩石园绿化。

6. 女贞属 *Ligustrum* L.

落叶或常绿，灌木或乔木；冬芽卵形，芽鳞 2 枚。单叶，对生，全缘，具短柄。花两性，顶生圆锥花序；花小，白色；花萼钟状，4 裂；花冠漏斗状，花冠筒长或短，裂片 4 片，直立或平展。核果浆果状，黑色或蓝黑色。

本属资源约 50 种，主产于东亚及澳大利亚，欧洲及北美产 1 种；中国产 30 余种，多分布于长江以南及西南。

(1) 水蜡树 *Ligustrum obtusifolium* Sieb. et Zucc.

【形态特征】 水蜡树（图 202）为落叶灌木，高 3m。幼枝有短柔毛。叶纸质，长椭圆表，端锐尖或钝，基部楔形，背中脉密生柔毛，沿中脉较密。顶生圆锥花序短而下垂，花冠筒比花裂片长，为其 3～4 倍，雄蕊和花冠裂片近等长。核果椭圆形，黑色。花期 5～6 月，果期 9～10 月。

图 202　水蜡树
1—花枝；2—花冠筒；3—果

【产地与分布】 产于我国华东，华北。

【生态习性】 性较耐寒，耐阴，耐湿，抗毒气，耐修剪。

【繁殖方式】 播种、扦插繁殖。

【品种资源】

金叶水蜡：叶片金黄色。

【园林应用】 形态造景：树形优美，叶纸质，叶色清新秀丽，花白色，黑色核果椭圆形，是优良的花灌木。可作园景树、独赏树。可点缀于草坪之上，形成疏林草坪的景观效果。也可以植于林缘处丰富园林景观层次。

生态造景：性较耐寒，可用于北方地区园林绿化。耐阴，可作阴面绿化材料，耐湿，可作湿地绿化。耐修剪，为造型树种，常作绿篱用。抗有毒气体，适于工矿区绿化。

(2) 女贞（冬青、蜡树） *Ligustrum lucidum* Ait.

【形态特征】 女贞（图 203）为常绿乔木，高达 10m；树皮灰色，平滑。枝开展，无毛，具皮孔，无毛；冬芽长卵形，褐色，无毛。叶革质，宽卵形至卵状披针形，顶端尖，基部圆形或阔揑楔形，全缘，无毛。圆锥花序顶生，最下面具叶状苞片；花白色，几无柄，花冠裂片与花冠筒近等常。核果长圆形，蓝黑色，被白粉。花期 6～7 月，果期 10～12 月。

图 203　女贞
1—果枝；2—花

【产地与分布】 产于我国长江流域及以江南各省区。甘肃南部及华北南部多有栽培。

【生态习性】 喜光，稍耐阴；喜温暖，不耐寒；喜湿润，不耐干旱；适生于微酸性至微碱性的湿润土壤，不耐瘠薄；对二氧化硫、氧气、氟化氢等有毒气体有较强的抗性。生长快，萌芽力强，耐修剪。

【繁殖方式】 播种、扦插繁殖。

【品种资源】 变种：

落叶女贞（var. *latifolium* Cheng）：冬季落叶，产南京地区。

【园林应用】 形态造景：女贞枝叶清秀，终年常绿，夏日满树白花，又适应气候环境，是长江流域常见的绿化树种。常栽于庭园观赏，广泛栽植于街坊、宅院，或作园路树，或修剪作绿篱用。对多种毒气体抗性较强，可作为工矿区的抗污染树种。

生态造景：喜光，稍耐阴，可进行阳面绿化。喜温暖，不耐寒，故宜在温暖地区生长。喜湿润，不耐干旱，可进行湿地绿化。适生于微酸性至微碱性的湿润土壤，不耐瘠薄，应植于肥土地上。耐修剪，为造型树种或作绿篱用。抗有毒气体，适于工矿区绿化。

7. 茉莉属　*Jasminum* L.

落叶或常绿，灌木或藤本。奇数羽状复叶或单叶，对生，稀互生，全缘。花两性，顶生或腋生的聚伞、伞房花序，稀单生；花辐射对称，高脚碟状；花萼钟状，有 4～9 枚针状裂片；花冠黄色或白色，稀粉红色，花冠筒长，花冠裂片 4～9 枚；雄蕊 2 枚生于花冠筒内。

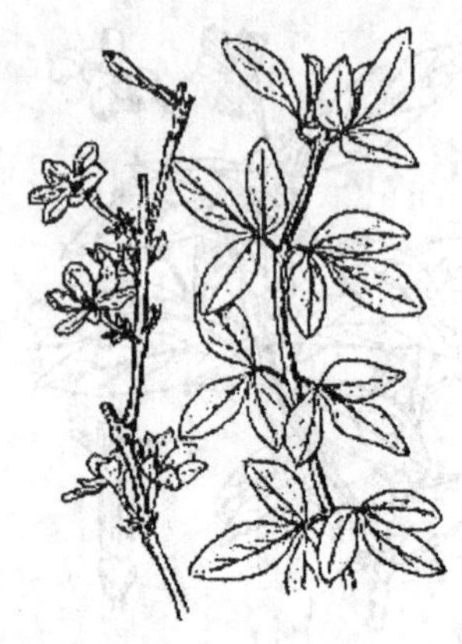

图 204　迎春

浆果。

本属资源约 300 种，分布于东半球的热带和亚热带地区。我国产 44 种，广布于西南至东部、南部、西部及西北。

迎春　*J. nudiflorum* Lindl.

【形态特征】 迎春（图 204）为落叶灌木，高 0.4～5m，枝细长拱形，绿色，有四棱。叶对生，小叶 3 枚，卵形至长圆状卵形，先端急尖，基部宽楔形，叶缘有短睫毛，叶面有疣状刺毛。花单生于叶腋，先花后叶，苞片小；花萼裂片 5～6 片，线形，绿色；花冠黄色，裂片 6 片，长为花冠筒的 1/2。花期 2～4 月，通常不结果。

【产地与分布】 我国北部、西北、西南各地。

【生态习性】 喜光，喜湿润，也耐旱，耐寒，耐碱，对土壤适应性强。根部萌蘖力强，枝条着地部分极易生根。

【繁殖方式】 扦插、压条、分株。

【园林应用】 形态造景：观花灌木，植株铺散，早春花黄色满枝，艳丽无比，是我国北方装点早春之景的极好花木。与山桃、杏同植，形成春景。

生态造景：耐盐碱，可用于盐碱地绿化。耐旱耐贫瘠，用于干旱贫瘠地绿化，枝条半拱形，可用于立交桥绿化、垂直绿化、坡地和园林中的微地形、堤岸绿化。

四、马鞭草科　*Verbenaceae*

灌木或乔木，有时为藤本，少数为草本。单叶或掌状复叶，少羽状复叶；对生，很少轮生或互生，无托叶。花序顶生或腋生，多数为聚伞、总状、穗状、伞房状聚伞或圆锥花序；花两性，两侧对称，很少为辐射对称；花萼宿存，杯状、钟状或筒状，常 4～5 裂；花冠筒圆柱形，花冠裂片二唇形或略不相等的 4～5 裂，很少多裂。果为核果、蒴果或浆果状核果，核单一或可分为 2 或 4。

资源约 80 属，3000 余种，主要分布于热带、亚热带地区，少数延至温带；中国现有 21 属，175 种，各地均有分布，主产地为长江以南名省区。

赪桐属　*Clerodendrum* Linn.

落叶半常绿，灌木或小乔木，少为攀援状藤本或草本。单叶对生或轮生，全缘或具锯齿。聚伞花序或由聚伞花序组成的伞房状或圆锥状花序，顶生或腋生；苞片宿存或早落；花萼钟状、杯状，有色泽，宿存，花后多少增大；花冠筒通常细长，顶端有 5 等形或不等形的裂片。浆果状核果，包于宿存增大的花萼内。

资源约 400 种，分布于热带和亚热带，少数分布温带。中国有 34 种，6 变种，大多分布在西南、华南地区。

海州常山　*C. trichotomum* Thunb.

【形态特征】 海州常山（图 205）为落叶灌木或小乔木，高达 8m。幼枝、叶柄、花序轴等多少有黄褐色柔毛，髓心有淡黄色薄片横隔。叶阔卵形至三角状卵形，先端渐尖，叶基宽楔形或截形，全缘或波状齿，疏被柔毛或无毛，叶背无腺体。顶生或腋生伞房状聚伞花序；花萼紫红色，5 裂至基部；花白色或带粉红

图 205　海州常山
1—花枝；2—花

色，花柱不超出雄蕊。核果近球形，成熟时呈蓝紫色，包藏于增大的宿萼内。花果期6～11月。

【产地与分布】 分布于我国华北及其以南。

【生态习性】 喜光，稍耐阴，有一定的耐寒性，耐湿。

【繁殖方式】 播种繁殖。

【园林应用】 形态造景：本树种花果美丽，是良好的观赏花木，花时白色花冠后衬紫红花萼，果时增大增大的紫红宿存萼托以蓝紫色亮果，实是美丽，且其花果期长，是布置园林景色的极好材料，水边栽植也很适宜。

生态造景：喜光，稍耐阴，可用于阳面绿化。有一定的耐寒性，故可用于北方地区园林绿化。喜水，耐湿，可用于湿地绿化。

五、茄科 *Solanaceae*

草本、灌木或小乔木，有时为藤本。单叶互生，稀羽状复叶，全缘、齿裂或羽状分裂；无托叶。花两性，辐射对称或稍两侧对称，排成各式聚伞花序，有时单生或簇生；花萼5裂或截形，结果时常扩大而宿存；花冠钟状、漏斗状或辐射状，先端5裂。浆果或蒴果。

约80属，3000种，广泛分布于世界温带及热带地区，美洲热带种类最为丰富。中国产24属，105种，35变种，各省都有分布。

枸杞属 *Lycium* L.

落叶常绿灌木，通常有棘刺，线状圆柱形或扁平，单叶互生或簇生，全缘，具柄或近于无柄。花两性，有梗，单生于叶腋或簇生于短枝上；花萼钟状，3～5裂，花后不甚增大，宿存；花冠漏斗状，5裂，稀4裂，裂片基部有明显的耳片；花冠筒常在喉部扩大。浆果，长圆形，常红色，有种子多数或少数。

约100种，分布于温带。中国产7种，3变种。主要分布于西北和北部。

枸杞（枸杞菜、枸杞头） *Lycium chinensis* Mill.

图206 枸杞
1—枝；2—花纵剖面；3—花冠

【形态特征】 枸杞（图206）为多分枝灌木，高1m，栽培可达2m多。枝细长，常弯曲下垂，淡灰黄色，有纵条棱，具针状棘刺。单叶互生或2～4枚簇生，卵形、卵状菱形至卵状披针形，端急尖，基部楔形。花单生或2～4朵簇生叶腋；花萼常3中裂或4～5齿裂，裂片多少有缘毛；花冠漏斗状，淡紫色，筒部向上骤然扩大，5深裂，裂片卵形，先端圆钝，平展或稍向外反曲，边缘有缘毛，基部耳片显著，花冠内壁密生一环绒毛，花冠筒稍短于或近等于花冠裂片。浆果红色、卵状，顶端尖或钝；种子扁肾形，黄色。花果期6～11月。

【产地与分布】 广布全国各地。我国黑龙江省哈尔滨及西部草原地区栽培。

【生态习性】 性强健，耐阴、耐寒、耐旱，耐盐碱。适应性强，生于山地、荒地、丘陵地、盐碱地或沿海附近地区沙质土地带。

【繁殖方式】 播种、扦插繁殖，

【品种资源】 变种：

北方枸杞（var. *potaninii* A. M. Lu)：叶披针形至狭披针形；花冠裂片疏被缘毛。分布偏于我国北方。

【园林应用】 形态造景：花期长，入秋红果累累，为庭园赏花观秋果树种。

生态造景：耐干旱，耐盐碱，可用于旱地和岩石园绿化和盐碱地绿化。选其虬干老株作为盆景也极雅致。

六、玄参科 *Sorophulariaceae*

落叶或半常绿，灌木或小乔木，少为攀援状藤本或草本。单叶对生或轮生，全缘或具锯齿。聚伞花序或由聚伞花序组成的伞房状或圆锥状花序，顶生或腋生；苞片宿存或早落；花萼钟状、杯状，有色泽，宿存，花后多少增大；花冠筒通常细长，顶端有 5 等形或不等形的裂片。浆果状核果，包于宿存增大的花萼内；种子细小。

资源约 400 种，分布于热带和亚热带，少数分布温带。中国有 34 种，6 变种，大多分布在西南、华南地区。

泡桐属 *Paulownia* Sieb. et Zucc.

落叶乔木，树冠圆锥形；枝对生，常无顶芽，通常假二叉分枝，小枝粗壮，髓腔大。单叶对生，大而有长柄，生长旺盛的新枝上有时 3 枚轮生，全缘、波状或 3～5 浅裂。花 3～5 朵成聚伞花序，由多数聚伞花序排成顶生圆锥花序；萼钟状，5 裂；花冠大，唇形，紫色或白色，内面常有深紫色斑点。蒴果，果皮木质化或较薄；种子小而多，扁平，两侧具半透明膜质翅。

共 7 种，均产中国，除黑龙江、内蒙古、新疆北部、西藏等地区外，分布及栽培几乎遍布全国。越南、老挝北部、朝鲜、日本也产。

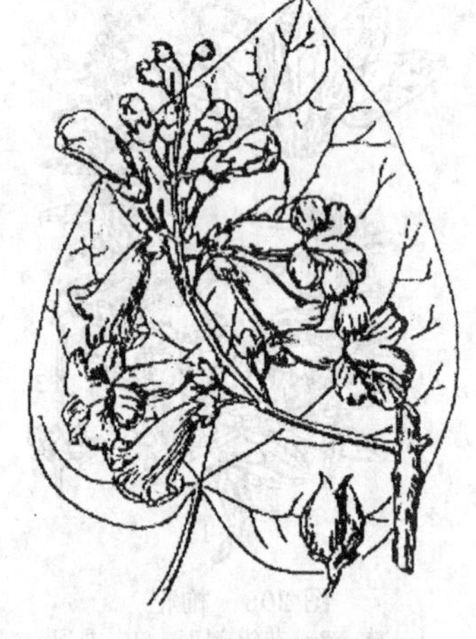

图 207 毛泡桐

毛泡桐（紫花泡桐） *P. tomentosa*（Thunb.）Steud.

【形态特征】 毛泡桐（图 207）为落叶乔木，高 15m。树冠宽大圆形，干皮灰褐色，小枝有明显皮孔。叶阔卵形或卵形，基部心形，先端尖，全缘或 3～5 裂，表面被长柔毛，背面密被白色柔毛。顶生圆锥花序，花蕾近圆形，密被黄褐色毛；花萼浅钟形，裂至中部或中部以上；花冠漏斗状钟形，花鲜紫色或蓝紫色。蒴果卵圆形。花期 4～5 月，果熟期 8～9 月。

【产地与分布】 我国辽宁南部以南。

【生态习性】 强阳性树种，不耐庇荫，对温度的适应范围较宽，根系近肉质，怕积水而较耐干旱，在土壤深厚、肥沃、湿润、疏松的条件下、才能充分发挥其速生的特性。不耐盐碱，喜肥，抗有毒气体。

【繁殖方式】 埋根、播种、埋干、留根。

【品种资源】 变种：

小叶紫花泡桐（var. *lanata* Schneid）：叶较小，卵形，有时 3 浅裂，背面密被星状茸毛。花也较小，淡粉红色至紫罗兰色，内无深紫色斑点；花序狭。产浙江、湖北、广东至西南地区。

【园林应用】 形态造景：树干端直，树冠宽大，枝繁叶茂，叶大荫浓，花大而美丽，管理粗放，少病虫害，故宜作行道树、庭荫树、园景树；也是重要的速生用材树种，“四旁”绿化，结合生产的优良树种。也可片植形成风景林。或是点缀于草坪之上，形成疏林草坪的景观效果。或是列植，成为背景树或是障景树。

生态造景：强阳性树种，不耐庇荫，可作阳面绿化材料。根系近肉质，怕积水而较耐干旱，可用于干旱贫瘠地绿化或点缀岩石园。在土壤深厚、肥沃、湿润、疏松的条件下、才能充分发挥其速生的特性，在肥土地上方可在较短时间内形成园林景观。不耐盐碱，不宜在盐碱地内绿化。抗有毒气体，适于工矿区绿化。

七、紫葳科 *Bignoniaceae*

落叶或常绿，乔木、灌木、藤本或草本。单叶或复叶，对生稀互生，无托叶。花两性，多少两侧对称；聚伞、总状或圆锥花序，顶生或腋生；花萼管状，截平或齿裂；花冠钟状至漏斗状，4～5裂，常呈二唇形。蒴果，少数为浆果状；种子扁平，无胚乳，常有翅或毛。

约120属，650种，多分布于热带、亚热带地区，少数分布于温带。中国连引入栽培的共22属，49种，南北各省均有分布。其中大部分供观赏用，有些木材很有用。

1. 梓树属 *Catalpa* L.

落叶乔木，无顶芽。单叶对生或3枚轮生，全缘或有缺裂，基出脉3～5，叶背脉腋常具腺斑，具长柄。花大，呈顶生总状花序或圆锥花序；花萼不整齐，深裂或2唇形分裂；花冠钟状唇形。蒴果细长，柱形，成熟时2裂；种子多数，两端具长毛。

本属资源约13种，产亚洲东部以及美洲。中国产4种，从北美引入3种，主要分布于长江、黄河流域。

(1) 梓树 *Catalpa ovata* G. Don

【形态特征】 梓树（图208）为乔木，高10～20m；树冠开展，树皮光滑，灰褐色、纵裂；枝粗壮，开展，幼枝绿色，被柔毛及腺毛，老枝灰色或淡灰褐色，无毛，有显著皮孔及叶痕；冬芽卵球形，具4～5对芽鳞，鳞片深褐色，边缘具睫毛。单叶对生或三叶轮生，较大，叶广卵形或近圆形，通常3～5浅裂，基部浅心形或圆形，先端渐尖或锐尖，有毛，背面基部脉腋有紫斑；叶柄初被长柔毛或腺毛，后变稀疏。圆锥花序顶生，花梗疏生毛；花萼2裂，裂片宽卵形，先端锐尖，绿色或紫色；花冠淡黄色，内面有黄色条纹及紫色斑纹。蒴果细长如筷，种子长椭圆形，具毛。花期5月，果期9～10月。

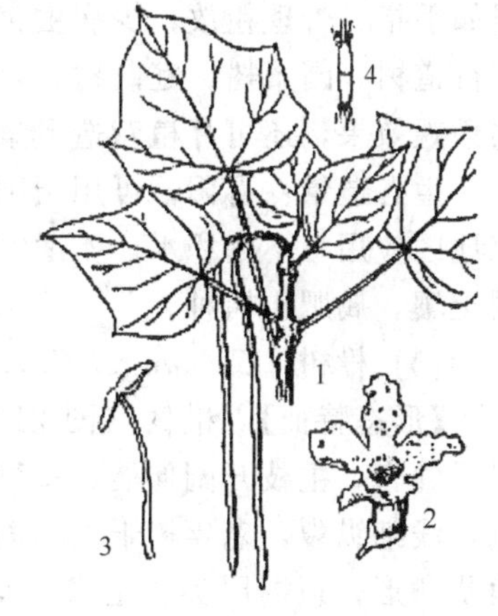

图208 梓树

1—果枝；2—花冠；3—蒴果；4—花梗

【产地与分布】 分布很广，我国东北、华北，南至华南北部，以黄河中下游为分布中心。

【生态习性】 喜光，稍耐阴；生于温带地区，颇耐寒，在暖热气候下生长不良；喜深厚、肥沃、湿润土壤，不耐干旱瘠薄，能耐轻盐碱土；对氯气、二氧化硫和烟尘的抗性均强。

【繁殖方式】 播种繁殖。也可用扦插和分蘖繁殖。

【园林应用】 形态造景：树形优美，树冠宽大，叶大荫浓，可作行道树、庭荫树及村旁、宅旁绿化材料。果经冬不凋，是可观冬果树种。植于庭园用于美化、遮荫。管理粗放，少病虫害，可作行道树，还可片植营造风景林，或是列植成为背景树，或是障景树。也可点缀于草坪之上，形成疏林草坪的景观效果。

生态造景：喜光，稍耐阴，可用于阳面绿化。颇耐寒，是东北地区的绿化树种之一。耐

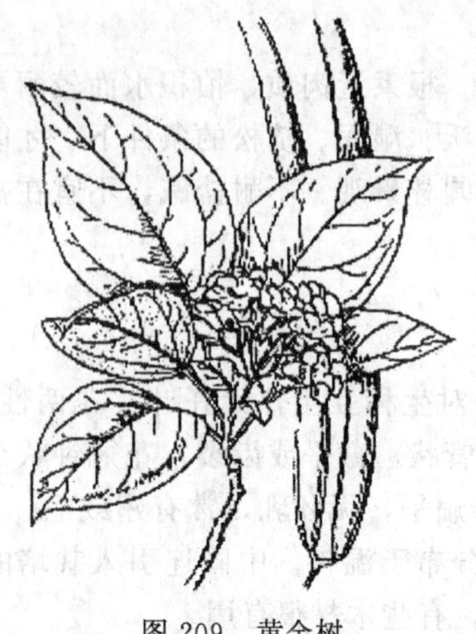

图 209　黄金树

水湿，可用于湿地绿化。喜深厚、肥沃、湿润土壤，不耐干旱瘠薄，属肥土树种。能耐轻盐碱土，能在盐碱地绿化。对氯气、二氧化硫和烟尘的抗性均强。适于工矿区绿化。

人文造景：梓树代表故乡，有思乡之意。

(2) 黄金树　*C. speciosa* Ward.

【形态特征】 黄金树（图 209）为落叶乔木，高 15m，树冠开展，干皮灰色，厚鳞片状开裂。叶宽卵形至卵状椭圆形，先端长渐尖，基部截形或心形，全缘或偶有 1～3 浅裂，背面被白色柔毛，基部脉腋具绿色腺斑。圆锥花序顶生，花冠白色，内有黄色条纹及紫褐色斑点。蒴果粗如手指。花期 5 月，果期 9～10 月。

【产地与分布】 原产美国中部及东部，我国各地均有栽培

【生态习性】 喜阳，较不耐寒，不耐积水。喜深厚肥沃、疏松土壤。

【繁殖方式】 播种繁殖

【园林应用】 形态造景：树形优美，树体高大，树冠开展，干皮灰色，冠大荫浓，圆锥花序顶生，花冠白色且大，内有黄色条纹及紫褐色斑点，蒴果粗如手指。管理粗放，少病虫害，可观花，观树形，因此适于作行道树、园景树、庭荫树。可植于草坪之上，形成疏林草坪的景观效果，还可片植营造风景林。

生态造景：喜阳，可用于阳面绿化。较不耐寒，不宜在冷凉地区应用。不耐积水，不适宜种于低洼地。喜深厚肥沃、疏松土壤，属肥土树种。

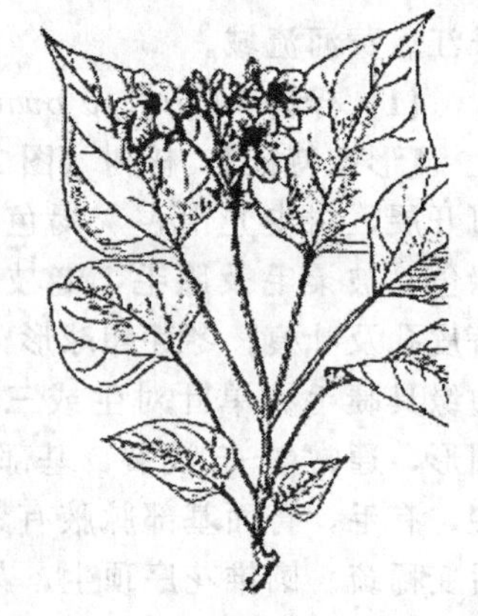

图 210　楸树

(3) 楸树　*C. bungei* C. A. Mey

【形态特征】 楸树（图 210）为落叶乔木，高可达 30m，树干耸直，主枝开阔伸展，多弯曲，呈倒卵形树冠，树皮灰褐色，浅细纵裂，老年树干上具瘤状小突起；小枝灰绿色。叶三角状卵形，顶端尾尖，全缘，有时近基部有 3～5 对尖齿，两面无毛，背面脉腋有紫色腺斑。总状花序伞房状排列，顶生；萼片顶端 2 尖裂；花冠浅粉色，内有紫色斑点。蒴果，种子扁平，具长毛。花期 4～5 月，果期 9 月。

【产地与分布】 我国黄河、长江流域有分布。

【生态习性】 喜光，不耐寒，喜温暖湿润气候，不耐旱，不耐积水。抗有毒气体，有较强的吸滞灰尘、粉尘能力。

【繁殖方式】 用播种、分蘖、埋根、扦插繁殖。

【园林应用】 形态造景：楸树树姿挺拔，干直荫浓，花紫白相间，艳丽悦目，宜作庭荫树、行道树及园景树。孤植于草坪中也极适宜，与建筑配植更能显示古朴、苍劲之树势。山石岩际，假山石旁点缀，使与山石谐调，也很美观。

生态造景：喜光，可用于阳面绿化。不耐寒，喜温暖湿润气候，故用于温暖地区。耐盐碱，适于盐碱地绿化。不耐旱，不宜于旱地或是贫土地应用。抗毒气，有较强的吸滞灰尘、粉尘能力。用于工矿区绿化改善空气。

2. 凌霄属 *Campsis* Lour.

图 211 凌霄

落叶木质藤本。茎具气生根。奇数羽状复叶对生，小叶有锯齿。顶生聚伞或圆锥花序；萼钟状，革质，5 齿；花冠漏斗状，5 裂，稍呈二唇形。蒴果长如豆荚；种子多数，具膜质翅。

本属资源共 2 种，北美产 1 种，中国和日本产 1 种。

(1) 凌霄（紫葳） *Campsis grandiflora*（Thunb.）Loisel.

【形态特征】 凌霄（图 211）为落叶藤本，长 10m，借气生根攀援。奇数羽状复叶，小叶 7～9 枚；卵形至卵状披针形，叶缘疏生 7～8 锯齿，两面光滑无毛。顶生聚伞状圆锥花序；花萼 5 裂至中部；花冠唇状漏斗形，鲜红色或橘红色。蒴果细长。花期 6～8 月，果期 11 月。

【产地与分布】 中国特有树种，产于东部、中部。北方习见栽培。

【生态习性】 喜光，稍耐阴；喜温暖、湿润气候，有一定的耐寒性，耐干旱；喜微酸性、中性土壤，忌积水。萌蘖力、萌芽力均强。

【繁殖方式】 扦插和埋根繁殖。

【园林应用】 形态造景：树形优美，枝条虬曲多姿，翠叶团团如盖，花大色艳，花期甚长，是很好的观花植物。可用于棚架、花门、墙垣、枯树、石壁、假山的装饰。也是垂直绿化的优秀素材。在北京故宫的御花园，就有本种点缀假山石绿化。

图 212 美国凌霄

生态造景：喜光，稍耐阴，可用于阳面绿化。颇耐寒，是东北地区的绿化树种之一。耐干旱，可用于岩石园绿化。忌积水，不适宜种于低洼地。

(2) 美国凌霄 *Campsis radicans*（L.）Seem.

【形态特征】 美国凌霄（图 212）茎长约 10m。小叶 9～13 枚，椭圆形至卵状长圆形，叶缘有 4～5 粗锯齿，叶轴、叶背被柔毛。短圆锥花序；花萼片裂浅，约 1/3 开裂；花冠较凌霄小，花冠筒部橘红色，裂片鲜红色。蒴果圆筒形，顶端尖。花期 6～8 月，果期 11 月。

【产地与分布】 原产于北美。我国南北各地露地或温室引栽。

【生态习性】 喜光，稍耐阴；耐寒力较强，耐干旱；对土壤要求不严，耐水湿，耐盐碱。深根性，萌蘖力、萌芽力均强，适应性强。

【繁殖方式】 扦插和埋根繁殖。

【品种资源】

① 黄花凌霄（*Flava*）：花鲜黄色。

② 杂种凌霄（*C.* ×*tagliabuana* Rehd.）：为凌霄与美国凌霄之杂交种，性状介于两者之间，花橙红至红色，花萼黄绿带红色。生长旺盛，攀援生长要求具支持物。青岛等地有栽培。

【园林应用】 形态造景：树形优美，枝干虬曲多姿，翠叶团团如盖，花大色艳，花期甚长，是很好的观花植物。可用于棚架、花门、墙垣、枯树、石壁、假山的装饰。也是垂直绿化的优秀素材。

生态造景：喜光，稍耐阴，可用于阳面绿化。颇耐寒，是东北地区的绿化树种之一。耐干旱，可用于岩石园绿化。耐盐碱，可用于盐碱地绿化。耐水湿，可用于水边及湿地绿化。

八、忍冬科 *Caprifoliaceae*

灌木，稀为小乔木或草本。单叶，很少羽状复叶，对生；通常无托叶。花两性，聚伞花序或再组成各式花序，也有数朵簇生或单花；花萼筒与子房合生，顶端5～4裂；花冠管状或轮状，5～4裂，有时二唇形。浆果、核果或蒴果，种子有胚乳。

约18属，500余种，主要分布于北半球温带地区，尤以亚洲东部和美洲东部为多。中国12属，300余种，广布南北方各省区。很多种类供观赏用，有些可入药。

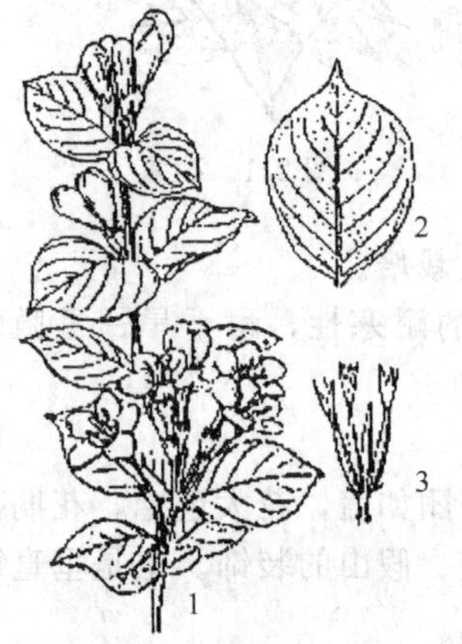

图213 锦带花

1—花枝；2—叶片；3—花

1. 锦带花属 *Weigela* Thunb.

落叶灌木，髓心坚实，冬芽有数片尖锐的芽鳞。单叶对生，有锯齿；无托叶。花较大，排成腋生或顶生聚伞花序或簇生，很少单生；萼片5裂；花冠白色、粉红色、深红色、紫红色，管状钟形或漏斗状，两侧对称，顶端5裂，裂片短于花冠筒。蒴果长椭圆形，有喙，开裂为2果瓣；种子多数，细小，常有翅。

资源约12种，产亚洲东部。中国产6种，产中部、东南部至东北部。

(1) 锦带花（五色海棠） *Weigela florida* Bunge

【形态特征】 锦带花（图213）为灌木，高达3m。树皮灰色；枝条开展，小枝细弱，幼时具2列柔毛，芽先端尖，被有3～4对鳞片，常光滑。叶椭圆形或卵状椭圆表，端锐尖，基部圆形至楔形，缘有锯齿，表面脉上有毛，背面尤密；叶柄短。花1～4朵成聚伞花序，花大；萼片5裂，披针形，下半部连合；花冠漏斗状钟形，玫瑰红色，裂片5片，有毛。蒴果柱形，具柄状的喙，有疏毛或无毛，2瓣室间开裂；种子无翅，细小。花4～5（6）月，果熟期10月。

【产地与分布】 原产于我国华北、东北及华东北部。

【生态习性】 喜光；耐寒；对土壤要求不严，能耐瘠薄土壤，但以深厚、湿润而腐殖质丰富的壤土生长最好，怕水涝；对HCl抗性较强。萌芽力、萌蘖力强，生长迅速。

【繁殖方式】 常用扦插、分株、压条法繁殖，为选育新品种可采用播种繁殖。

【品种资源】

① 白花锦带花（*Alba*）：花近白色。

② 红花锦带花（Red Prince）：又叫'红王子'锦带花。花鲜红色，繁密而下垂。

③ 四季锦带花：生长期开花不断。

④ 深粉锦带花（Pink Princess）：又叫'粉公主'锦带花。花深粉红色，花期较一般的锦带花早约半个月。花繁密而色彩亮丽，整体效果好。

⑤ 亮粉锦带花（*Abel Carriere*）：花亮粉色，盛开时整株被花朵覆盖。

⑥ 变色锦带花（*Versicolor*）：花由奶油白色变为红色。

⑦ 紫叶锦带花（*Purpurea*）：植株紧密，高达1.5m；叶带褐紫色，花紫粉色。

⑧ 花叶锦带花（*Variegata*）：叶边缘淡黄白色；花粉红色。

⑨ 斑叶锦带花（Goldrush）：叶金黄色，有绿斑；花粉紫色。

⑩ 美丽锦带花（var. *venusta*（Rehd.）Nakai）：高达1.8m；叶较小，花较大而多，花萼小，二唇形，花冠玫瑰紫色，逐渐收缩成一细管，裂片短。产朝鲜，耐寒性强。

图 214　红王子锦带

【园林应用】 形态造景：观花灌木 枝叶繁茂、花色艳丽。花期长达两个月之久，是华北地区春季主要花灌木之一。适于庭园角隅、湖畔群植，也可在树丛、林缘作花篱、花丛配植，点缀于假山、坡地，也甚适宜。或是配植于草地之上，形成缀花草坪。

生态造景：喜光，可用于阳面绿化。耐寒，是东北地区绿化树种之一。能耐瘠薄土壤，但以深厚、湿润而腐殖质丰富的壤土生长最好，怕水涝，故不宜在湿地应用。抗有毒气体，适合于工矿区绿化。萌芽力、萌蘖力强，生长迅速，可作花篱。

(2) 红王子锦带　*W. florida* cv. Red Prince

【形态特征】 红王子锦带（图 214）灌木，高 1.5～2m，冠幅 1.5m，花鲜红色，繁密而下垂。花期 4 月下旬至 5 月中旬。

【产地与分布】 原产于美国，我国黑龙江省哈尔滨市有栽培。

【生态习性】 喜光，耐寒。

【繁殖方式】 扦插繁殖，成活率较高。幼苗越冬有枯梢现象。

【园林应用】 形态造景：枝叶繁茂、花色艳丽。花期长达两个月之久，为观花灌木，是华北地区春季主要花灌木之一。适于庭园角隅、湖畔群植，也可在树丛、林缘作花篱、花丛配植，点缀于假山、坡地，也甚适宜。

生态造景：喜光，可用于阳面绿化。耐寒，是东北地区绿化树种之一。抗有毒气体，适合工矿区绿化。萌芽力、萌蘖力强，生长迅速，可作花篱。

2. 猬实属　*Kolkwitzia* Graebn.

灌木，冬芽具数对被柔毛外鳞。叶对生，具短柄。顶生伞房状聚伞花序；萼片 5 裂，外面密生长刚毛；花冠钟状，5 裂。果为两个合生（有时 1 个不发育）、外被刺毛、具 1 种子的瘦果状核果。

图 215　猬实
1—花枝；2—花；3—瘦果

本属仅 1 种为中国特产。

猬实　*K. amabilis* Graebn.

【形态特征】 猬实（图 215）为落叶灌木，高达 3m，干皮薄片状薄裂，小枝幼时疏生柔毛，叶卵形至卵状椭圆形，顶端渐尖，基部圆形，全缘，稀有浅锯齿，两面疏生柔毛。顶生伞房状聚伞花序，每小花梗具 2 花；萼筒下部合生，外面被长柔毛，在子房以上缢缩，裂片 5 片；花冠钟形，稍两侧对称，粉红色至紫红色，裂片 5 枚。瘦果状核果 2 个合生，被刺毛。花期 5～6 月，果期 8～9 月。

【产地与分布】 中国中部及西北部。

【生态习性】 喜充分日照，有一定的耐寒力，喜排水良好，肥沃土壤，也有一定的耐干旱贫瘠的能力。

【繁殖方式】 播种、扦插、分株。

【园林应用】 形态造景：树形优美，着花茂密，花色娇艳，粉红色至紫红色，果形奇特，是国内外著名观花、观果灌木。可作园景树美化庭园。宜丛植于草坪、角隅、径边、屋侧及假山旁，营造缀花草坪景观。或是植于林缘，使景观富于层次变化。

生态造景：喜充分日照，是阳面绿化的优良材料。有一定的耐寒力，可用于北方地区园林绿化应用。耐旱，耐贫瘠，可应用于岩石园或贫地、旱地绿化。又可作为盆景树、切花材料。

3. 六道木属 *Abelia* R. Br.

落叶灌木，稀常绿；茎和枝都具有6条浅沟；冬芽小，卵圆形，有数对芽鳞。单叶对生，具短柄，全缘或有齿。花1或数朵组成腋生或顶生的聚伞花序，有时可成圆锥状或簇生；萼片2～5片，花后增大宿存；花冠管状、钟状或漏斗状，5裂。瘦果革质，顶端萼宿存；种子1粒。

资源约25种以上，产于东亚及中亚，2种产于墨西哥。中国产的种类大多分布于中部和西南部。

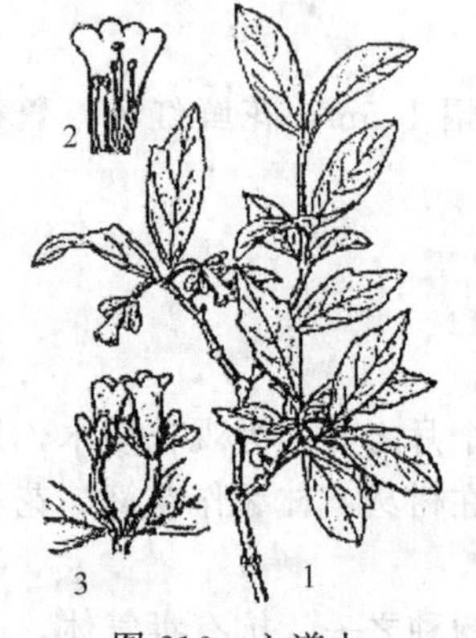

图216 六道木

1—花枝；2—花剖面；3—花

六道木 *A. biflora* Turcz.

【形态特征】 六道木（图216）为灌木，高达3m。树皮浅灰色；茎和枝有明显的6条沟棱，小枝淡绿色或淡褐色至灰色，幼枝被倒向的刺刚毛；芽卵形，有数对鳞片。叶厚纸质，对生，长椭圆形至椭圆状披针形，先端锐尖至渐尖，基部广楔形，上面绿色，下面色稍浅，两面有疏生刚状柔毛，近基部较密，边缘有不规则的粗锯齿，有缘毛；叶柄短。花2朵聚生于小枝顶端，无总花梗，花白色，淡黄色或带红色；花冠管状，淡黄色。瘦果状核果常弯曲，有明显的沟及棱，1室，有毛或近无毛，花萼宿存。花期5月，果期7月。

【产地与分布】 它分布于我国辽宁以南。

【生态习性】 性耐阴，耐寒，喜湿润气候、对土壤要求不严，以腐殖质丰富土壤中生长良好。

【繁殖方式】 播种繁殖。

【园林应用】 形态造景：树形美观，枝繁叶茂，叶秀花美，花白色，淡黄色或带红色，瘦果状核果常弯曲，极具观赏性。与草坪配植，可形成缀花草坪的景观效果。或作园景树供观赏。或是植于林缘，丰富景观层次。

生态造景：性耐阴，可用于阴面绿化，配植在林下、石隙及岩石园中，也可栽植在建筑背阴面。耐寒，可用于北方地区园林绿化应用。喜湿润气候、对土壤要求不严，但以腐殖质丰富土壤中生长良好，故在湿润地区或是肥土地上生长最好。

4. 忍冬属 *Lonicera* L.

落叶，很少半常绿或常绿灌木，直立或右旋攀援，很少为乔木状，植株常具腺毛。皮部老时呈纵裂剥落，枝中空或有髓。单叶对生，全缘，稀有裂，有短柄或无柄；通常无托叶。花成对腋生，稀3朵、顶生，具总梗或缺，有苞片2及小苞片4枚；花萼顶端5裂，裂齿常不相等，脱落或宿存；花冠管状，基部常弯曲，唇形或近5等裂。浆果肉质，内有种子3～8粒。

本属资源约200种，分布于北半球温带和亚热带地区。中国约产140种，南北各省均有分布，以西南部最多。

(1) 金银花（忍冬、金银藤） *Lonicera japonica* Thunb.

【形态特征】 金银花（图 217）为半常绿缠绕藤木，长可达 9m。枝细长中空，皮棕褐色，条状剥落，幼时密被短柔毛。叶卵形或椭圆状卵形，端短渐尖至钝，基部圆形至近心形，全缘，幼时两面具柔毛，老后光滑。花成对腋生，苞片叶状；萼筒无毛；花冠二唇形，上唇 4 裂而直立，下唇反转，花冠筒与裂片等长，初开为白色略带紫晕，后转黄色，芳香。浆果球形。离生，黑色。花期 5～7 月；8～10 月果熟。

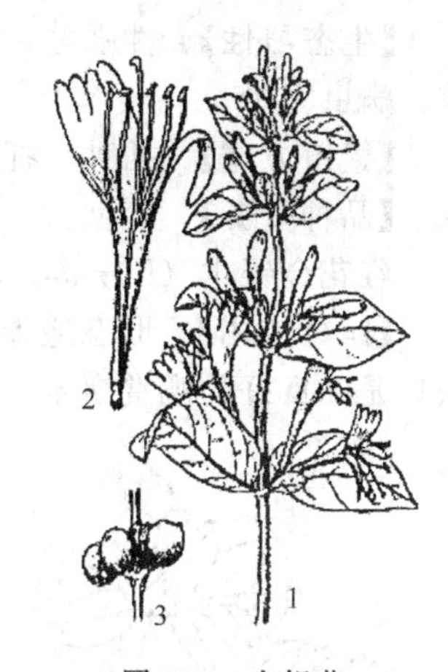

图 217 金银花

1—花枝；2—花剖面；3—果

【产地与分布】 中国南北各省均有分布，北起辽宁，西至陕西，南达湖南，西南至云南、贵州。

【生态习性】 喜光也耐阴；耐寒；耐旱及水湿；对土壤要求不严，酸碱土壤均能生长。性强健，适应性强，根系发达，萌蘖力强，茎着地即能生根。

【繁殖方式】 播种、扦插、压条、分株均可。

【品种资源】

① 红金银花（var. *chinensis* Baker）：小枝、叶柄、嫩叶带紫红色，叶近光滑，背脉稍有毛；花冠淡紫红色，上唇的分裂大于 1/2。

② 黄脉金银花（*Aureo-reticulata* Nichols）：叶较小，网脉黄色。

③ 紫叶金银花（*Purpruea*）：叶紫色。

④ 紫脉金银花（var. *repens* Rehd.）：叶近光滑，叶脉常带紫色，叶基部有时有裂；花冠白色或带淡紫色，上唇的分裂约为 1/3。

⑤ 斑叶金银花（*Variegata*）：叶片有黄色彩斑。

⑥ 四季金银花（*Semperflorens*）：晚春至秋末开花不断。

【园林应用】 形态造景：金银花植株轻盈，藤蔓缭绕，冬叶微红，花先白后黄，富含清香，是色香俱备的藤本植物，可缠绕篱垣、花架、花廊等作垂直绿化，或附在山石上，植于沟边，爬于山坡，用作地被，也富有自然情趣。冬叶微红可观美丽的冬叶。

生态造景：喜光也耐阴，可用于阴面绿化。也耐水湿，也可在湿地进行绿化。耐寒，是东北地区的绿化树种之一。耐旱，适于贫地、旱地的绿化。根系发达，萌蘖力强，可营造防护林。

图 218 金银木

(2) 金银木（金银忍冬） *Lonicera maackii* Maxim.

【形态特征】 金银木（图 218）为落叶灌木，高达 5m。小枝髓黑褐色，后变中空，幼时具微毛；冬芽小，卵形，褐色。叶卵状椭圆形至卵状披针形，端渐尖，基宽楔形或圆形，全缘，两面疏生柔毛；叶柄有腺毛。花成对腋生，总花梗短于叶柄，有短腺毛；苞片线形；相邻两花的萼筒分离，长为子房的 1/2；萼筒钟状，中裂，裂片卵状披针形，边缘有长毛；花冠唇形，花先白后黄，芳香，花冠筒 2～3 倍短于唇瓣。浆果红色，合生。花期 5 月，果 9 月成熟。

【产地与分布】 它产自我国东北，分布很广，华北、华东、华中及西北东部、西南北部均有。

【生态习性】 性强健，耐寒，耐旱，喜光也耐阴，喜湿润肥沃及深厚之壤土。管理粗放，病虫害少。

【繁殖方式】 插种、扦插繁殖。

【品种资源】 变型：

红花金银木（f. *erubescens* Rehd.）：花较大，淡红色，嫩叶也带红色。

【园林应用】 形态造景：金银木树势旺盛，枝叶丰满，初夏开花有芳香，秋季红果缀枝头，是一良好的观赏灌木。孤植或丛植于林缘、草坪、水边均很合适。可形成缀花草坪的景观效果。管理粗放，病虫害少，可与其他品种一起布置专类园、百花园、夜花园。也可作专类园。

生态造景：耐寒，可用于北方地区绿化。耐旱，可用于贫土地或是旱地或是岩石园内绿化。喜湿润肥沃及深厚之壤土。可用于水边、湿地绿化。

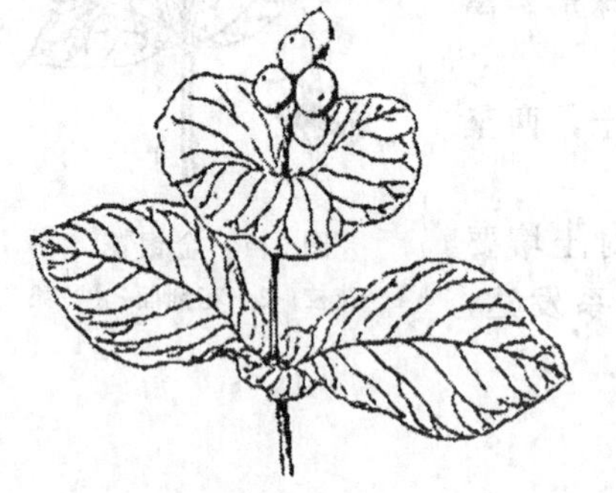
图 219 贯月忍冬

(3) 贯月忍冬 *Lonicera sempervirens* L.

【形态特征】 贯月忍冬（图 219）为常绿缠绕藤木，全体无毛。叶卵形至椭圆形，先端钝或圆，表面深绿，背面灰白毛，全缘，花序下 1～2 对叶基部合生。花每 6 朵为 1 轮，数轮排成顶生穗状花序；花冠细长筒形，端 5 裂片短而近整齐，桔红色至深红色。浆果球形。花期晚春至秋季陆续开花。

【产地与分布】 原产于北美东南部。

【生态习性】 喜光，不耐寒。疏松肥沃壤土上生长良好，适应性较强。在上海等地常盆栽观赏。

【繁殖方式】 播种。

【园林应用】 形态造景：常绿缠绕藤木，可做棚架、花廊等垂直绿化，花期晚春至秋季陆续开花，也可多季造景。花冠桔红色至深红色，浆果球形，可作观花、观果树种，植于庭园作园景树供观赏。也可点缀于草坪之上，形成缀花草坪。或是植于林缘，能够增加景观层次。也可作专类园。

生态造景：喜光，可用于阳面绿化。不耐寒，应用于温暖地区。疏松肥沃壤土上生长良好，适应性较强，属肥土树种。

(4) 盘叶忍冬 *Lonicera tragoPhylla* Hemsl.

【形态特征】 盘叶忍冬（图 220）为落叶缠绕藤木。小枝光滑无毛。叶长椭圆形，端锐尖至钝，基楔形，表面光滑，背面密生柔毛或至少沿中脉下部有柔毛，花序下的一对叶片基部合生。花在小枝端轮生，头状，1～2 轮，有花 9～18 朵；萼齿小；花冠黄色至橙黄色，上部外面略带红色，筒部 2～3 倍长于裂片，裂片唇形。浆果红色。

【产地与分布】 产我国中部及西部，沿秦岭各省山地均有分布。

【生态习性】 性耐寒。生于林下或灌丛中。

【繁殖方式】 播种或扦插法繁殖。

【园林应用】 形态造景：盘叶忍冬花大而美丽，为良好的观赏藤木，可用作棚架、花廊等垂直绿化。花冠黄色至橙黄色，浆果红色，可用作观花、观果树种供园林绿化用。是

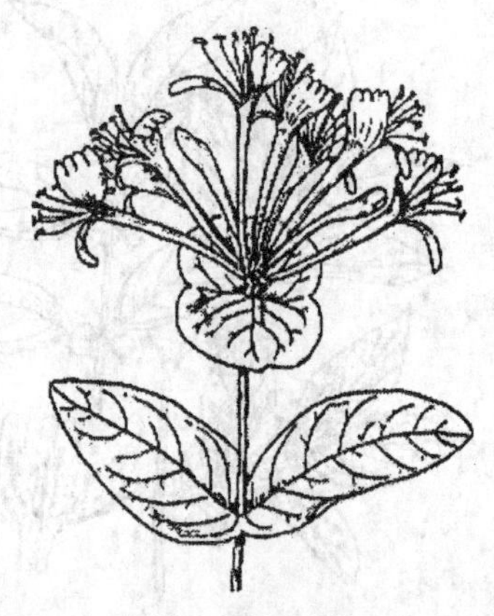
图 220 盘叶忍冬

忍冬不可多得的藤本植物。也可作专类园。

生态造景：性耐寒，可用于北方园林使用。

(5) 台尔曼忍冬 *Lonicera*×*tellmanniana* Spaeth

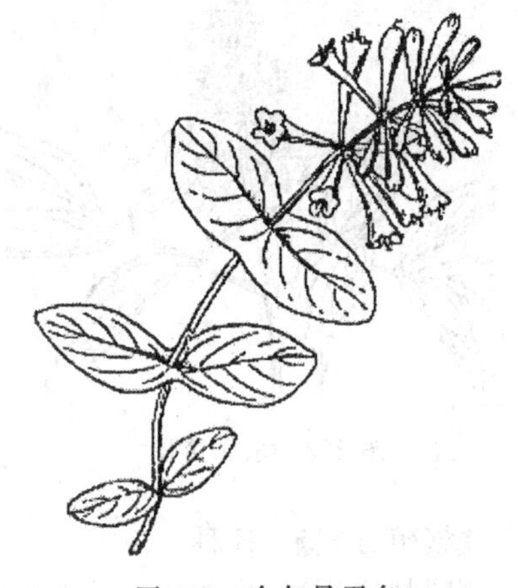

图 221　台尔曼忍冬

【形态特征】 台尔曼忍冬（图 221）为大型攀援藤本。单叶对生，每一条主、侧枝顶端的 1～2 对叶都合生成盘状，顶部一对盘状叶的上方由 3～4 轮花组成穗状花序。花橙色，花冠唇形，花期可达半年以上。

【产地与分布】 本种是盘叶忍冬和贯叶忍冬杂交产生的后代。1981 年北京植物园由美国明尼苏达州引进，随后沈阳植物园由北京引入栽培，发育良好。

【生态习性】 喜阳光、喜温暖、也能耐半阴，能在 pH5.5～7.5 的各类土壤上生长，喜湿润、肥沃而排水良好的生长环环境。

【繁殖方式】 扦插繁殖生根率较高，也可压条繁殖。

【园林应用】 形态造景：大型攀援藤本，是优良的垂直绿化新材料，可在北方园林中推广应用。花橙色，也可观花，作观赏植物。还可用作专类园。

生态造景：喜阳光，也能耐半阴，可用于阴面区绿化。喜温暖、故适宜南方地区应用。能在 pH5.5～7.5 的各类土壤上生长，适用的范围比较广。喜湿润，可用于湿地绿化。喜肥沃而排水良好的生长环环境，属肥土树种。

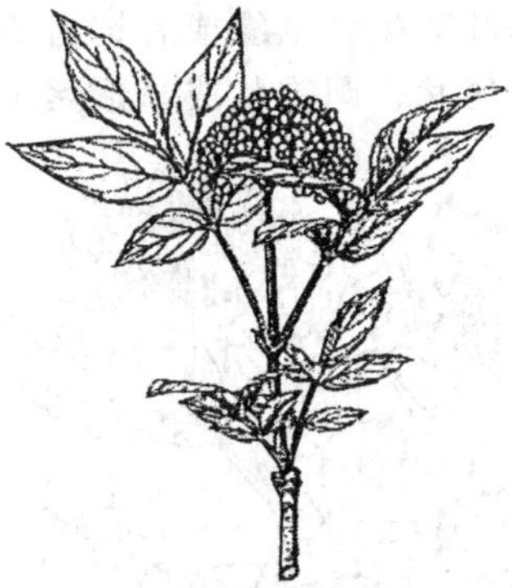

5. 接骨木属 *Sambucus* L.

落叶灌木或小乔木，稀为多年生草本。枝内髓部较大。奇数羽状复叶对生，小叶有锯齿或分裂。花小、辐射对称，聚伞花序排成伞房花序式或圆锥花序式；花萼顶端 3～5 裂，萼筒短；花冠辐状，3～5 裂。果为浆果状核果，内有 3～5 粒骨质小核，小核内有种子 1。

约 20 种，产温带和亚热带地区。

(1) 接骨木（公道老、扦扦活） *Sambucus williamsiii* Hance

图 222　接骨木

【形态特征】 接骨木（图 222）为灌木至小乔木，高达 6m。老枝有皮孔，光滑无毛，髓心淡黄棕色。奇数羽状复叶，小叶椭圆状披针形，端尖至渐尖，基部阔楔形，常不对称，缘具锯齿，两面光滑无毛，揉碎后有臭味。圆锥状聚伞花序顶生；萼筒杯状；花冠辐射状，白色至淡黄色，裂片 5 片。浆果状核果等球形，黑紫色或红色；核 2～3 颗。花期 4～5 月；果 6～7 月成熟。

【产地与分布】 我国南北各地广泛分布，北起东北，南至南岭以北，西达甘肃地区和四川、云南东南部。

【生态习性】 性强健，喜光，耐寒，耐旱。根系发达，萌蘖性强。

【繁殖方式】 通常用扦插、分株、播种繁殖，栽培容易，管理粗放。

【园林应用】 形态造景：接骨木枝叶繁茂，春季白花满树，夏秋红果累累，是良好的观花赏果灌木，宜植于草坪、林缘或水边。

生态造景：可广泛用于城市绿化，由于良好的生态适应性，也可用作防护林。

(2) 东北接骨木 *S. mandshurica* Kitag.

图 223　东北接骨木

【形态特征】 东北接骨木（图 223）为大灌木，树皮红灰色，一年生枝带带紫黑褐色，幼枝绿色，芽卵状三角形。奇数羽状复叶对生，小叶长圆形，稀卵状长圆形，圆锥花序顶生，外形椭圆形或长圆状卵形，稀卵状三角形，密生。黄绿色或先端带紫堇色，核果球形，成熟时红色，核有皱纹。花期 5～6 月，果熟期 8～9 月。

【产地与分布】 东三省均有分布

【生态习性】 喜阳，多生于山坡林缘，或稀疏阔叶林内。

【繁殖方式】 播种。

【园林应用】 形态造景：树形优美，冠大荫浓，枝繁叶茂，圆锥花序黄绿色或先端带紫堇色，红色球形核果，秋季果实变色早，可观春花，观秋果。常用于园景树。也可用作庭荫树。或是片植营造风景林，或是植于林缘处，使景观更具有层次性，可是点缀于草坪之上，形成疏林草坪的景观效果。还可作专类园。

生态造景：喜阳，可用于阳面绿化。耐水湿，可用于湿地绿化。抗有毒气体，用于工矿区绿化。耐旱耐贫瘠，可用于荒山绿化。物候期早，属报春植物。

6. 荚蒾属　*Viburnum* L.

落叶或常绿，灌木，少有小乔木；冬芽属露或被鳞片。单叶对生，全缘或有锯齿或分裂；托叶有或无。花少，全发育或花序边缘为不孕花，组成伞房状、圆锥状或伞形聚伞花序；萼 5 裂，萼筒短；花冠钟状、辐状或管状，5 裂。浆果状核果，具种子 1 粒。

本属资源约 120 余种，分布于北半球温带和亚热带地区。我国南北均产，以西南地区最多。

(1) 天目琼花（鸡树条荚蒾）　*Viburnum sargentii* Koehne

【形态特征】 天目琼花（图 224）为灌木，高约 3m。树皮暗灰色，浅纵裂，略带木栓质，小枝具明显之皮孔。叶广卵形至卵圆形，通常 3 裂，裂片边缘具不规则的齿，生于分枝上部的叶常为椭圆形至披针形，不裂，掌状 3 出脉；叶柄顶端有 2～4 腺体。聚伞花序复伞形，有白色大型不孕边花，花冠乳白色，辐状。核果近球形，红色。花期 5～6 月，果期 8～9 月。

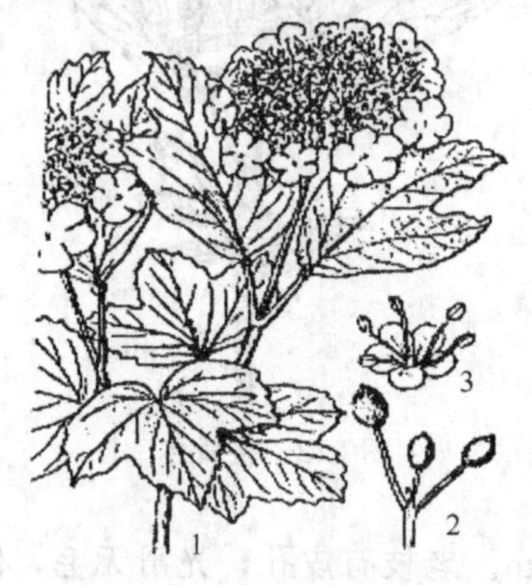

图 224　天目琼花
1—花枝；2—花序；3—花

【产地与分布】 我国东北南部，华东，华北，长江流域均有分布。

【生态习性】 喜光，耐阴，耐寒，对土壤要求不严，微酸及中性均能生长，根系发达，播种及扦插易成活。

【繁殖方式】 播种繁殖。

【品种资源】 栽培变种有：

① 黄果天目琼花（cv. *flavum*）：叶背有毛；果黄色，花药常为黄色。

② 天目绣球（cv. *sterile*）：花序全部为大形白色不育花组成。

【园林应用】 形态造景：树形优美，叶形秀丽，鲜绿，花大，白色，有不孕花，极具观赏性，可作为观花灌木观春花。秋季果红经冬不凋，可观秋果，因此可多季造景，形成优美的景观效果。可与草坪配植形成疏林草坪景观效果。还可植于林缘处，增加园林植物景观层次。

生态造景：喜光，耐阴，可用于阴面绿化。耐水湿，可用于湿地造景。耐寒，是北方地区绿化主要花灌木之一。对土壤要求不严，微酸及中性均能生长，可用于酸性土地应用。根系发达，还可固土护坡用。

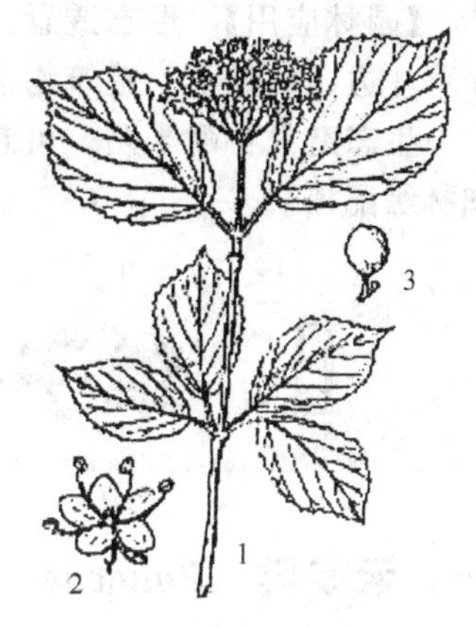

图 225 欧洲荚蒾

1—花枝；2—花；3 果

(2) 欧洲荚迷（欧洲琼花，雪球，欧洲绣球） *Viburnum opulus* L.

【形态特征】 欧洲荚迷（图 225）为落叶灌木，高达 4m。树皮薄，枝浅灰色，有纵棱，光滑。叶近圆形，3 裂，有时 5 裂，缘有不规则粗齿，背面有毛，叶柄有窄槽，近端处散生 2～3 盘状大腺体。伞房状聚伞花序，于枝顶成球形，有大型白色不孕边花，花药黄色。果近球形，浆果状，红色而半透明状。

【产地与分布】 原产于欧洲、非洲北部及亚洲北部。中国青岛、北京等地有栽培。

【生态习性】 生长强健，喜光，耐寒性较强。喜湿润肥沃的土壤。

【繁殖方式】 播种繁殖。

【品种资源】 有全叶‘*Aureum*’、斑叶‘*Variegaturn*’、变色叶‘*Versicolor*’等栽培变种。

【园林应用】 形态造景：观花灌木，树形优美，枝浅灰色，有纵棱，光滑，花序成球形，有不孕边花，极具有观赏性。果红色而艳丽，可作为观果灌木。可点缀于草坪之上，作缀花草坪，形成独特的景观效果。还可植于林缘处，丰富园林植物景观层次。

生态造景：喜光，用于阳面绿化。耐寒，可用于北方地区使用。喜湿润肥沃的土壤，可用于湿地绿化。

图 226 香荚蒾

1—花枝；2—花；3 果

(3) 香荚迷（香探春） *Viburnum farreri* Stearn (*V. fragrans* Bunge)

【形态特征】 香荚迷（图 226）为落叶灌木，高达 3m。枝褐色，幼时有柔毛。叶椭圆形，顶端尖，基部阔楔形或楔形，叶缘具三角形锯齿，羽状脉明显，叶背侧脉间有簇毛。圆锥花序，花冠高脚碟状，蕾时粉红色，开放后白色，芳香；花冠筒裂片 5 枚。核果矩圆形，鲜红色。花期 4 月，先叶开放也有花叶同放；果期秋季。

【产地与分布】 产于我国河北、河南、甘肃，先全国各地都有栽培。

【生态习性】 耐半阴，耐寒；喜肥沃、湿润、松软的土壤，不耐瘠薄和积水。

【繁殖方式】 种子不易收到，多用压条及扦插繁殖。

【品种资源】 栽培变种：

① 白花香荚迷（var. *albnum*）：花纯白色，叶亮绿色。

② 矮生香荚迷（var. *nanum*）：高约 50cm，叶较小。

【园林应用】 形态造景：花白色而浓香，花期极早，是华北地区重要的早春花木。丛植于草坪边、林缘下、建筑物前都极适宜。在园林中作为花灌木广泛应用。

生态造景：耐半阴，可栽植于建筑的东西两侧或北面，丰富耐阴树种的种类。或做林下和林缘配植。

Ⅱ. 单子叶植物纲 *Monocotyledoneae*

一、禾本科 *Poaceae*

多年生、一年生或越年生草本，在竹类中，其茎为木质，呈乔木或灌木状。根系为须根系。茎有节与节间，节间中空，称为秆，圆筒形。节部居间分生组织生长分化，使节间伸长。单叶互生成2列，由叶鞘、叶片和叶舌构成，有时具叶耳；叶片狭长线形，或披针形，具平行叶脉，中脉显著，不具叶柄，通常不从叶鞘上脱落。在竹类中，叶具短柄，与叶鞘相连处具关节，易自叶鞘上脱落，秆箨与叶鞘有别，箨叶小而无中脉。花序顶生或侧生，多为圆锥花序，或为总状、穗状花序。小穗是禾本科的典型特征，由颖片、小花和小穗轴组成。通常两性，或单性与中性，由外稃和内稃包被着，小花多有2枚微小的鳞被，雄蕊3或1～6枚，子房1室，含1胚珠；花柱通常2个，稀1或3个；柱头多呈羽毛状。果为颖果，少数为囊果、浆果或坚果。

禾本科有660属，近10000种，居有花植物科中的第5位，种数在单子叶植物中仅次于兰科。中国产230余属，约1500种。禾本科是种子植物中最有经济价值的大科，是人类粮食和牲畜饲料的主要来源，也是加工淀粉、制糖、酿酒、造纸、编织和建筑方面重要原料。

竹亚科 *Bambusoideae* Nees

木本，稀草本，常呈乔木或灌木状。地下茎甚发达，或成为竹鞭在地中横走，称单轴型，或以众多秆基和秆柄堆聚而成为单丛，即为合轴型，或秆柄有节而无芽，通常亦不在其上生根，它若作较长的延长时，称之为假鞭，此时地面秆则为多丛兼稀疏散生，如同时兼有上述两类型的地下茎，则称为复轴型；由地下茎（竹鞭或秆基）的芽向上出土而成新苗，称竹笋，外被笋箨，成长后称秆箨，它具发达的箨鞘和较瘦小而无明显中脉的箨叶，在两者间联结处的向轴面还有箨舌，此处常有箨耳和鞘口繸毛；竹竿在节上有箨环，为秆箨脱落后的痕迹，箨环之上为秆环，二环之间称节内，其上生1至数芽，长成大枝。叶两行排列，互生于枝系中末级分枝的各节，叶鞘顶端还可生有叶舌、叶耳和鞘口繸毛等附属物；叶片条形或长圆状披针形，中脉极显著，位于叶鞘顶端由内外两个叶舌所形成的杯状凹穴内，与叶鞘相连处具关节，易自叶鞘脱落，而叶鞘则在枝上存留较久。小穗具1至多朵小花；花两性或杂性；鳞被多为3枚，稀更多或缺；雄蕊（2）3～6枚；雌蕊1枚，花柱1～3个，柱头（1）2～3裂，稀更多。颖果、坚果、胞果或浆果，以颖果较常见。

本科70余属，1000种左右，主产于热带和亚热带，少数分布到温寒地带和高海拔的山岳上部。我国已知有37属，500余种，主产于长江流域及以南各省区，少数可向北延伸至秦岭、汉水及黄河流域。用途甚广，供建筑、编织、造纸、观赏等用。竹类植物在园林中应用历史悠久，岁寒三友之一，为多数人所喜爱，“高风亮节”、“宁可食无肉，不可居无竹”等是文人对竹类的赞美。

1. 箬竹属　*Indocalamus* Nakai

灌木状或小灌木状竹类。地下茎复轴型；秆的节间圆筒形。秆箨宿存性；箨耳存在或缺；箨舌一般低矮；秆常1分枝，有时秆上部可有2～3分枝，枝与主秆近等粗。叶鞘宿存；叶片通常大型。花序总状或呈圆锥状；小穗含数朵小花；颖2（3）枚，卵形或披针形；外稃长圆形或披针形，无毛或被微毛；内稃稍短于外稃；鳞被3枚；雄蕊3枚；子房无毛，花柱2个，分离或基部稍连合，上部有羽毛状柱头。颖果。笋期常为春夏，稀为秋季。

本属共22种，6变种，均产于我国，主要分布于长江以南各省区。

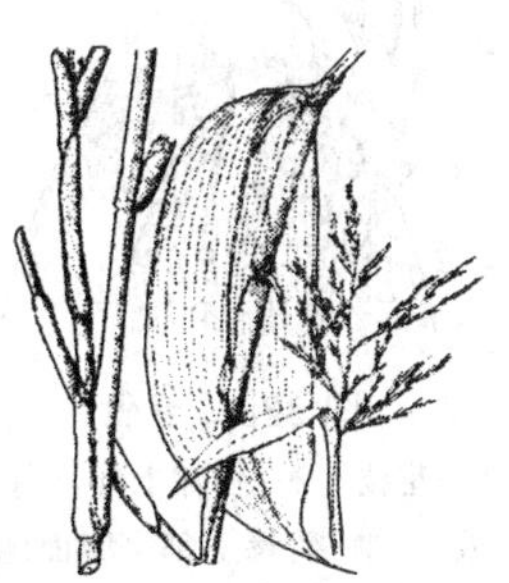

图227　阔叶箬竹

阔叶箬竹（箬竹、寮竹、壳箬竹）　*Indocalamus latifolius* (Keng) McClure

【形态特征】 阔叶箬竹（图227）秆高可达2m，直径0.5～1.5cm；节间被微毛；秆环略高，箨环平；秆每节1分枝，秆上部有时2～3分枝。箨鞘背部具棕色疣基小刺毛或白色细柔毛，边缘具棕色纤毛；箨耳无，稀不明显，疏生短緣毛；箨舌截形；箨叶直立，线形或狭披针形。叶鞘无毛；叶舌截平；叶耳缺；叶片长圆状披针形，先端渐尖，长10～45cm，宽2～9cm，叶缘生有小刺毛。圆锥花序长6～20cm；小穗常带紫色，含5～9朵小花；颖2，具微毛或无毛；外稃先端渐尖呈芒状；内稃近顶端生有小纤毛；鳞被长2～3mm；花药紫色或黄带紫色；柱头2枚，羽毛状。笋期4～5月。

【产地与分布】 分布于山东、江苏、安徽、浙江、江西、福建、湖北、湖南、广东、四川等省。

【生态习性】 亚热带竹种，喜温暖湿润气候及疏松、肥沃的沙质壤土，常生于低山谷间、水滨、林缘，阴湿、干燥之地均可生长。

【繁殖方式】 移母株栽植易成活，易繁育。

【园林应用】 形态造景：阔叶箬竹丛状密生，叶形大，色翠绿，姿态雅丽，为庭园、公园中重要的地被植物。适宜群植于林缘、山崖、台坡及园路石级两侧，以形成自然景观。坡地绿化还可以防止水土流失。栽作地被，枝叶纷呈，颇具野趣。

生态造景：生态适应能力强，秦岭、淮河以南各省区可露地栽培均。阔叶箬竹为复轴散生类型，有物化的地下茎（竹鞭）蔓延很快，在拟种植的区块四周应该有隔离，以防无限制蔓延影响整个景观布局。多年的阔叶箬竹会老化，可以通过挖除部分老秆，培土施肥更新复壮。

2. 刚竹属　*Phyllostachys* Sieb. et Zucc.

乔木或灌木状竹类，地下茎为单轴散生。秆圆筒形；节间在分枝一侧扁平或具浅纵沟；秆环多明显隆起。秆每节2分枝，1粗1细。秆箨早落；箨鞘纸质或革质；箨耳缺至大型；箨叶呈狭长三角形或带状。小枝具1～7叶，通常为2或3叶；叶片披针形至带状披针形。花枝甚短，呈穗状至头状，小穗含1～6朵小花；颖1（3）枚或缺；外稃披针形至狭披针形；内稃等长或稍短于外稃；鳞被3枚；雄蕊3枚，花药黄色；子房无毛，柱头3个，羽毛状。颖果长椭圆形。笋期3～6月，多集中在5月。

本属50余种，均产于我国，以长江流域至五岭山脉为主要产地。

(1) 毛竹　*Phyllostachys heterocycla* (Carr.) Mitford. cv. *Pubescens*

图 228　毛竹

1—花枝；2—竹箨上部（背面观）；3—竹箨上部（腹面观）

【形态特征】 毛竹（图 228）秆高达 20m，直径可达 20cm，幼秆密被细柔毛及厚白粉，箨环有毛；秆环不明显。箨鞘背面黄褐色或紫褐色，具黑褐色斑点及密生棕色刺毛；箨耳微小，繸毛发达；箨舌宽短，强烈隆起，边缘具长纤毛；箨叶绿色，三角形至披针形。小枝具 2～4 叶；叶耳不明显，有脱落性鞘口繸毛；叶舌隆起；叶片披针形，长 4～11cm，宽 0.5～1.2cm。花枝穗状；小穗仅 1 朵小花；颖 1 片；外稃上部及边缘被毛；内稃稍短于外稃；鳞被披针形；柱头 3 个，羽毛状。颖果长椭圆形。笋期 4 月，花期 5～8 月。

【产地与分布】 毛竹分布自我国秦岭、汉水流域至长江流域以南和台湾省，黄河流域有栽培。日本、欧美各国也有栽培。

【生态习性】 毛竹主产于亚热带地区。适生于温暖湿润、土壤深厚、疏松肥沃、排水良好、背风向阳的山间谷地，喜酸性土，但在轻盐碱土中也能运鞭发芽，正常生长，不耐水湿，抗旱力差，较耐寒，耐瘠薄，生长快，抗风力差，笋有明显大、小年。竹林外貌有“两黄一绿”现象，即笋期叶色翠绿，其余时间呈黄绿色。

【繁殖方式】 主要采用移植母株或竹鞭繁殖，也可播种繁殖

【品种资源】

① 原种龟甲竹（*Ph. Heterocycla* H. de Lehaie）：秆下部数节间极为短缩而于一侧肿胀，相邻的节交互倾斜而于一侧彼此上下连接。

② 方秆毛竹（cv. *Tetrangulata*）：秆为钝四棱形，为天然所成。

③ 花毛竹（cv. *Tao Kiang*）：秆具黄绿相间的纵条纹，叶片也可具黄色条纹。

④ 黄槽毛竹（cv. *Luteosulcata*）：秆绿色，但节间的沟槽则为黄色。

⑤ 绿槽毛竹（cv. *Viridisulcata*）：秆黄色，但节间的沟槽则为绿色。

【园林应用】 形态造景：毛竹竹竿高大，不适于在小面积庭园内栽植。一般用于城郊结合部的山地或风景区绿化，是优美的风景林竹种，也可在城市内大型公园或大面积绿地中栽植应用，园路两侧栽植毛竹，易形成清幽的景色。也可作为隔离空间的材料。常与松、梅配植组成岁寒三友景观。

生态造景：为单轴散生类型，有物化的地下茎（竹鞭）蔓延很快，在拟种植的区块四周应该设置隔离，以防无限制蔓延影响整个景观布局，尤其是在道路两边种植更应隔离，否则会使路面损坏。抗风能力较差，不耐水湿，适宜在温暖湿润、土壤深厚、疏松肥沃、排水良好、背风向阳的山间谷地种植。

(2) 淡竹（粉绿竹） *Phyllostachys glauca* McClure

【形态特征】 淡竹（图 229）秆高 5～12m，直径 2～5cm，幼秆密被白粉；秆环与箨环均稍隆起。箨鞘背面淡紫褐色至淡紫绿色，有疏生的小斑点或斑块；无箨耳及鞘口繸毛；箨舌暗紫褐色，截形，边缘有波状裂齿及细短纤毛；箨叶线状披针形或带状，绿紫色。小枝具 2～3 叶；有叶耳及鞘口繸毛，早落；叶舌紫褐色；叶片长 7～16cm，宽 1.2～2.5cm。花枝呈穗状；小穗含 1～2 朵小花；颖 1 片或缺；外稃常被短柔毛；内稃稍短于外稃；鳞被长 4mm；柱头 2 个，羽毛状。笋期 4～5 月，花期 6 月。

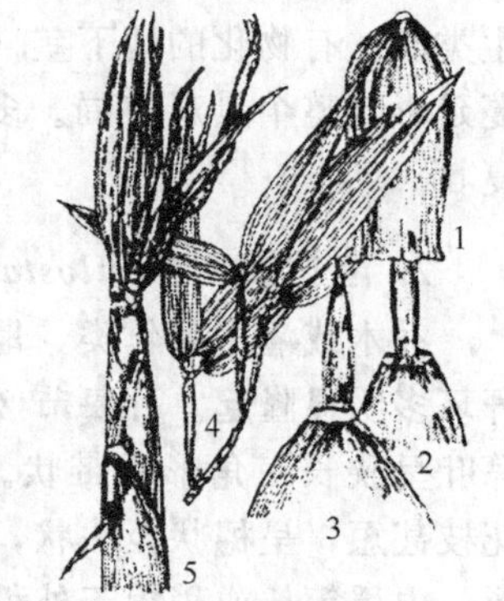

图 229　淡竹

1—箨鞘；2—竹箨上部（腹面观）；3—竹箨上部（背面观）；4—花枝；5—秆

【产地与分布】 分布于黄河流域至长江流域各地，也是常见的栽培竹种之一。美国也有栽培。

【生态习性】 淡竹适应性强，耐寒性较强，也耐一定程度的干旱瘠薄，耐短期水涝，在轻盐碱土中亦能正常生长，生长快，发笋多，多生于低山、坡地、河滩和平原。

【繁殖方式】 通常采用移植母株繁殖。

【品种资源】

筠竹（f. *yunzhu* J. L. Lu）：秆有紫褐色斑点或斑块。

【园林应用】 形态造景：是一种颜色变化较丰富的竹种之一，笋时秆箨黄红色，新秆密被白粉，白粉脱落，即成绿色，最终成淡绿色，有时还有紫褐色斑点或斑块，适于庭院绿化，以供观赏。

生态造景：较毛竹小型，其余可参考毛竹。

(3) 紫竹 *Phyllostachys nigra* (Lodd. ex Lindl.) Munro

【形态特征】 紫竹（图 230）秆高 4～8m，直径达 5cm，幼秆绿色，密被细柔毛及白粉，箨环有毛，一年生以后的秆逐渐出现紫斑，最后全部变为紫褐色；秆环与箨环均隆起。箨鞘背面红褐色或带绿色，无斑点或具不明显 2 针形，绿色。小枝具 2～3 叶；叶耳不明显，有脱落性鞘口繸毛；叶舌稍伸出；叶片长 7～10cm，宽约 1.2cm。花枝呈短穗状；小穗含 2～3 朵小花；颖 1～3 片；外稃密被柔毛；内稃短于外稃；柱头 3 个，羽毛状。笋期 4 月下旬。

图 230 紫竹
1，2—花枝；3—竹箨上部（腹面观）；4—竹箨上部（背面观）

【产地与分布】 原产于我国，南北各地多有栽培。印度、日本及欧美许多国家均引种。

【生态习性】 紫竹主产亚热带地区，适应性强，性较耐寒，耐阴，忌水湿，不耐盐碱，长江流域以南垂直分布在海拔 1000m 以下。适生于土层深厚湿润，地势平坦的酸性土地。

【繁殖方式】 移植母株或埋鞭繁殖。

【品种资源】

① 毛金竹（var. *henonis* (Mitford.) *Stapf* ex Rendle）：秆无紫色斑点；

② 黄鳝竹（f. *nigropunctara* (Mitford.) Makino）：秆兼具紫色斑点。

【园林应用】 形态造景：紫竹姿态优雅，新秆绿色，老秆紫色，叶色翠绿，十分诱人；多栽培供观赏；宜植于庭园山石之间或建筑四周，池旁水边。可以营造幽篁环绕，清风满院的意境。在园林中常于松、梅，或梅、兰、菊相配，已成为传统风格的小景，与具有色彩的竹种如小琴丝竹、金镶玉竹、黄金兼碧玉竹、碧玉兼黄金竹相配，更能增添色彩变化和景观魅力。也常植于墙角的树坛内为主景树并配以山石。

生态造景：紫竹生态适应能力较强，水湿和黏重均有一定适应，但以肥沃、湿润、疏松的土壤生长最好。喜酸性土，可用于酸性土地区的绿化。由于枝叶茂密，秆的基部较细，抗风能力较差，种植地应选择风向阳处。因是散生型竹种，在其四周要采取隔离措施，防止无限制蔓延影响整个景观布局。

二、棕榈科 *Palmaceae* (Palmae)

常绿乔木、灌木或藤本。通常单干直立，不分枝；有时茎丛生或攀缘，实心，常有残存叶基或环状叶痕。叶常聚生茎端，攀缘种类则散生枝上，单叶常羽状或掌状分裂，大形，形成棕榈形树冠，叶柄基部常扩大成具纤维质的叶鞘。花小，多辐射对称，两性、单性或杂性，雌雄同株或异株，组成分枝或不分枝圆锥状佛焰花序，常为1至多枚大型鞘状或管状佛焰苞片所包被，生于叶丛中或叶鞘束下，常具苞片或小苞片。花被片通常6（稀3或9），分离或合生，镊合状或覆瓦状排列。浆果、核果或坚果，不开裂，肉质，具核，纤维质或坚果状，内果皮坚硬；外皮常纤维质，有时覆有鳞片；种子与内果皮分离或粘合，胚乳均匀或嚼烂状。

本科有210属，2800种；主要分布于热带和亚热带地区；巴西是世界上棕榈科植物最丰富的国家。中国有28属，100余种，主产云南、广东、海南、广西、台湾、福建；四川、湖南、江西、浙江、贵州、西藏的一些温暖地区也有分布。另引入70属，近200种。

棕榈属　*Trachycarpus* H. Wendal.

乔木或灌木。茎干多直立，具环状叶痕，上部具黑褐色叶鞘。单叶簇生干端，近圆形或肾形，掌状深裂，有皱折，裂片在芽中内向折叠，狭长，多数，顶端2浅裂，叶柄上面近平，下面半圆，两侧具细齿。圆锥状肉穗花序粗大而多分枝，生于叶丛中；佛焰苞多数，革质，压扁状，被绒毛，基部膨大；花多单性，雌雄异株，稀雌雄同株或杂性；花小，花萼、花瓣各3枚，花瓣较花萼长1倍。核果1～3个，球形、长圆至肾形；种子直生，腹面有沟，胚乳均匀。

约8种，产我国西南、华南至喜马拉雅地区（延至印度、泰国、缅甸、尼泊尔等国）及日本。我国约3种。

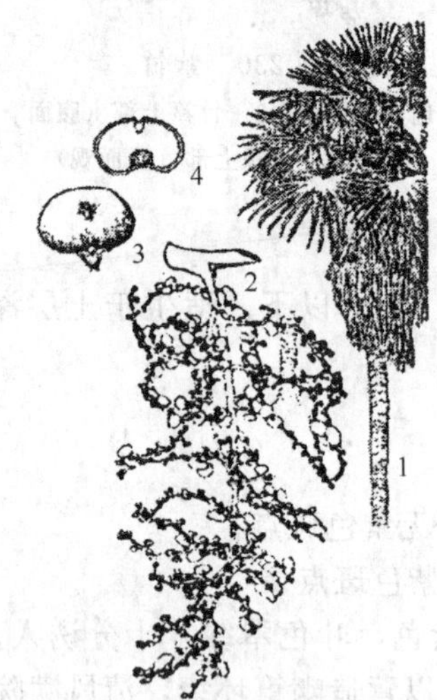

图231　棕榈

1—植株形态；2—分枝果序；3—果实；4—果实纵剖面

棕榈（棕树、山棕）　*Trachycarpus fortunei* H. Wendl.

【形态特征】 棕榈（图231）为常绿乔木，高达15m，干茎达24cm。干圆柱形，直立，不分枝，顶端常有残存不脱落的叶柄基部及叶鞘，并被暗棕色的叶鞘纤维质包裹。无主根，须根密集。叶大，簇生于树干顶端，掌状分裂成裂片30～60片，顶端浅2裂，深裂达中下部，裂片软革质；叶柄极长。雌雄异株，肉穗花序，排列成圆锥花序。花淡黄色，核果肾形，初为青色，熟时蓝褐色，被白粉。长江流域花期3～5月，11～12月果成熟。

【产地与分布】 原产于中国，日本、印度、缅甸也有。棕榈在我国分布很广，产于秦岭、长江流域以南，东自福建，西至四川、云南海拔1500（2700）m以下，南达广西、广东北部，北至陕西、甘肃；四川、云南、贵州、湖南、湖北盛产，多在四旁栽培，稀疏林中野生。

【生态习性】 喜温暖气候，为最耐寒的棕榈科植物之一。在四川可耐－7.1℃低温；在北京，实生引种苗可耐－17.8℃短暂低温。喜光，幼苗稍耐阴。要求排水良好、肥沃石灰质、中性或微酸性土壤。耐旱、耐湿，但在干燥沙土及低洼水湿处生长较差。浅根性，易风倒。病虫害较少，对烟尘、二氧化硫、氟化氢、苯、苯酚等有毒气体的抗性较强。生长缓慢，10年生幼树，高1.5～2m，树龄可达1000年以上。

【繁殖方式】 播种繁殖。

【园林应用】 形态造景：棕榈树干挺拔秀丽，叶形如扇而富有热带风情，是园林绿化的优秀树种，宜列植、丛植、群植。丛植、群植时应做到高低错落、参差不齐以形成层次。树

干富有弹性，不易折断，常常被置于海边、湖边，人们不仅可以欣赏树冠的天际线，还可以看到水中美丽的倒影。棕榈树干粗壮高大、挺拔，且树体通视良好，利于交通安全，可将其列于道路两旁、分车带或中央绿带上，犹如队列整齐的仪仗队，具有雄伟庄严的气氛。通常选择适宜生长的棕榈植物种类栽植成片，使其成为具有热带、南亚热带绮丽风光的棕榈植物区。

生态造景：有较强的耐庇荫能力，幼树的耐阴能力尤强，可在落叶阔叶树下配植；根系浅，易风倒，不宜作防风林；抗有毒气体，可作净化大气污染的树种，适宜工矿区绿化。

树木中文名索引（按汉语拼音顺序）

八角金盘……137
八角金盘属……136
白花花楸（花楸树、臭山槐）……67
白桦……34
白蜡树……147
白蜡树属……146
白皮松……14
白扦……7
白玉兰……49
白玉棠……75
柏科……16
柏木亚科……18
板栗（栗子、毛板栗）……36
暴马丁香（暴马子、阿穆尔丁香）……153
北京黄丁香（北京丁香）……153
北五味子……52
北五味子属……52
被子植物门……25
扁柏属……18

侧柏……16
侧柏亚科……16
侧柏属……16
茶藨子属……56
茶条槭……114
柽柳科……130
柽柳（三春柳、西湖柳、观音柳）……130
柽柳属……130
赪桐属……156
赤杨属……35
稠李（木稠梨）……84
臭椿……102
臭椿属……103
臭椿属……102
臭冷杉……4
垂柳……31
垂丝海棠……69
刺柏属……21
刺槐……99
刺槐属……99
刺玫蔷薇……73
刺楸……137
刺楸属……137
刺叶南蛇藤……112

大花溲疏……56
大花铁线莲……44
大叶黄杨……110
大叶朴……40
大叶铁线莲……44
大叶小檗……46
Ⅱ单子叶植物纲……170
淡竹（粉绿竹）……172
灯台树……139
地锦（三叶地锦）……120
棣棠……77
棣棠属……77
蝶形花亚科……92
丁香属……150
东北茶藨子……56
东北红豆杉（紫杉）……23
东北接骨木……167
东北连翘（黄寿丹、黄花杆）……148
东北山梅花……55
东北杏……83
东北珍珠梅……64
东京樱花（日本樱花、江户樱花）……87
豆科……89
杜鹃……143
杜鹃花科……140
杜鹃花属……140
杜梨（棠梨）……71
杜松……22
椴树科……122

椴树属 ………………………………………… 122
多花紫藤 ……………………………………… 101

鹅掌楸………………………………………… 51
鹅掌楸属……………………………………… 51
二乔玉兰……………………………………… 50

法桐…………………………………………… 57
粉花绣线菊（日本绣线菊）………………… 60
丰花月季……………………………………… 74
枫杨…………………………………………… 33
枫杨属………………………………………… 33
复叶槭（梣叶槭，羽叶槭，糖槭） …… 114

刚竹属 ………………………………………… 171
枸杞（枸杞菜、枸杞头） ………………… 157
枸杞属 ………………………………………… 157
构树…………………………………………… 42
构属…………………………………………… 41
贯月忍冬 ……………………………………… 166
国槐…………………………………………… 94

海棠花………………………………………… 70
含羞草亚科…………………………………… 89
旱柳（柳树，立柳）………………………… 30
禾本科 ………………………………………… 170
合瓣花亚纲 …………………………………… 140
合欢…………………………………………… 89
合欢属………………………………………… 89
核桃…………………………………………… 32
红丁香 ………………………………………… 151
红豆杉科（紫杉科）………………………… 22
红豆杉属（紫杉属）………………………… 23
红皮云杉 ……………………………………… 6
红瑞木 ………………………………………… 138
红松…………………………………………… 11
红王子锦带 …………………………………… 163
胡桃科………………………………………… 31
胡桃楸（核桃楸）…………………………… 32
胡桃属（核桃属）…………………………… 32
胡颓子科 ……………………………………… 131
胡颓子属 ……………………………………… 131
胡枝子（二色胡枝子、随军茶） ……… 101
胡枝子属 ……………………………………… 101
槲栎…………………………………………… 38
槲树（柞栎，波罗栎）……………………… 38
虎耳草科……………………………………… 54
花红…………………………………………… 69
花楸属………………………………………… 67
华北落叶松 …………………………………… 8
华北卫矛 ……………………………………… 111
华北绣线菊…………………………………… 61
华山松………………………………………… 14
桦木科………………………………………… 34
桦木属………………………………………… 34
槐属…………………………………………… 94
黄刺玫………………………………………… 73
黄金树 ………………………………………… 160
黄连木（楷木） …………………………… 105
黄连木属 ……………………………………… 105
黄栌 …………………………………………… 108
黄栌属 ………………………………………… 108
黄杨科 ………………………………………… 104
黄杨属 ………………………………………… 104
火炬树（鹿角漆） ………………………… 106

荚蒾属 ………………………………………… 168
箭杆杨………………………………………… 28
接骨木（公道老、扦扦活） …………… 167
接骨木属 ……………………………………… 167
结香属 ………………………………………… 131
金刚鼠李 ……………………………………… 120
金露梅（金老梅、金蜡梅）……………… 77
金露梅属……………………………………… 77
金雀儿（红花锦鸡儿）……………………… 96
金雀锦鸡儿…………………………………… 97
金山绣线菊…………………………………… 62
金丝梅 ………………………………………… 129
金丝桃 ………………………………………… 129
金丝桃属 ……………………………………… 129
金焰绣线菊…………………………………… 63
金银花（忍冬、金银藤） ……………… 165
金银木（金银忍冬） ……………………… 165
金枝柳………………………………………… 31

金钟花 …………………………… 149
金钟连翘 …………………………… 150
锦带花（五色海棠） ……………… 162
锦带花属 …………………………… 162
锦鸡儿……………………………… 95
锦鸡儿属…………………………… 95
锦葵科 ……………………………… 124
锦熟黄杨 …………………………… 105
京山梅花（太平花） ……………… 55
君迁子（软枣、黑枣） …………… 145

苦木科……………………………… 102
糠椴 ………………………………… 123

蜡梅（黄梅花、香梅） …………… 53
蜡梅科……………………………… 53
蜡梅属……………………………… 53
梾木属……………………………… 138
蓝荆子（迎红杜鹃） ……………… 142
冷杉亚科 …………………………… 4
冷杉属 ……………………………… 4
离瓣花亚纲………………………… 26
梨属………………………………… 71
李…………………………………… 79
李亚科……………………………… 79
李叶绣线菊………………………… 59
李属………………………………… 79
栎属（麻栎属） …………………… 36
栗属………………………………… 36
连翘属……………………………… 148
楝科 ………………………………… 103
辽东丁香 …………………………… 150
凌霄属 ……………………………… 161
凌霄（紫葳） ……………………… 161
流苏树 ……………………………… 154
流苏树属 …………………………… 154
柳叶绣线菊………………………… 60
柳属………………………………… 29
六道木 ……………………………… 164
六道木属 …………………………… 164
栾树 ………………………………… 117
栾树属 ……………………………… 117
裸子植物门 ………………………… 1
落叶松 ……………………………… 9
落叶松亚科 ………………………… 8
落叶松属 …………………………… 8

麻栎（栎树、柞树、橡树） ……… 37
马鞍树属…………………………… 93
马鞭草科 …………………………… 156
毛刺槐（江南槐） ………………… 99
毛茛科……………………………… 42
毛果绣线菊………………………… 62
毛泡桐（紫花泡桐） ……………… 158
毛樱桃（山豆子） ………………… 82
毛竹 ………………………………… 171
玫瑰………………………………… 72
梅花（干支梅、春梅、红绿梅） … 85
美国地锦（五叶地锦，美国爬山虎） … 121
美国凌霄 …………………………… 161
美丽胡枝子 ………………………… 102
美桐………………………………… 58
蒙古栎……………………………… 39
茉莉属 ……………………………… 155
牡丹………………………………… 42
木芙蓉 ……………………………… 124
木瓜属……………………………… 68
木槿 ………………………………… 125
木槿属……………………………… 124
木兰科……………………………… 48
木兰属……………………………… 48
木通………………………………… 45
木通科……………………………… 45
木通属……………………………… 45
木犀科 ……………………………… 145
木香（木香藤、七里香） ………… 76

南蛇藤 ……………………………… 111
南蛇藤属 …………………………… 111
女贞（冬青、蜡树） ……………… 155
女贞属 ……………………………… 154

欧洲荚迷（欧洲琼花，雪球，
欧洲绣球） ………………………… 169

爬山虎属（地锦属） …………………… 120
盘叶忍冬 ………………………………… 166
泡桐属 …………………………………… 158
蓬垒悬钩子……………………………… 78
平基槭（元宝枫、华北五角枫） ……… 115
平枝栒子（铺地蜈蚣）………………… 65
苹果亚科………………………………… 65
苹果属…………………………………… 68
铺地柏…………………………………… 21
匍匐栒子………………………………… 66
葡萄科 …………………………………… 120
葡萄属 …………………………………… 121
朴属……………………………………… 40

七姐妹（十姐妹）……………………… 75
七叶树 …………………………………… 116
七叶树科 ………………………………… 116
七叶树属 ………………………………… 116
漆树 ……………………………………… 107
漆树科 …………………………………… 105
漆树属 …………………………………… 106
槭树科 …………………………………… 113
槭树属 …………………………………… 113
千屈菜科 ………………………………… 133
蔷薇科…………………………………… 59
蔷薇亚科………………………………… 72
蔷薇属…………………………………… 72
茄科 ……………………………………… 157
青扦 ……………………………………… 7
秋子梨（花盖梨）……………………… 71
楸树 ……………………………………… 160

忍冬科 …………………………………… 162
忍冬属 …………………………………… 164
日本花柏………………………………… 18
日本冷杉 ………………………………… 5
日本晚樱………………………………… 88
绒毛白蜡（津白蜡） ………………… 147
瑞香科 …………………………………… 130
箬竹属 …………………………………… 171

三叶木通（活血滕）…………………… 45
桑科……………………………………… 41
沙地柏…………………………………… 21
沙棘（醋柳、酸刺） ………………… 132
沙棘属 …………………………………… 132
沙枣（银柳胡颓子、银柳、桂香柳） … 132
山茶科 …………………………………… 127
山茶（山茶花、曼陀罗树、晚山茶、
耐冬、川茶、海石榴） ……………… 127
山茶属 …………………………………… 127
山合欢…………………………………… 90
山槐（怀槐、朝鲜槐）………………… 93
山毛榉科（壳斗科）…………………… 35
山梅花属………………………………… 54
山葡萄 …………………………………… 121
山桃……………………………………… 80
山楂（山里红）………………………… 67
山楂属…………………………………… 67
山茱萸科 ………………………………… 138
杉科……………………………………… 15
杉松 ……………………………………… 5
芍药属…………………………………… 42
石榴（安石榴、海石榴、天浆、
金罂） ………………………………… 135
石榴科 …………………………………… 134
石榴属 …………………………………… 135
石岩 ……………………………………… 142
柿树 ……………………………………… 144
柿树科 …………………………………… 144
柿树属 …………………………………… 144
鼠李科 …………………………………… 118
鼠李属 …………………………………… 119
树锦鸡儿………………………………… 96
栓皮栎（软木栎、大叶栎）…………… 37
双子叶植物纲…………………………… 26
水冬瓜赤杨（辽东桤木）……………… 35
水蜡树 …………………………………… 154
水曲柳（满洲白蜡） ………………… 146
水杉……………………………………… 15
水杉属…………………………………… 15
水栒子…………………………………… 66
丝棉木（白杜，明开夜合） ………… 109
四照花 …………………………………… 139

四照花属 …………………………………… 139
松东锦鸡儿……………………………… 97
松科 ………………………………………… 4
松亚科…………………………………… 11
松属……………………………………… 11
溲疏属…………………………………… 56
苏铁 ………………………………………… 2
苏铁科……………………………………… 2
苏铁属 …………………………………… 2

台尔曼忍冬 ……………………………… 167
桃………………………………………… 81
藤黄科 ………………………………… 128
天目琼花（鸡树条荚蒾） ……………168
天女木兰………………………………… 51
贴梗海棠………………………………… 68
铁线莲属………………………………… 44

卫矛科 ………………………………… 109
卫矛属 ………………………………… 109
猬实 …………………………………… 163
猬实属 ………………………………… 163
文冠果（文官果） …………………… 118
文冠果属 ……………………………… 117
无患子科 ……………………………… 116
梧桐科………………………………… 125
梧桐（青桐、耳桐、青皮树、桐麻） … 126
梧桐属………………………………… 126
五加科………………………………… 136
五角枫（色木槭） …………………… 113

西府海棠（小果海棠） ………………… 69
香椿 …………………………………… 103
香槐……………………………………… 93
香槐属…………………………………… 93
香荚迷（香探春） …………………… 169
小檗科…………………………………… 46
小檗（日本小檗） ……………………… 47
小檗属…………………………………… 46
小叶丁香（四季丁香、绣球丁香） …… 151
小叶黄杨 ……………………………… 104
小叶朴…………………………………… 41
新疆杨…………………………………… 27
兴安杜鹃 ……………………………… 140
绣线菊亚科……………………………… 59
绣线菊属………………………………… 59
玄参科 ………………………………… 158
悬钩子属………………………………… 78
悬铃木科………………………………… 57
悬铃木属………………………………… 57
雪柳 …………………………………… 146
雪柳属 ………………………………… 146
雪松 ……………………………………… 9
雪松属 …………………………………… 9
栒子属…………………………………… 65

盐肤木（盐肤子、五倍子树）………… 107
偃伏梾木 ……………………………… 139
杨柳科…………………………………… 26
杨属……………………………………… 26
银白杨…………………………………… 26
银杏 ……………………………………… 3
银杏科 …………………………………… 3
银杏属 …………………………………… 3
银中杨…………………………………… 29
英桐……………………………………… 58
樱花……………………………………… 85
迎春 …………………………………… 156
油松……………………………………… 13
榆科……………………………………… 39
榆树（白榆，家榆） …………………… 39
榆叶梅…………………………………… 82
榆属……………………………………… 39
圆柏……………………………………… 19
圆柏亚科………………………………… 19
圆柏属（桧属） ………………………… 19
云杉属 …………………………………… 6
云实亚科………………………………… 90

枣属 …………………………………… 118
皂荚（皂角） …………………………… 91
皂荚属…………………………………… 91
樟子松…………………………………… 12
照山白（照白杜鹃） ………………… 141

珍珠梅（华北珍珠梅，吉氏珍珠梅）…… 64
珍珠梅属…………………………………… 64
珍珠绣线菊………………………………… 61
中黑舫……………………………………… 29
竹亚科 …………………………………… 170
梓树 ……………………………………… 159
梓树属 …………………………………… 159
紫丁香（华北紫丁香、丁香） ………… 152
紫椴 ……………………………………… 122
紫荆属……………………………………… 90
紫穗槐……………………………………… 98
紫穗槐属…………………………………… 98
紫藤 ……………………………………… 100
紫藤属 …………………………………… 100
紫葳科 …………………………………… 159
紫薇（痒痒树、百日红、紫金花） …… 133
紫薇属 …………………………………… 133
紫叶稠李…………………………………… 84
紫叶李……………………………………… 80
紫叶小檗…………………………………… 47
紫玉兰……………………………………… 48
紫竹 ……………………………………… 173
棕榈科 …………………………………… 173
棕榈属 …………………………………… 174
棕榈（棕树、山棕） …………………… 174
钻天杨（美杨） ………………………… 28

拉丁文科（亚科）、属名索引

A. altissima Swinge ········ 102
Abelia R. Br. ········ 164
Abies firma Sieb. et Zucc. ········ 5
Abies holophylla Maxim. ········ 5
Abies Mill. ········ 4
Abies nephrolepis (Trauty.) Maxim. ········ 4
Abietoideae ········ 4
A. biflora Turcz. ········ 164
Aceraceae ········ 113
Acer ginnala Maxim ········ 114
Acer L. ········ 113
Acer mono Maxim. ········ 113
Acer negundo L. ········ 114
Acer truncatum Bunge. ········ 115
A. chinensis Bunge ········ 116
Aesculus L. ········ 116
A. fruticosa Linn ········ 98
Ailanthus Desf. ········ 102
A. julibrissin Durazz. ········ 89
Akebia Decne ········ 45
Akebia quinata (Thunb.) Decne. ········ 45
Akebia trifoliata (Thunb.) Koidz. ········ 45
Albizia kalkora (Roxb) Prain ········ 90
Albizzia Durazz. ········ 89
Alnus B. Ehrh. ········ 35
Amorpha L. ········ 98
Amygdalus triloba (Lindl.) Ricker [*Prunus triloba* Lindl.] ········ 82
Amygddalus persica L. [*Prunus persica* (L.) Batsch] ········ 81
Anacardiaceae ········ 105
Angiospermae ········ 25
Araliaceae ········ 136
Archichlamydeae ········ 26
Armeniaca mume Sieb. (*Prunus mume* Sieb. et Zucc.) ········ 85
A. sibirica Fisch. ex. Turcz. ········ 35
Bambusoideae Nees ········ 170
B. Atropurpurea ········ 47
B. Cpapyrifera (L.) L'Her. ex Vent. ········ 42
Berberidaceae ········ 46
Berberis amurensis Rupr ········ 46
Berberis L. ········ 46
Betulaceae ········ 34
Betula L. ········ 34
Betula platyphylla Suk. ········ 34
Bignoniaceae ········ 159
B. microphylla Sieb. et Zucc. ········ 104
Broussonetia L'Her. ex Vent. ········ 41
B. thunbergii DC. ········ 47
Buxaceae ········ 104
Buxus L. ········ 104
Buxus sempervirens L. ········ 105

Caesalpinioideae ········ 90
Calycanthaceae ········ 53
Camellia japonica L. ········ 127
Camellia L. ········ 127
Campsis grandiflora (Thunb.) Loisel. ········ 161
Campsis Lour. ········ 161
Campsis radicans (L.) Seem. ········ 161
Caprifoliaceae ········ 162
Caragana arborescens Lam. ········ 96
Caragana Lam. ········ 95
Caragana rosea Turcz. ········ 96
Caragana sinica Rehd. ········ 95
Castanea Mill. ········ 36
Catalpa L. ········ 159
Catalpa ovata G. Don ········ 159
C. bungei C. A. Mey ········ 160
C. coggygria Scop. ········ 108
C. deodara Loud. ········ 9

Cedrus Trew 9
Celastraceae 109
Celastrus L. 111
Celastrus orbiculatus Thunb 111
Celtis bungeana BL. 41
Celtis L. 40
Cercis L. 90
C. flagellaris Rupr. in Bull. 112
Chaenomeles Lindl. 68
Chamaecyparis pisifera Endl. 18
Chamaecyparis Spach 18
C. heracleifolia DC. 44
Chimonanthus Lindl. 53
Chimonanthus Praecox (Linn.)
Link 53
Chionanthus L. 154
C. horizontalis Decne. 65
C. koraiensis Nakai 40
Cladrastis Raf. 93
Cladrastis wilsonii Takeda 93
Clematis L. 44
Clerodendrum Linn. 156
C. macropetala Ledeb. 44
C. mollissima Bl. 36
C. multiflora Bunge 66
Cornaceae 138
Cornus alba L. 138
Cornus controversa Hemsl. 139
Cornus L. 138
Cotinus Adans. 108
Cotoneaster adpressus Bois 66
Cotoneaster Medik 65
Crataegus L. 67
Crataegus pinnatifida Bunge 67
C. retusus Lindl. et paxt. 154
C. rosea Turcz 97
C. speciosa Nakai C. 68
C. speciosa Ward. 160
C. stolonifera Michx. 139
Cupressaceae 16
Cupressoideae Pilger 18
C. *ussuriensis* Pojark in Fl. URSS 97
Cycadaceae 2
Cycas L. 2
Cycas revoluta Thunb 2

Dasiphora 77
Dasiphora fruticosa Rydb 77
Dendrobenthamia Hutch. 139
Deutzia grandiflora Bunge. 56
Deutzia Thunb. 56
Dicotyledoneae 26
Diospyros L. 144
Diospyros lotus L. 145
D. japonica (DC.) Fang var.
chinensis (Osborn) Fang 139
D. kaki Thunb. 144

Ebenaceae 144
Edgeworthia Meissn. 131
E. japonicus Thunb. 110
Elaeagnaceae 131
Elaeagnus angustifolia L. 132
Elaeagnus L. 131
E. maackii Rupr. in Bull. 111
Ericaceae 140
Euonymus bungeanus Maxim 109
Euonymus L. 109

Fagaceae 35
Fatsia Dcne. et Planch. 136
Fatsia japonica (Thunb.)
Dcne. et Planch. 137
F. fortunei Carr. 146
Firmiana Marsili 126
Firmiana simplex (L.) W. F.
Wight. 126
Fontanesia Labill. 146
Forsythia×*intermedia* Zabel 150
Forsythia mandshurica Thunb. 148
Forsythia Vahl. 148
Forsythia viridissima Lindl. 149
Fraxinus chinensis Roxb. 147
Fraxinus L. 146

Fraxinus mandshurica Rupr. ············ 146
Fraxinus velutina torr. ················ 147

G. biloba L. ······························ 3
Ginkgoaceae ······························ 3
Ginkgo L. ································ 3
Gleditsia L. ····························· 91
Gleditsia sinensis Lam. ················· 91
Guttiferae ······························ 128
Gymnospermae ······························ 1

Hibiscus L. ····························· 124
Hibiscus mutabilis L. ···················· 124
Hippocastanaceae ························ 116
Hippophae L. ···························· 132
Hippophae rhamnoides L. ················· 132
H. syriacus L. ·························· 125
Hypericum chinense L. ··················· 129
Hypericum L. ···························· 129
Hypericum patulum Thunb. ················ 129

Indocalamus Nakai ······················· 171

Jasminum L. ····························· 155
J. nudiflorum Lindl. ···················· 156
Juglandaceae ····························· 31
Juglans L. ······························· 32
Juglans mandshurica Maxim ················ 32
Juglans regia L. ························· 32
Juniperoideae Pilger ····················· 19
Juniperus L. ····························· 21
Juniperus rigida Sieb. et Zucc. ·········· 22

Kalopanax Miq. ·························· 137
Kalopanax septemlobus (Thunb.)
Koidz. ···································· 137
K. amabilis Graebn. ····················· 163
Kerria DC. ······························· 77
K. japonica DC. ·························· 77
Koelreuteria ···························· 117
Kolkwitzia Graebn. ······················ 163
K. paniculata Laxm. ····················· 117

Lagerstroemia indica L. ················· 133
Lagerstroemia L. ························ 133
Lardizabalaceae ·························· 45
Laricoideae ······························· 8
Larix gmelini (Rupr.) Rupr. ··············· 9
Larix Mill. ······························· 8
Larix principis-rupprechtii Mayr. ········· 8
Leguminosae ····························· 89
Lespedeza bicolor Turcaz. ·············· 101
Lespedeza formosa (Vog.) Koehne ········ 102
Lespedeza Michx ························ 101
Ligustrum L. ···························· 154
Ligustrum lucidum Ait. ·················· 155
Ligustrum obtusifolium Sieb.
et Zucc. ································· 154
Liriodendron chinense Sarg. ··············· 51
Liriodendron L. ·························· 51
Lonicera japonica Thunb. ················ 165
Lonicera L. ····························· 164
Lonicera maackii Maxim. ················· 165
Lonicera sempervirens L. ················ 166
Lonicera×*tellmanniana* Spaeth ·········· 167
Lonicera tragoPhylla Hemsl. ············· 166
Lycium chinensis Mill. ·················· 157
Lycium L. ······························· 157
Lythraceae ······························ 133

Maackia Rupr. et Maxim ··················· 93
Magnoliaceae ····························· 48
Magnolia denudata Desr ··················· 49
Magnolia L. ······························ 48
Magnolia liliflora Desr ·················· 48
Magnolia sieboldii Koch ·················· 51
Magnolia x *soulangeana* Soul.-Bod ········ 50
Maloideae ································ 65
Malus Mill ······························· 68
Malvaceae ······························· 124
M. amurensis Rupr. et Maxim ·············· 93
M. asiatica Nakai ························ 69
Meliaceae ······························· 103
Metachlamydeae ·························· 140
Metasequoia glyptostroboides

Hu et Cheng …………………………… 15
Metasequoia Miki ex Hu et Cheng …… 15
M. halliana Koehne ………………… 69
Mimosoideae ……………………………… 89
M. micromalus Mak. ……………… 69
Monocotyledoneae …………………… 170
Moraceae ……………………………… 41
M. spectabilis (Ait.) Borkh. ………… 70

Oleaceae ……………………………… 145

P. acerifolia Willd. ………………… 58
Paeonia L. …………………………… 42
Palmaceae (Palmae) ………………… 173
Papilionoideae ……………………… 92
Parthenocissus planch. ……………… 120
Parthenocissus quinquefolia planch. …………………………… 121
Parthenocissus tricuspidata (Sieb. et Zucc. Planch.) ……………… 120
Paulownia Sieb. et Zucc. ………… 158
P. cerasifera Ehrh. cv. *Atropurpurea* Jacq. ……………………………… 80
P. davidiana (Carr.) Franch ……… 80
Philadelphus ………………………… 54
Philadelphus pekinensis Rupr. …… 55
Philadelphus schrenkii …………… 55
Phyllostachys glauca McClure ……… 172
Phyllostachys heterocycla (Carr.) Mitford. cv. *Pubescens* …………… 171
Phyllostachys nigra (Lodd. ex Lindl.) Munro ……………………… 173
Phyllostachys Sieb. et Zucc. ……… 171
Picea Dietr. ………………………… 6
Picea koraiensis Nakai …………… 6
Picea meyeri Rehd. et Wils ……… 7
Picea wilsonii Mast. (*P. mastersii* Mayer) ………………………… 7
Pinaceae ……………………………… 4
Pinoideae …………………………… 11
Pinus armandii Franch …………… 14
Pinus bungeana Zucc. …………… 14
Pinus koraiensis Sieb. et Zucc ………… 11
Pinus L. ……………………………… 11
Pinus sylvestris L. var. *mongolica* Litv. ……………………………… 12
Pinus tabulaeformis Carr. ………… 13
Pistacia chinensis Bunge ………… 105
Platanaceae ………………………… 57
Platanus L. ………………………… 57
Platycladus orientalis (L.)*Franco* …… 16
Platycladus Spach ………………… 16
Poaceae ……………………………… 170
P. occidentalis L. ………………… 58
Populus alba L. …………………… 26
Populus alba x *berolinensis* ……… 29
Populus bolleana L. ……………… 27
Populus L. ………………………… 26
Populus nigra cv. *Afghanica* (cv. *Thevestina*) ……………………… 28
Populus nigra L. cv. Italica (P.
P. orientalis L. …………………… 57
Prunoideae ………………………… 79
Prunus L. …………………………… 79
Prunus lannesiana Wils. ………… 88
Prunus mandshurica L. …………… 83
Prunus padus L. ………………… 84
Prunus salicina Lindl. …………… 79
Prunus tomentosa Thunb ………… 82
Prunus. Virginiana Canada Red ……… 84
Prunus yedoensis Matsum. ……… 87
P. serrulata Lindl. ……………… 85
p. spp. L. ………………………… 29
P. stenoptera C. DC. …………… 33
P. suffruticosa Andr. …………… 42
Pterocarya Kunth ………………… 33
P. tomentosa (Thunb.) Steud. ……… 158
Punicaceae ………………………… 134
Punica granatum L. ……………… 135
pyramidalis Roz.) ………………… 28
Pyrus betulaefolia Bunge ………… 71
Pyrus L. …………………………… 71
Pyrus ussuriensis Maxim ………… 71

Quercus acutissima Carr. 37
Quercus aliena Bl. 38
Quercus dentata Thunb. 38
Quercus L. 36
Quercus mongolica Fishch. 39
Quercus variabilis Blume 37

Ranunculaceae 42
R. chinensis Mill. 107
R. crataegifolius Bge. 78
Rhamnaceae 118
Rhamnus diamantiaca Nakai
in Bot. 120
Rhamnus L. 119
Rhododendron dauricum Linn 140
Rhododendron L. 140
Rhododendron obtusum (Lindl.)
Planch 142
Rhododendron simsii Planch. 143
Rhus L. 106
Rhus typhina L. 106
R. hybrida cv. *Floribunda* 74
Ribes L. 56
Ribes mandshuricum Kom. 56
R. micranthum Turcz. 141
R. mucronulatum Turcz. 142
R. multiflora cv. *Albo-plena* 75
Robinia hispida Linn. 99
Robinia L. 99
Rosa banksiae Ait. 76
Rosaceae 59
Rosa davurica Pall. 73
Rosa L. 72
Rosa multiflora f. *platyphylla*
Tory. 75
Rosa rugosa Thunb. 72
Rosa xanthina Lindl 73
Rosoideae 72
R. pseudoacacia L. 99
Rubus Linn. 78

Sabina chinensis (L.) Ant. (*Juniperus*
chinensis L.) 19
Sabina Mill. 19
Sabina procumbens (Endl.) Iwata et
Kusaka 21
Sabina vulgaris Ant. (J. sabina L.) 21
Salicaceae 26
Salix babylonica L. 31
Salix L. 29
Salix matsudana Koidz 30
Salix spp. 31
Sambucus L. 167
Sambucus williamsiii Hance 167
Sapindaceae 116
Saxifrgaceae 54
S. ×*bunmalba* cv. Goldflame 63
S. ×*bunmalba* cv. Goldmound 62
Schisandra chinensis Baill 52
Schisandra Michx. 52
Simarubaceae 102
S. japonica L. 94
S. mandshurica Kitag. 167
Solanaceae 157
Sophora 94
Sorbaria A. Br 64
Sorbaria kirilowii (Reg.) Maxim. 64
Sorbaria Sorbifolia A. Br 64
Sorbus L. 67
Sorbus pohuashanensis Hedl. 67
Sorophulariaceae 158
Spiraea fritschiana Schneid 61
Spiraea japonica L. f. 60
Spiraea L. 59
Spiraea prunifolia Sieb. et Zucc 59
Spiraea Salicifolia L 60
Spiraea thunbergii Sieb 61
Spiraea trichocarpa Nakai 62
Spiraeoideae 59
Sterculiaceae 125
Syringa amurensis Rupr. 153
Syringa L. 150
Syringa microphylla Diels 151
Syringa oblata Lindl. 152

Syringa pekinensis Rupr. …… 153
Syringa villosa vahl. …… 151
Syringa wolfii Schneid. …… 150

Tamaricaceae …… 130
Tamarix L. …… 130
Taxaceae …… 22
Taxodiaceae …… 15
Taxus cuspidata Sieb. et Zucc. (T. *baccata* L. var. *cuspidata* Carr.) …… 23
Taxus L. …… 23
T. chinensis L. …… 130
Theaceae …… 127
Thujoideae Pilger …… 16
Thymelaeaceae …… 130
Tilia amurensis Rupr. …… 122
Tiliaceae …… 122
Tilia L. …… 122
Tilia mandshurica Rupr. et Maxim. …… 123
Toona Roem …… 103
Trachycarpus fortunei H. Wendl. …… 174
Trachycarpus H. Wendal. …… 174
T. sinensis Roem. …… 103
T. verniciflua Stokes. …… 107

Ulmaceae …… 39
Ulmus L. …… 39
Ulmus pumila L. …… 39

V. amurensis Rupr. …… 121
Verbenaceae …… 156
Viburnum farreri Stearn (*V. fragrans* Bunge) …… 169
Viburnum L. …… 168
Viburnum opulus L. …… 169
Viburnum sargentii Koehne …… 168
Vitaceae …… 120
Vitis L. …… 121

Weigela florida Bunge …… 162
Weigela Thunb. …… 162
W. florida cv. Red Prince …… 163
Wistaria Nutt. …… 100
Wisteria floribunda DC. …… 101
W. *sinensis* Sweet …… 100

Xanthoceras Bunge …… 117
Xanthoceras sorbifolia Bunge. …… 118

Zizyphus Mill. …… 118

参 考 文 献

[1] 董保华，龙雅宜. 园林绿植物的选择与栽培 [M]. 第一版. 北京：中国建筑工业出版社. 2007. 8.
[2] 李文敏. 园林植物与应用 [M]. 第一版. 北京：中国建筑工业出版社. 2006. 3.
[3] 张天麟. 园林树木 1200 种 [M]. 北京：中国建筑工业出版社. 2005. 3.
[4] 龙雅宜. 园林植物栽培手册 [M]. 北京：中国林业出版社. 2004. 5.
[5] 毛龙生. 观赏树木学 [M]. 第一版. 南京：东南大学出版社. 2003. 8.
[6] 陈有民. 园林树木学 [M]. 第一版. 北京：中国林业出版社. 1990. 9.
[7] 郑万钧. 中国树木志 [M]. 第一版. 北京：中国林业出版社. 1985. 12.
[8] 余树勋，吴应祥主编. 花卉词典. 北京：农业出版社. 1993.
[9] 赵世伟，张佐双主编. 中国园林植物彩色应用图谱·灌木卷. 北京：中国城市出版社. 2004.
[10] 中国农业百科全书总编辑委员会观赏园艺卷编辑委员会，中国农业百科全书编辑部编. 中国农业百科全书·观赏园艺卷. 北京：农业出版社. 1996.
[11] 农业大词典编辑委员会编. 农业大词典. 北京：中国农业出版社. 1998.
[12] 卓丽环，陈龙清. 园林树木学 [M]. 第一版. 北京：中国农业出版社. 2004. 01.
[13] 臧德奎. 园林树木学 [M]. 第一版. 北京：中国建筑工业出版社. 2007. 11.
[14] 陈月华，王晓红. 园林植物识别与应用实习教程 [M]. 北京：中国林业出版社. 2008. 09.
[15] 熊济华. 观赏树木学 [M]. 北京：中国农业出版社. 1998. 10.
[16] 邓小飞. 园林植物 [M]. 华中科技大学出版社. 2008. 08.
[17] 中国勘察设计协会园林设计分会. 风景园林设计资料集—园林植物种植设计 [M]. 北京：中国建筑工业出版社. 2002. 8.
[18] 陈俊愉. 中国花卉品种分类学 [M]. 北京：中国林业出版社. 2001. 01. 01.
[19] 陈俊愉. 中国梅花品种图志 [M]. 北京：中国林业出版社. 1989. 12. 01.
[20] 陈植. 观赏树木学 [M]. 第一版. 北京：中国林业出版社，1984：330～316.
[21] 郑万钧. 中国树木志 [M]. 第一版. 第二卷. 北京：中国林业出版社，1985：934～949.
[22] 刘东海，吴维国. 优良观赏树木——柳叶绣线菊 [J]. 农村百事通，2009，15.